파이써닉한 파이썬을 익히는 간결한 안내서
Python Distilled

Python Distilled
by David M. Beazley

파이써닉한 파이썬을 익히는 간결한 안내서

초판 1쇄 발행 2022년 8월 22일 **지은이** 데이비드 M. 비즐리 **옮긴이** 송현제 **펴낸이** 한기성 **펴낸곳** (주)도서출판인사이트 **편집** 신승준 **본문 디자인** 성은경 **제작·관리** 이유현, 박미경 **용지** 월드페이퍼 **출력·인쇄** 예림인쇄 **제본** 예림바인딩 **등록번호** 제2002-000049호 **등록일자** 2002년 2월 19일 **주소** 서울특별시 마포구 연남로5길 19-5 **전화** 02-322-5143 **팩스** 02-3143-5579 **이메일** insight@insightbook.co.kr **ISBN** 978-89-6626-365-3 책값은 뒤표지에 있습니다. 잘못 만들어진 책은 바꾸어 드립니다. 이 책의 정오표는 http://blog.insightbook.co.kr에서 확인하실 수 있습니다.

파이써닉한 파이썬을 익히는 간결한 안내서

데이비드 M. 비즐리 지음 | 송헌제 옮김

인사이트

차 례

옮긴이의 글 ─────────────────────────── xii

지은이의 글 ─────────────────────────── xiv

감사의 글 ──────────────────────────── xvi

리뷰어의 글 ─────────────────────────── xvii

1장 **파이썬 기초**   1

1.1 파이썬 실행   1

1.2 파이썬 프로그램   3

1.3 기본 자료형, 변수 그리고 표현식   4

1.4 산술 연산자   6

1.5 조건식과 제어 흐름   9

1.6 문자열   10

1.7 파일 입출력   14

1.8 리스트   16

1.9 튜플   19

1.10 집합   21

1.11 사전   22

1.12 반복과 루프   26

1.13 함수   27

1.14 예외   29

1.15 프로그램 종료   31

1.16 객체와 클래스   32

1.17 모듈   36

1.18 스크립트 작성   38

1.19 패키지   40

1.20 응용 프로그램의 구조화   41

1.21 서드파티 패키지의 관리   42

1.22 파이써닉한 파이썬: 두뇌에 맞는 언어   44

2장	연산자, 표현식, 데이터 조작	45
	2.1 리터럴	45
	2.2 표현식과 위치	47
	2.3 표준 연산자	48
	2.4 제자리 대입	49
	2.5 객체 비교	51
	2.6 순서 비교 연산자	51
	2.7 불리언 표현식과 진릿값	52
	2.8 조건 표현식	54
	2.9 반복 가능한 연산	55
	2.10 시퀀스에 대한 연산	57
	2.11 변경 가능한 시퀀스에 대한 연산	60
	2.12 집합에 대한 연산	61
	2.13 매핑 객체의 연산	62
	2.14 리스트, 집합, 사전 컴프리헨션	63
	2.15 제너레이터 표현식	66
	2.16 속성 연산자	68
	2.17 함수 호출 () 연산자	68
	2.18 평가 순서	68
	2.19 파이써닉한 파이썬: 데이터의 비밀스러운 삶	70
3장	프로그램 구조와 제어 흐름	71
	3.1 프로그램 구조와 실행	71
	3.2 조건부 실행	72
	3.3 루프와 반복	72
	3.4 예외	76
	3.4.1 예외 계층 구조	80
	3.4.2 예외와 제어 흐름	82
	3.4.3 새로운 예외 정의	83
	3.4.4 연쇄 예외	85
	3.4.5 예외 역추적	87
	3.4.6 예외 처리에 대한 조언	88
	3.5 컨텍스트 관리자와 with 문	90
	3.6 단언과 __debug__	92
	3.7 파이써닉한 파이썬	94

4장 객체, 타입, 프로토콜 95

4.1 필수 개념 95

4.2 객체의 고윳값과 타입 96

4.3 참조 횟수와 가비지 컬렉션 98

4.4 참조와 복사 100

4.5 객체 표현 및 출력 102

4.6 1급 객체 102

4.7 선택 사항 또는 누락된 값에 대한 None 사용 104

4.8 객체 프로토콜과 데이터 추상화 105

4.9 객체 프로토콜 107

4.10 숫자 프로토콜 108

4.11 비교 프로토콜 111

4.12 변환 프로토콜 113

4.13 컨테이너 프로토콜 114

4.14 반복 프로토콜 117

4.15 속성 프로토콜 118

4.16 함수 프로토콜 119

4.17 컨텍스트 관리자 프로토콜 119

4.18 파이써닉한 파이썬 120

5장 함수 123

5.1 함수 정의 123

5.2 기본 인수 124

5.3 가변 길이 인수 125

5.4 키워드 인수 125

5.5 가변 길이 키워드 인수 126

5.6 인수를 모두 받아들이는 함수 127

5.7 위치 전용 인수 128

5.8 함수 이름, 문서화 문자열, 타입 힌트 129

5.9 함수 적용과 매개변수 전달 130

5.10 반환값 132

5.11 에러 처리 133

5.12 유효 범위 규칙 134

5.13 재귀 함수 137

5.14 lambda 표현식 138

5.15 고차 함수   139

5.16 콜백 함수에서 인수 전달   142

5.17 콜백에서 결과를 반환   146

5.18 데코레이터   149

5.19 Map, Filter, Reduce   153

5.20 함수 조사, 속성 및 서약   154

5.21 실행 환경 조사   157

5.22 동적 코드 실행과 생성   160

5.23 비동기 함수와 await   161

5.24 파이써닉한 파이썬: 함수와 조합에 대한 생각   164

6장 제너레이터   165

6.1 제너레이터와 yield   165

6.2 다시 시작할 수 있는 제너레이터   168

6.3 제너레이터 위임   169

6.4 실전에서 제너레이터 사용하기   170

6.5 향상된 제너레이터와 yield 표현식   173

6.6 향상된 제너레이터의 응용   175

6.7 제너레이터와 await의 연결   178

6.8 파이써닉한 파이썬: 제너레이터의 역사와 미래   179

7장 클래스와 객체지향 프로그래밍   181

7.1 객체   181

7.2 class 문   182

7.3 인스턴스   184

7.4 속성 접근   185

7.5 유효 범위 규칙   187

7.6 연산자 오버로딩과 프로토콜   188

7.7 상속   189

7.8 컴포지션을 통한 상속 피하기   193

7.9 함수를 통한 상속 피하기   196

7.10 동적 바인딩과 덕 타이핑   197

7.11 내장 타입에서 상속의 위험성   198

7.12 클래스 변수와 메서드   199

7.13 정적 메서드   203

7.14 디자인 패턴에 대한 한마디   207

7.15 데이터 캡슐화와 비공개 속성   207

7.16 타입 힌트   210

7.17 프로퍼티   211

7.18 타입, 인터페이스, 추상 기본 클래스   215

7.19 다중 상속, 인터페이스, 혼합   219

7.20 타입 기반 디스패치   225

7.21 클래스 데코레이터   227

7.22 상속 감독   230

7.23 객체 생애주기와 메모리 관리   233

7.24 약한 참조   238

7.25 내부 객체 표현과 속성 바인딩   240

7.26 프록시, 래퍼, 위임   242

7.27 __slots__를 사용한 메모리 사용 줄이기   244

7.28 디스크립터   245

7.29 클래스 정의 과정   249

7.30 동적 클래스 생성   250

7.31 메타 클래스   252

7.32 인스턴스와 클래스를 위한 내장 객체   257

7.33 파이써닉한 파이썬: 단순하게 하자   258

8장   모듈과 패키지   259

8.1 모듈과 import 문   259

8.2 모듈 캐싱   262

8.3 모듈에서 선택된 이름만 가져오기   263

8.4 순환 import   265

8.5 모듈 리로딩과 언로딩   267

8.6 모듈 컴파일   268

8.7 모듈 탐색 경로   269

8.8 메인 프로그램으로 실행   270

8.9 패키지   271

8.10 패키지 내에서 불러오기   273

8.11 패키지 하위 모듈을 스크립트로 실행   274

8.12 패키지 네임스페이스 제어   275

8.13 패키지 내보내기 제어   277

8.14 패키지 데이터   278

8.15 모듈 객체   279

8.16 파이썬 패키지 배포   280

8.17 파이써닉한 파이썬 1: 패키지로 시작   282

8.18 파이써닉한 파이썬 2: 단순하게 하자   283

9장 입력과 출력   285

9.1 데이터 표현   285

9.2 텍스트 인코딩과 디코딩   287

9.3 텍스트와 바이트 포맷 지정   289

9.4 명령줄 옵션 읽기   293

9.5 환경 변수   295

9.6 파일과 파일 객체   296

    9.6.1 파일 이름   296

    9.6.2 파일 모드   298

    9.6.3 I/O 버퍼링   298

    9.6.4 텍스트 모드 인코딩   299

    9.6.5 텍스트 모드 줄 처리   300

9.7 I/O 추상화 계층   300

    9.7.1 파일 메서드   301

9.8 표준 입력, 표준 출력, 표준 에러   304

9.9 디렉터리   305

9.10 print() 함수   306

9.11 출력 생성   307

9.12 입력의 소비   308

9.13 객체 직렬화   310

9.14 블로킹 작업과 동시성   311

    9.14.1 논블로킹 I/O   312

    9.14.2 I/O 폴링   313

    9.14.3 스레드   314

    9.14.4 asyncio를 사용한 동시 실행   314

9.15 표준 라이브러리 모듈   315

    9.15.1 asyncio 모듈   316

    9.15.2 binascii 모듈   317

    9.15.3 cgi 모듈   317

    9.15.4 configparser 모듈   318

    9.15.5 csv 모듈   319

9.15.6 errno 모듈   320

9.15.7 fcntl 모듈   321

9.15.8 hashlib 모듈   321

9.15.9 http 패키지   322

9.15.10 io 모듈   322

9.15.11 json 모듈   323

9.15.12 logging 모듈   324

9.15.13 os 모듈   324

9.15.14 os.path 모듈   325

9.15.15 pathlib 모듈   326

9.15.16 re 모듈   327

9.15.17 shutil 모듈   327

9.15.18 select 모듈   328

9.15.19 smtplib 모듈   329

9.15.20 socket 모듈   329

9.15.21 struct 모듈   331

9.15.22 subprocess 모듈   332

9.15.23 tempfile 모듈   333

9.15.24 textwrap 모듈   334

9.15.25 threading 모듈   334

9.15.26 time 모듈   337

9.15.27 urllib 패키지   338

9.15.28 unicodedata 모듈   338

9.15.29 xml 패키지   339

9.16 파이써닉한 파이썬   340

10장 내장 함수와 표준 라이브러리   343

10.1 내장 함수   343

10.2 내장 예외   363

10.2.1 예외 기본 클래스   363

10.2.2 예외 속성   364

10.2.3 미리 정의된 예외 클래스   364

10.3 표준 라이브러리   368

10.3.1 collections 모듈   368

10.3.2 datetime 모듈   369

10.3.3 itertools 모듈   369

10.3.4 inspect 모듈   369

10.3.5 math 모듈   369

10.3.6 os 모듈　　　　　　369

10.3.7 random 모듈　　　　369

10.3.8 re 모듈　　　　　　369

10.3.9 shutil 모듈　　　　369

10.3.10 statistics 모듈　　370

10.3.11 sys 모듈　　　　　370

10.3.12 time 모듈　　　　370

10.3.13 turtle 모듈　　　370

10.3.14 unittest 모듈　　370

10.4 파이써닉한 파이썬: 내장 함수 및 데이터 타입을 사용하라　　370

찾아보기 ——————————————— 371

옮긴이의 글

《파이썬 완벽 가이드》(인사이트, 2012)를 번역하고 약 10년이 지났습니다. 10년 전과 달리 지금 파이썬은 컴퓨터 분야뿐 아니라 수학, 데이터 과학 등 거의 모든 도메인에서 널리 쓰이는 언어가 되었습니다. 다양한 파이썬 책들이 지금도 출판되고 있고, 온라인에서는 파이썬 공식 문서 및 개발자들이 정리한 자료들을 손쉽게 찾을 수 있습니다.

이러한 정보의 홍수 속에서 역자의 아쉬운 점은 파이썬의 핵심 내용을 다시 살펴보고자 할 때 마땅한 자료를 찾기가 힘들다는 점이었습니다. 마침 데이비드 비즐리가 새로운 책을 출판하였다는 소식을 들었고, 책의 제목과 목차를 본 후, 망설임 없이 책을 번역하기로 하였습니다. 역자와 같이 파이썬의 핵심 내용을 빠르게 파악하려는 독자들이 많을 것으로 생각했기 때문입니다.

《Python Distilled》라는 원제목에서도 유추할 수 있듯이, 저자 데이비드 비즐리는 파이썬이 다루고 있는 많은 내용을 이 책에 '정제'하듯 담으려고 하였습니다. 저자는 25년 이상 파이썬으로 코딩하고 강의하면서 그 누구보다도 파이썬을 가장 잘 파악하고 있는 사람 중의 하나입니다. 특유의 유머러스한 표현과 함께 최대한 그 내용을 간결하게 표현하려 노력하는 사람입니다. 따라서 이 책을 읽는 독자는 재밌게 읽으면서도 빠르게 파이썬의 핵심 내용을 파악하게 될 것입니다.

이 책은 다른 프로그래밍 언어를 능숙히 쓰는 독자가 파이썬을 배우고자 할 때 유용한 책입니다. 만약 코딩을 처음 배우는 독자라면 이 책의 핵심 내용을 파악하기가 만만치 않을 것입니다. 그래도 이 책으로 도전하려 한다면 처음부터 모든 내용을 하나도 빠짐없이 꼼꼼히 살펴보면서 읽기 바랍니다. 끝으로 역자는 파이썬을 어느 정도 접해본 경험이 있는 독자에게도 이 책을 권합니다. 잊고 있던 파이썬의 내용을 복습하는 것은 물론, 파이썬의 고급 기능에 대한 인사이트를 많이 얻게 될 것입니다. 궁극적으로 독자 모두 파이써닉한 코드를 작성하게 되리라 믿습니다.

이 책을 출판하기까지 많은 분이 도움을 주셨습니다. 가장 먼저, IT 분야의 좋은 책을 꾸준히 관심을 갖고 발간해 주시는 한기성 사장님께 감사의 말씀을 드립니다. 다음으로 독자 입장에서 초안을 검토해 주시고, 좋은 책으로 출판할 수 있게 편집해주신 신승준 님에게도 큰 감사를 드립니다. 또한, 이 책을 미리 검토해주신 리뷰어분들께도 감사드립니다. 마지막으로 번역 시작부터 끝까지 곁에서 도와준 아내, 김아영에게도 감사와 사랑의 말을 전합니다.

송현제 드림

지은이의 글

필자가 《Python Essential Reference(1st Edition)》를 저술한 지 20년 이상의 시간이 흘렀다. 당시 파이썬은 엄청 작은 언어였고, 표준 라이브러리에는 유용한 것들이 함께 딸려 있었다. 당시 파이썬 표준 라이브러리는 대부분 우리 두뇌가 받아들이기에 적절한 분량이었다. 《Python Essential Reference(1st Edition)》는 그런 시대를 반영했다. 무인도나 자신만의 비밀 공간에서 파이썬 코드를 작성할 수 있도록 손쉽게 들고 다닐 수 있는 작은 책이었다. 세 번의 후속 개정을 거쳐 나온 《Python Essential Reference(4th Edition)》(파이썬 완벽 가이드, 인사이트, 2012)는 간결하면서도 완전한 참고서가 되겠다는 이런 비전을 고수했다. 휴가 중에 파이썬으로 코딩할 생각이라면, 왜 이것을 사용하지 않겠는가?

마지막 에디션, 《파이썬 완벽 가이드》를 출판한 지 10년이 넘은 지금, 파이썬 세계는 많이 달라졌다. 파이썬은 더 이상 마이너 언어가 아니며 세계에서 가장 인기 있는 프로그래밍 언어 중 하나가 되었다. 또한 파이썬 프로그래머는 고급 편집기, IDE(Integrated Development Environment, 통합개발환경), 노트북, 웹 페이지 등에서 클릭이나 키보드 조작으로 풍부한 정보를 얻을 수 있다. 사실 독자가 원하는 참고 자료는 몇 번 키보드를 누르면 손쉽게 얻을 수 있으므로 참고서를 살펴볼 일이 거의 없을 것이다.

오히려 정보 검색이 쉬워지고 파이썬 세계가 확장되면서 또 다른 형태의 도전이 생겼다. 이제 막 배우기 시작했거나 새로운 문제를 해결하려면, 어디서부터 시작해야 할지 막막할 수 있다. 또한 언어의 핵심 그 자체와 다양한 도구가 제공하는 기능을 구별하기 어려울 수 있다. 이러한 문제들을 해결하고자 이 책을 출간하게 되었다.

《파이써닉한 파이썬을 익히는 간결한 안내서》는 파이썬 프로그래밍에 관한 책이다. 이 책은 파이썬의 모든 것을 문서화하지 않는다. 이 책의 초점은 파이썬 언어의 현대적이면서도 엄선된(정제된) 핵심을 제공하는 데 있다. 필자는 과학자, 엔지니어, 소프트웨어 전문가에게 파이썬을 수년 동안 가르치면서 그 핵심에 도달하게 되었다. 그렇지만 이는 소프트웨어 라이브러리를 작성하고, 파이썬의 한계를 알아보기 위해 시험해보면서 가장 유용한 방법이 무엇인지 찾아내려는 행위의 결과물이기도 하다.

이 책의 대부분은 파이썬 프로그래밍 자체에 초점을 맞추었다. 여기에는 추상화 기술, 프로그램 구조, 데이터, 함수, 객체, 모듈 등이 포함된다. 이 주제들은 프로젝트 규모와 상관없이 파이썬으로 작업하는 프로그래머에게 도움이 될 것이다. IDE에서 쉽게 얻을 수 있는 자료들(함수 목록, 명령어 이름, 인수 등)은 이 책에서 생략하였다. 또한 편집기, IDE, 배포와 같이 빠르게 변화하는 파이썬 도구에 대해서도 언급하지 않기로 하였다.

논란의 여지가 있겠지만, 필자는 대규모 소프트웨어 프로젝트 관리와 관련된 언어 기능에 초점을 맞추지 않았다. 파이썬은 때때로 수백만 줄의 코드로 구성된 대규모의 중요 작업에 사용되기도 한다. 이러한 응용 프로그램에서는 특별한 도구, 설계, 기능이 필요하다. 또한, 대규모 프로젝트에서는 위원회나 회의를 거쳐 중요한 문제를 결정하기도 한다. 이 모든 내용을 이 작은 책에서 다루기에는 너무 벅차다. 하지만 좀 더 정직하게 말하면 필자는 파이썬을 그런 대규모 응용 프로그램을 작성하는 데 사용하지 않는다. 그렇다고 취미로 사용한다는 뜻은 아니다.

책을 쓸 때는 언어에서 계속 진화하는 기능을 담지 못하는 일이 늘 생기기 마련이다. 이 책을 쓸 당시 파이썬은 3.9 버전이었다. 따라서 구조적 패턴 매칭(structural pattern matching) 같은 후속 릴리스로 계획된 주요한 몇몇 추가 내용은 이 책에서 다루지 않는다. 이는 다음에 다른 기회에서 다룰 주제이다.

마지막으로, 필자가 꼭 하고 싶은 말은 프로그래밍은 재미있어야 한다는 것이다. 필자의 책을 읽고 독자들이 생산적인 파이썬 프로그래머가 되는 데 도움을 받을 뿐 아니라 사람들이 별을 탐험하고, 화성에서 헬리콥터를 조종하고, 뒤뜰에서 다람쥐에게 물대포를 쏜다든지 하는 데 파이썬을 사용해 보도록 영감을 얻는 마법이 일어나기를 바란다.

감사의 글

도움을 준 기술 감수자 Shawn Brown, Sophie Tabac, Pete Fein에게 감사의 말을 전한다. 과거 프로젝트부터 이번 프로젝트까지 오랜 기간 동안 편집해 준 Debra Williams Cauley에게도 감사의 말을 전한다. 필자의 수업을 들었던 많은 학생이 이 책에서 다루는 주제에 간접적으로 영향을 주었다. 마지막으로 격려와 사랑을 보내준 Paula, Thomas, Lewis에게 특별한 감사의 말을 전한다.

리뷰어의 글

김태윤 제약회사 연구원

파이썬 언어에 대한 정보는 인터넷에 모두 공개되어 있고 필요하면 언제든 찾아볼 수 있습니다. 하지만 파이썬 언어를 사용하는 데 진심이라면 이런 책 한 권정도는 가지고 있는 편이 좋습니다. 이 책은 입문용이 아니라 현재 파이썬을 사용하고 있지만 파이썬의 모든 것을 기억하지는 못하는 대부분의 개발자가 읽기에 적합합니다. 우리는 모든 것을 다 기억하지도, 기억할 필요도 없습니다. 단지 코드를 작성하다가 필요할 때 꺼내서 읽어보고 파이썬다운 코드를 작성하면 됩니다. 그런 점에서 이 책에 대한 베타 리뷰는 제게 그동안 배운 개념들을 다시한번 상기해보고 코딩 능력을 업그레이드하는 시간이었습니다. 파이썬을 이미 사용하지만, 더 깊게 파고들고 싶은 모든 분께 이 책을 추천합니다.

이요셉 솔루티스 실장

무인도에 단 한 권의 파이썬 책만 가져갈 수 있다면 반드시 가져갈 책입니다. 파이썬계에서 강의와 집필로 이름난 저자답게, 파이썬의 문법과 동작을 명쾌하게 정의해 줍니다. C 언어의 명저 《The C Programming Language》와 서술 방식이 비슷하며, 감히 그에 못지않은 완성도의 책이라고 생각합니다. 오롯이 파이썬 언어 그 자체와 동작 구조를 알고 싶을 때 옆에 두고 다시 찾아볼 수 있는 핵심 레퍼런스로써, 많은 이에게 큰 도움이 되리라 생각됩니다. 파이썬 3.8에서 바뀐 내용까지 반영하고 있기 때문에, 자신의 실력이 초보, 중수, 고수 중 어디에 속하더라도 이 책을 통해 새로운 내용을 많이 배울 수 있을 것입니다.

장대혁 휴넷 인공지능교육연구소

파이썬에 대한 좋은 레퍼런스가 계속 늘어나고 있는 요즘, 이러한 중급 레벨 이상의 서적은 귀하고 그 가치가 높다고 생각합니다. 파이썬으로 개발하는 데이터 분석, AI, 백엔드 엔지니어 직무의 주니어 개발자들이 보면 좋을 내용을 담고 있습니다. 이 책은 본인이 개발하면서 막히는 부분을 다루고 있는 장을 직접 정주행하면서 읽어보면 많은 도움이 될 것입니다. 파이썬으로 직접 모듈을 개발하거나, 코드 리팩토링을 하면서 고민하는 개발자에게 특히 도움이 되리라 예상합니다. 내용이 방대하기에 처음부터 다 보면 좋겠지만, 그것보다는 쿡북처럼 필요한 장을 그때그때 참조하면 좋을 것 같습니다.

장진후 카카오 개발자

이 책은 파이썬을 새로운 언어로 배우려는 개발자 또는 파이썬을 서브 언어로 사용하려는 개발자 모두에게 도움이 되는 책입니다. 400여 페이지의 적지 않은 분량의 내용이기에 무조건 한 번에 완독하기보다는, 책장에 두고 필요할 때마다 꺼내본다는 생각으로 활용하면 좋을 듯합니다. 처음 파이썬을 접하는 개발자라면 전반부 1~5 장의 기본 내용 파악만으로도 충분히 파이썬을 활용할 수 있습니다. 좀 더 고급 기능을 알아보거나, 일반 파이썬 프로그램에서는 잘 사용하지 않는 클래스 내부의 스페셜 메서드와 내부 상속 메커니즘을 이해하거나, 각종 프레임워크 수준의 코드를 이해하고 싶다면, 그때 후반부를 참조해도 좋을 듯합니다.

책의 거의 절반이 7장 클래스와 8장 모듈에 할애되어 있는데, 개인적으로 이 부분이 매우 흥미롭고 도움이 많이 되었습니다. 이 파트만으로도 읽을 가치는 충분하다고 생각합니다. 추가로 좋았던 점은 내부 기능을 자세히 설명하면서도 파이썬다운 코드에 대한 설명을 놓치지 않는다는 점입니다. 복잡한 기능 설명에 독자가 답답해 할 때쯤 어떤 파이썬 기능이 주로 사용되고 사용되지 않는지 콕 짚어주기도 하고, 객체 지향 언어의 프로그래밍 패턴을 파이썬에 그대로 적용하는 실수를 범하지 않도록 친절히 안내하기도 합니다. 파이썬은 멀티패러다임 언어이기에 유연하면서도 간단한 파이써닉한 코드를 작성하는 게 매우 중요하기 때문이지요.

홍성민 GS 52g Studio 개발자

최신 파이썬(버전 3.8)의 기본 사용법부터 고급 기법까지 이 한 권은 파이썬과 관련된 거의 모든 내용을 담고 있습니다.

초보자라면 기본 사용법 위주로 살펴보고, 제너레이터와 비동기, 동적 클래스나 메타 클래스 같은 고급 주제는 기본 내용이 익숙해진 후에 참고하면 좋을 것 같습니다. 중급 이상의 개발자는 기본 내용을 전반적으로 빠르게 복습하면서 미처 알지 못했거나 간과했던 고급 주제를 좀 더 심도 있게 살펴보면, 파이썬으로 개발하거나 이미 개발한 제품을 업그레이드하는 새로운 아이디어를 얻는 데 도움을 받을 수 있겠습니다.

홍장유 엠포스 팀장

현재 파이썬 버전이 3.10.x까지 나왔지만, 주로 사용하는 3.8 이상 버전에서 새롭게 지원하는 파이써닉(Pythonic)한 기능들을 잘 설명하고 있어 최신 파이썬 코딩 기술을 익히려는 개발자에게는 좋은 가이드가 되겠다고 생각됩니다. 또한 파이썬을 새롭게 배우려는 초심자에게도 이 책을 모두 정독하고 습득한다면 중급 파이썬 개발자가 되기 위한 초석을 다질 수 있을 것입니다. 주제마다 예제가 풍부하여 따라 하다 보면 저절로 기능을 쉽게 이해할 수 있다는 게 이 책의 가장 큰 장점입니다.

1장

파이썬 기초

이 장에서는 파이썬 언어의 핵심을 대략 살펴본다. 먼저 변수, 자료형, 표현식, 제어 흐름, 함수, 클래스, 입력/출력을 다룬 후, 모듈, 스크립트 작성, 패키지, 더 큰 프로그램 구성을 위해 필요한 몇 가지 팁으로 논의를 끝맺는다. 이 장에서는 모든 기능을 완벽히 다루지 않으며, 대규모 파이썬 프로젝트를 지원하는 데 필요한 도구 또한 설명하지 않는다. 그래도 경험이 많은 프로그래머는 여기에 실린 자료에서 더 나은 프로그램을 작성하기 위한 정보를 얻을 수 있어야 한다. 입문자는 터미널 창과 기본 텍스트 편집기 같은 간단한 환경에서 예제를 실행해 볼 것을 권한다.

1.1 파이썬 실행

파이썬 프로그램은 인터프리터에서 실행된다. 파이썬 인터프리터는 IDE(통합 개발환경), 브라우저, 터미널 등 다양한 환경에서 실행할 수 있지만, 무엇보다도 인터프리터의 핵심은 bash와 같은 명령 셸(shell)에서 python을 입력해 시작하는 텍스트 기반 응용 프로그램이다. 파이썬 2와 파이썬 3 둘 다 동일한 컴퓨터에 설치할 수 있으며, python2 또는 python3과 같이 버전을 선택할 수 있다. 이 책에서는 파이썬 3.8 버전을 사용한다.

인터프리터가 시작되면, '읽기-평가-출력(REPL) 루프'에 프로그램을 입력할 수 있는 프롬프트가 나타난다. 예를 들어 다음 출력 결과는 인터프리터에서 저작권 메시지를 출력한 다음, 친숙한 Hello World 명령을 >>> 프롬프트에 입력한 모습을 보여주고 있다.

```
Python 3.8.0 (default, Feb  3 2019, 05:53:21)
[GCC 4.2.1 Compatible Apple LLVM 8.0.0 (clang-800.0.38)] on darwin
Type "help", "copyright", "credits" or "license" for more information.
>>> print('Hello World')
Hello World
>>>
```

어떤 환경에서는 다른 형태의 프롬프트가 표시될 수 있다. 다음 출력은 ipython
(파이썬을 위한 다른 셸)에서 얻어진 것이다.

```
Python 3.8.0 (default, Feb 4, 2019, 07:39:16)
Type 'copyright', 'credits' or 'license' for more information
IPython 6.5.0 -- An enhanced Interactive Python. Type '?' for help.
In [1]: print('Hello World')
Hello World
In [2]:
```

이 코드에서 표시되는 출력 형태와는 상관없이 기본 원칙은 같다. 명령어를 입
력하면 실행되고 즉시 결과를 알 수 있다.

파이썬의 대화식 모드는 유효한 문장들을 입력하고 그 결과를 바로 확인할 수
있는 매우 유용한 기능 가운데 하나다. 이것은 디버깅과 실험을 할 때도 유용하
다. 필자를 포함한 많은 이는, 예를 들면 다음과 같이 파이썬의 대화식 모드를
탁상용 계산기처럼 사용한다.

```
>>> 6000 + 4523.50 + 134.25
10657.75
>>> _ + 8192.75
18850.5
>>>
```

파이썬을 대화식 모드로 사용하고 있을 때, 변수 _(언더스코어)는 최종 연산 결
과를 담고 있다. 이 변수는 이어지는 문장에서 해당 연산 결과를 사용할 때 유용
하게 쓰인다. 단, 이 변수는 대화식 모드에서만 정의되므로, 저장할 프로그램에
서는 사용하면 안 된다.

quit() 또는 EOF(파일의 끝)를 입력하여 대화식 인터프리터를 종료할 수 있다.
유닉스에서 EOF는 Ctrl+D이며, 윈도우에서 EOF는 Ctrl+Z이다.

1.2 파이썬 프로그램

반복해서 실행할 프로그램을 만들고 싶다면, 텍스트 파일에 문장을 작성한다.

```
# hello.py
print('Hello World')
```

파이썬 소스 파일은 UTF-8로 인코딩된 텍스트 파일이며, 일반적으로 파일 확장자는 .py이다. # 문자는 줄(line) 끝까지 이어지는 주석을 의미한다. UTF-8 인코딩을 사용하는 한, 국제 문자(유니코드)는 소스 코드에서 자유롭게 사용할 수 있다. UTF-8 인코딩은 대부분 편집기에서 기본으로 설정되어 있지만, 확실하지 않다면 편집기 설정을 확인할 필요가 있다.

파일 hello.py를 실행하려면, 다음과 같이 파일 이름을 입력해 인터프리터를 실행하면 된다.

```
shell % python3 hello.py
Hello World
shell %
```

다음과 같이 #!를 사용하는 것이 일반적인데, 프로그램 첫째 줄에서 인터프리터를 지정하면 된다.

```
#!/usr/bin/env python3
print('Hello World')
```

유닉스에서는 파일에 실행 가능 권한(예: chmod +x hello.py)을 주어야만, 셸에서 hello.py를 입력했을 때 프로그램을 실행할 수 있다.

윈도우에서는 .py 파일을 더블 클릭하거나 윈도우 시작 메뉴의 [실행] 명령에서 프로그램 이름을 입력해 시작할 수 있다. #! 행이 있다면, 인터프리터 버전(파이썬 2 vs 파이썬 3)을 선택하는 데 사용된다. 프로그램은 프로그램이 완료되면 바로 사라지는 콘솔 창에서 실행되는데, 어떤 때는 출력 결과를 다 읽기도 전에 사라진다. 디버깅을 생각한다면 파이썬 개발 환경에서 프로그램을 실행하는 게 좋은 방법이다.

인터프리터는 입력 파일의 끝에 도달할 때까지 문장을 순서대로 실행한다. 그 시점에서 프로그램이 종료되고 파이썬도 종료된다.

1.3 기본 자료형, 변수 그리고 표현식

파이썬은 정수, 실수, 문자열과 같은 기본 타입(primitive types, 기본 자료형)[1]을
제공한다.

```
42              # 정수
4.2             # 실수
'forty-two'     # 문자열
True            # 불리언
```

변수(variable)는 값을 참조하고 있는 이름이다. 값은 특정 타입 객체를 나타
낸다.

```
x = 42
```

때때로 다음과 같이 타입이 명시적으로 이름에 붙어 있는 것을 볼 수 있다.

```
x: int = 42
```

이때의 타입은 단지 코드의 가독성(code readability)을 높이려고 사용하는 힌트
일 뿐이다. 서드파티(third-party) 코드 검사 도구에서 사용하며, 그 외는 무시된
다. 즉, 나중에 다른 타입의 값을 할당해도 상관없다.

표현식은 값을 생성하기 위한 기본 타입, 이름, 연산자의 조합이다.

```
2 + 3 * 4       # -> 14
```

다음 프로그램은 변수와 표현식을 사용하여 복리를 계산한다.

```
# interest.py

principal = 1000        # 초기 금액
rate = 0.05             # 이자율
num_years = 5           # 햇수
year = 1
while year <= num_years:
    principal = principal * (1 + rate)
    print(year, principal)
    year += 1
```

---

[1] (옮긴이) 타입은 데이터의 종류 또는 유형을 뜻한다. 자료형이라고도 한다. 이 책에서는 영어 낱말을
발음 그대로 표기한 타입을 같은 의미로 사용한다.

이 프로그램을 실행하면 다음 결과를 출력한다.

```
1 1050.0
2 1102.5
3 1157.625
4 1215.5062500000001
5 1276.2815625000003
```

while 문은 바로 이어 나오는 조건식을 평가한다. 평가한 조건식이 참이면 while 문의 본문이 실행된다. 그러고 나서 조건식이 다시 평가되고, 그 조건식이 거짓이 될 때까지 본문이 반복 실행된다. 들여쓰기로 루프의 본문을 표현하므로, interest.py에서 while 문에 이어지는 세 개의 문장은 반복할 때마다 실행된다. 파이썬은 블록 안에서 일관성만 있다면 들여쓰기를 얼마나 해야 하는지 규정하지 않는다. 각각의 들여쓰기 수준은 네 개의 공백을 사용하는 게 일반적이다.

interest.py 프로그램에서 한 가지 문제점은 출력이 예쁘지 않다는 점이다. 열을 오른쪽으로 정렬하고, 원금(principal)의 정밀도를 소수 두 자릿수로 제한하면 좀 더 보기가 좋을 듯하다. 이를 위해 f-문자열(f-string)을 사용하여 print() 함수를 다음과 같이 변경하자.

```
print(f'{year:>3d} {principal:0.2f}')
```

f-문자열에서 변수 이름과 표현식은 중괄호로 감싸 평가할 수 있다. 선택적으로 구성 요소마다 포매팅 지정자(formatting specifier)[2]를 첨부할 수 있다. '>3d'는 세 자리 십진수를 오른쪽 정렬하는 것을 의미한다. '0.2f'는 소수점 이하 두 자리의 정밀도를 가지는 부동 소수점 수를 의미한다. 포맷 코드와 관련한 자세한 내용은 9장에서 찾아볼 수 있다.

프로그램의 출력 결과는 다음과 같이 달라진다.

```
1 1050.00
2 1102.50
3 1157.62
4 1215.51
5 1276.28
```

---

2 (옮긴이) 포맷(format)을 우리말로는 서식, 형식으로 번역할 수 있다. 하지만 개발 현장에서는 포맷이라는 용어를 일상적으로 사용하고 있어 이 책에서는 포맷으로 통일한다.

1.4 산술 연산자

파이썬에는 표 1.1에서 보듯이 표준 수학 연산자가 있다. 이 연산자는 대부분 다른 프로그래밍 언어에서 동작하는 것과 의미가 같다.

표 1.1 산술 연산자

연산	설명
x + y	더하기
x - y	빼기
x * y	곱하기
x / y	나누기
x // y	끝수를 버리는 나누기
x ** y	제곱(x^y)
x % y	나머지(x mod y)
-x	단항 마이너스
+x	단항 플러스

나누기 연산자(/)는 정수에 적용될 때, 부동 소수점 수를 만든다. 말하자면, 7/4는 1.75다. 끝수를 버리는 나누기(//, 바닥 나누기(floor division)라고 부른다) 연산자는 결과의 끝수를 버림으로써 정수를 만드는데, 모든 부동 소수점 수와 정수에서 동작한다. 나머지 연산자(%)는 x // y 연산 결과의 나머지를 반환한다. 예를 들어, 7 % 4는 3이 된다. 부동 소수점 수의 경우, 나머지 연산자는 x // y 계산 결과의 나머지인 부동 소수점 수를 반환하는데, 그 값은 x - (x // y) * y와 같다.

표 1.2는 수치 연산에서 공통으로 사용하는 내장 함수의 일부이다.

표 1.2 일반 수학 함수

함수	설명
abs(x)	절댓값
divmod(x, y)	(x // y, x % y) 반환
pow(x, y [, modulo])	(x ** y) % modulo 반환
round(x, [n])	10의 -n승의 가장 가까운 수로 반올림

round() 함수는 '은행원식 반올림(banker's rounding)'을 수행한다. 은행원식 반올림이란 정수를 2로 나누어 소수점 수가 생기면, 가까운 짝수로 반올림하는 방법이다. 예를 들어, 0.5의 경우 0.0으로 반올림되며, 1.5는 2.0으로 반올림된다.

파이썬에서는 표 1.3과 같이 정숫값에 대해 비트 조작을 수행하는 내장 연산자들이 있다.

표 1.3 비트 조작 연산자

연산	설명
x << y	왼쪽 이동
x >> y	오른쪽 이동
x & y	비트 and
x | y	비트 or
x ^ y	비트 xor(exclusive or)
~x	비트 negation

비트 조작 연산자는 주로 이진수와 함께 사용한다. 다음은 그 예이다.

```
a = 0b11001001
mask = 0b11110000
x = (a & mask) >> 4    # x = 0b1100(12)
```

예제에서 0b11001001은 정숫값을 이진수로 쓰는 방법이다. 십진수 201 또는 16진수 0xc9로도 작성할 수 있지만, 비트를 조작할 때는 이진수를 사용하는 게 작업을 시각화하기 더 쉽다.

비트 연산자 동작 방식은 정수를 2의 보수 이진 표현(complement binary representation)으로 나타내고, 부호 비트가 왼쪽으로 무한히 확장된다고 가정한다. 하드웨어의 기본 정수에 매핑하기 위한 원시(raw) 비트 패턴으로 작업하는 경우, 약간의 주의가 필요하다. 파이썬은 비트를 버리거나 값의 오버플로(overflow)를 허용하지 않기 때문이다. 그 대신, 파이썬에서 결괏값은 시스템의 메모리가 허용하는 만큼 커질 수 있다. 결과의 크기를 확인하거나 필요에 따라 자르는 것은 개발자의 몫이다.

숫자를 비교하기 위해서는 표 1.4와 같이 비교 연산자를 사용하면 된다.

표 1.4 비교 연산자

연산	설명
x == y	~와 같은
x != y	~와 다른
x < y	~보다 작은
x > y	~보다 큰
x >= y	~보다 크거나 같은
x <= y	~보다 작거나 같은

비교 결과는 불리언(Boolean) 값으로, True 또는 False이다.

and, or, not 연산자(앞서 비트 조작 연산자와 혼동하지 말 것)는 보다 복잡한 불리언 표현식을 구성할 수 있다. 이 연산자의 기능은 표 1.5에서 볼 수 있다.

표 1.5 논리 연산자

연산	설명
x or y	x가 거짓이면 y를 반환. 그렇지 않으면 x를 반환
x and y	x가 거짓이면 x를 반환. 그렇지 않으면 y를 반환
not x	x가 거짓이면 True를 반환. 그렇지 않으면 False를 반환

False, None, 숫자 0, 빈 문자열은 거짓으로 간주한다. 그 외는 참으로 간주한다.

다음과 같이 값을 업데이트하는 표현식이 흔히 사용된다.

```
x = x + 1
y = y * n
```

이 표현식은 다음과 같이 단축 연산자(shorten operation)로 작성할 수 있다.

```
x += 1
y *= n
```

이 축약 형태의 업데이트는 +, -, *, **, /, //, %, &, |, ^, <<, >> 연산자와 함께 사용할 수 있다. 파이썬은 일부 다른 언어에서 볼 수 있는 증가(++), 감소(--) 연산자가 없다.

1.5 조건식과 제어 흐름

while, if, else 문은 반복과 조건식 코드의 실행을 위해 사용된다. 다음은 그 예이다.

```
if a < b:
    print('Computer says Yes')
else:
    print('Computer says No')
```

if와 else 절의 본문은 들여쓰기로 표기하고, else 절은 생략할 수 있다. 해당 절에서 실행할 문장이 없다면 다음과 같이 pass 문을 사용한다.

```
if a < b:
    pass          # 아무 일도 안 함
else:
    print('Computer says No')
```

여러 개의 조건을 검사할 때는 다음과 같이 elif 문을 사용하면 된다.

```
if suffix == '.htm':
    content = 'text/html'
elif suffix == '.jpg':
    content = 'image/jpeg'
elif suffix == '.png':
    content = 'image/png'
else:
    raise RuntimeError(f'Unknown content type {suffix!r}')
```

조건 검사와 더불어 값을 할당할 경우, 조건부 표현식(conditional expression)을 사용한다.

```
maxval = a if a > b else b
```

이 코드는 다음과 같이 길게 쓴 코드와 동일하다.

```
if a > b:
    maxval = a
else:
    maxval = b
```

때때로 := 연산자를 사용하여 변수 대입과 조건부를 결합한 코드를 볼 수 있다. 이는 대입 표현식(assignment expression)이라 한다. 흔히 '바다코끼리 연산자

(walrus operator)'로 부르는데, 이는 := 연산자가 바다코끼리가 죽은 척하며 옆으로 넘어져 있는 것처럼 보이기 때문이다. 다음은 그 예이다.

```
x = 0
while (x := x + 1) < 10:  # 1, 2, 3, ..., 9를 출력
    print(x)
```

대입 표현식에서는 표현식을 감싸는 괄호가 필요하다.

break 문은 루프를 빠져나올 때 사용하며, 빠져나오는 것은 가장 안쪽 루프에만 적용된다. 다음은 그 예이다.

```
x = 0
while x < 10:
    if x == 5:
        break        # 루프가 중단되고, 루프를 빠져나간다.
    print(x)
    x += 1

print('Done')
```

continue 문은 루프 본문의 나머지를 건너뛰고, 루프의 맨 앞으로 돌아간다. 다음은 그 예이다.

```
x = 0
while x < 10:
    x += 1
    if x == 5:
        continue # print(x)를 건너뛴다. 루프의 시작점으로 돌아간다.
    print(x)

print('Done')
```

1.6 문자열

문자열 리터럴을 정의할 때는 다음과 같이 작은따옴표나 큰따옴표 또는 삼중따옴표로 둘러싼다.

```
a = 'Hello World'
b = "Python is groovy"
c = '''Computer says no.'''
d = """Computer still says no."""
```

문자열 시작 부분의 따옴표와 끝부분의 따옴표는 같은 종류여야 한다. 논리적으로 한 줄 안에 있어야 하는 작은따옴표나 큰따옴표와 달리, 삼중따옴표는 종료를 알리는 삼중따옴표가 나오기 전까지의 텍스트를 모두 담는다. 삼중따옴표는 다음과 같이 문자열 리터럴의 내용이 여러 줄에 걸쳐 있을 때 사용하면 유용하다.

```python
print('''Content-type: text/html

<h1> Hello World </h1>
Click <a href="http://www.python.org">here</a>.
''')
```

바로 인접한 문자열 리터럴은 하나의 문자열로 연결할 수 있다. 이 코드는 다음과 같이 다시 작성할 수 있다.

```python
print(
'Content-type: text/html\n'
'\n'
'<h1> Hello World </h1>\n'
'Clock <a href="http://www.python.org">here</a>\n'
)
```

문자열을 여는 따옴표 앞에 f가 있으면, 문자열 안에 있는 이스케이프 표현식(escaped expression)이 평가된다. 예를 들어, 다음 문장은 이전 예제에서 계산 값을 출력할 때 사용되었다.

```python
print(f'{year:>3d} {principal:0.2f}')
```

이 예제에서는 비록 단순한 변수 이름만 사용하지만, 얼마든지 유효한 표현식이 나올 수 있다. 다음은 그 예이다.

```python
base_year = 2020
...
print(f'{base_year + year:>4d} {principal:0.2f}')
```

f-문자열의 대안으로 format() 메서드와 % 연산자가 문자열 포맷 지정을 위해 사용된다. 아래는 그 예이다.

```python
print('{0:>3d} {1:0.2f}'.format(year, principal))
print('%3d %0.2f' % (year, principal))
```

문자열 포맷과 관련하여 좀 더 자세한 내용은 9장에서 살펴본다.

문자열은 유니코드 문자의 시퀀스(sequence)[3]로 저장되고, 0부터 시작하는 정수로 인덱스(index, 색인)가 된다. 음수 인덱스는 문자열의 끝부터 인덱스를 한다. len(s)를 사용하여 문자열 s의 길이를 계산한다. 문자열 s에서 i번째 문자 하나를 추출하려면 인덱싱 연산자 s[i]를 사용하면 되는데, i가 인덱스에 해당한다.

```
a = 'Hello World'
print(len(a))          # 11
b = a[4]               # b = 'o'
c = a[-1]              # c = 'd'
```

슬라이스(slice) 연산자 s[i:j]를 사용하면 부분 문자열을 얻을 수 있다. s[i:j]는 범위가 i <= k < j인 인덱스 k에 해당하는 문자열을 모두 추출한다. s[i:j]에서 시작(i)과 끝(j) 둘 중 하나의 인덱스를 생략하면, 해당 범위는 문자열의 시작부터거나 문자열 끝까지인 것으로 간주한다.

```
c = a[:5]       # c = 'Hello'
d = a[6:]       # d = 'World'
e = a[3:8]      # e = 'lo Wo'
f = a[-5:]      # f = 'World'
```

파이썬에는 문자열의 내용을 조작하기 위한 다양한 메서드가 있다. 예를 들어, replace() 메서드는 문자열을 대체한다.

```
g = a.replace('Hello', 'Hello Cruel')      # g = 'Hello Cruel World'
```

표 1.6은 문자열 메서드의 일부를 보여준다. 참고로 표 1.6뿐만 아니라 다른 표에서도 대괄호([])로 감싼 인수는 생략할 수 있다.

표 1.6 문자열 메서드 일부

메서드	설명
s.endswith(prefix [,start [,end]])	문자열이 prefix로 끝나는지 검사
s.find(sub [, start [,end]])	부분 문자열 sub가 처음으로 나타나는 위치를 찾으며, 찾지 못하면 -1을 반환
s.lower()	소문자로 변경

---

3 (옮긴이) 시퀀스는 순서가 있는 데이터 구조로서 연속적인 데이터를 저장할 때 사용하는 자료형이다.

s.replace(old, new [,maxreplace])	부분 문자열을 대체
s.split([sep [,maxsplit]])	sep를 분리 기호로 사용하여 문자열을 분할. maxsplit는 최대 분할 횟수를 지정
s.startswith(prefix [,start [,end]])	문자열이 prefix로 시작하는지 검사
s.strip([chrs])	앞이나 뒤에 나오는 공백문자나 chrs로 지정된 문자를 제거
s.upper()	대문자로 변경

플러스 연산자(+)는 문자열을 연결한다.

```
g = a + 'ly'                # g = 'Hello Worldly'
```

파이썬은 암묵적으로 문자열의 내용을 숫자 데이터로 해석하지 않는다. 이처럼, +는 항상 문자열을 연결한다.

```
x = '37'
y = '42'
z = x + y                   # z = '3742' (문자열 연결)
```

수학 계산을 수행하려면 int() 또는 float() 같은 함수로 문자열을 먼저 수로 변환해야 한다. 다음은 그 예이다.

```
z = int(x) + int(y)      # z = 79 (정수 덧셈)
```

문자열이 아닌 값은 str(), repr(), format() 함수를 사용해 문자열로 변환할 수 있다. 다음은 그 예이다.

```
s = 'The value of z is ' + str(z)
s = 'The value of z is ' + repr(z)
s = 'The value of z is ' + format(z, '4d')
```

str()과 repr()은 둘 다 문자열을 생성하지만, 출력 결과는 다르다. str()은 print() 함수를 사용할 때와 동일한 결과를 생성하지만, repr()은 객체의 값을 정확히 표현하기 위해 사용자가 프로그램에 입력한 문자열을 그대로 생성한다. 다음 예를 살펴보자.

```
>>> s = 'hello\nworld'
>>> print(str(s))
hello
```

```
world
>>> print(repr(s))
'hello\nworld'
>>>
```

디버깅할 때는 repr(s)를 사용해 출력을 생성한다. 이는 repr(s) 함수가 값과 타입에 대한 추가 정보를 제공하기 때문이다.

　format() 함수는 다음과 같이 주어진 값을 특정 포맷이 적용된 문자열로 변환한다.

```
>>> x = 12.34567
>>> format(x, '0.2f')
'12.35'
>>>
```

format()에서 사용하는 서식 코드는 f-문자열에서 포맷을 적용해 출력하기 위해 사용하는 코드와 똑같다. 예를 들어, 앞선 코드는 다음과 같이 바꿔 쓸 수 있다.

```
>>> f'{x:0.2f}'
'12.35'
>>>
```

1.7 파일 입출력

다음 프로그램은 파일을 열고 파일의 내용을 한 줄씩 문자열로 읽는다.

```
with open('data.txt') as file:
    for line in file:
        print(line, end='')          # end=''는 추가 줄바꿈(newline)을 생략함
```

open() 함수는 새로운 파일 객체를 반환한다. 앞에 있는 with 문은 파일 객체 file 이 사용될 블록문(또는 컨텍스트)을 선언한다. 제어가 블록을 벗어나면 이 파일은 자동으로 닫힌다. with 문을 사용하지 않으면 이 코드는 다음과 같아야 한다.

```
file = open('data.txt')
for line in file:
    print(line, end='')              # end=''는 추가 줄바꿈(newline)을 생략함
file.close()
```

close()를 호출하는 추가 단계를 잊어버리기 쉬우므로, with 문을 사용하여 파일을 닫는 것이 좋다.

for 루프는 더 이상 데이터를 사용할 수 없을 때까지 파일에 있는 데이터를 한 줄씩 반복한다.

다음과 같이 read() 메서드를 사용하여 파일 전체를 하나의 문자열로 읽을 수 있다.

```python
with open('data.txt') as file:
    data = file.read()
```

큰 파일을 청크(chunk, 덩어리)로 나눠서 읽으려면, 다음과 같이 read() 메서드에 크기에 대한 힌트를 주면 된다.

```python
with open('data.txt') as file:
    while (chunk := file.read(10000)):
        print(chunk, end='')
```

이 예제에서 := 연산자는 변수에 청크 크기만큼 데이터를 할당하고 해당 값을 반환하므로, while 루프를 중단할지 계속할지 평가할 수 있다. 파일 끝에 도달하면 read()는 빈 문자열을 반환한다. 이 코드를 break를 사용해 다시 작성하면 다음과 같다.

```python
with open('data.txt') as file:
    while True:
        chunk = file.read(10000)
        if not chunk:
            break
        print(chunk, end='')
```

print() 함수에 파일 인수를 제공하여, 프로그램의 출력을 파일에 쓸 수 있다.

```python
with open('out.txt', 'wt') as out:
    while year <= num_years:
        principal = principal * (1 + rate)
        print(f'{year:>3d} {principal:0.2f}', file=out)
        year += 1
```

추가로 파일 객체는 문자열 데이터를 쓰기 위한 write() 메서드를 제공한다. 예를 들어, 이 예제의 print() 함수는 다음과 같이 작성할 수도 있다.

```python
out.write(f'{year:3d} {principal:0.2f}\n')
```

기본적으로 파일에는 UTF-8로 인코딩된 텍스트가 들어 있다. 다른 텍스트 인코딩을 다루기 위해서는 파일을 열 때, encoding 인수를 추가로 사용한다.

```
with open('data.txt', encoding='latin-1') as file:
    data = file.read()
```

콘솔에서 대화식으로 입력한 데이터를 읽고 싶을 때가 있다. 이때 input() 함수를 사용하면 된다. 예를 들면 다음과 같다.

```
name = input('Enter your name : ')
print('Hello', name)
```

input() 함수는 종료 줄바꿈(terminating newline)까지 입력한 텍스트를 반환한다. 단, 줄바꿈은 입력에 포함되지 않는다.

1.8 리스트

리스트(list)는 임의 객체들의 시퀀스다. 대괄호로 여러 개의 값을 감싸서 리스트를 만든다.

```
names = [ 'Dave', 'Paula', 'Thomas', 'Lewis' ]
```

리스트는 0부터 시작하는 정수로 인덱스된다. 리스트의 개별 항목에 접근하거나 수정하려면 인덱스 연산자를 사용하면 된다.

```
a = names[2]            # 리스트의 세 번째 항목인 'Thomas'를 반환
names[2] = 'Tom'        # 세 번째 항목을 'Tom'으로 교체
print(names[-1])        # 마지막 항목 'Lewis'를 출력
```

리스트 끝에 새로운 항목을 추가하려면, append() 메서드를 사용하면 된다.

```
names.append('Alex')
```

리스트의 특정 위치에 항목을 삽입하려면, insert() 메서드를 사용하면 된다.

```
names.insert(2, 'Aya')
```

리스트의 항목을 모두 순회하려면, for 루프를 사용하면 된다.

```
for name in names:
    print(name)
```

리스트의 일부를 추출하거나 재할당하려면 슬라이스 연산자를 사용한다.

```
b = names[0:2]                      # b -> ['Dave', 'Paula']
c = names[2:]                       # c -> ['Aya', 'Tom', 'Lewis', 'Alex']
names[1] = 'Becky'                  # 'Paula'를 'Becky'로 교체
names[0:2] = ['Dave', 'Mark', 'Jeff'] # 리스트 앞쪽 두 항목을
                                    # ['Dave','Mark','Jeff']로 교체
```

리스트를 연결하려면 플러스 연산자를 사용하면 된다.

```
a = ['x','y'] + ['z','z','y']       # 결과는 ['x','y','z','z','y']
```

다음 두 가지 중 하나로 빈 리스트를 생성할 수 있다.

```
names = []          # 빈 리스트
names = list()      # 빈 리스트
```

빈 리스트를 []로 명시하는 것이 더 관용적이다. list는 리스트 타입과 연결된 클래스 이름이다. 데이터를 리스트로 변환할 때는 list를 사용하는 것이 더 일반적이다. 다음은 그 예이다.

```
letters = list('Dave')      # letters = ['D', 'a', 'v', 'e']
```

대부분의 경우, 리스트 내부의 항목은 모두 동일한 타입(예: 숫자 리스트, 문자열 리스트)이다. 하지만 리스트는 다른 리스트를 포함한 여러 종류의 파이썬 객체를 담을 수 있다. 다음 예를 보자.

```
a = [1, 'Dave', 3.14, ['Mark', 7, 9, [100, 101]], 10]
```

중첩 리스트에 들어있는 항목에 접근하려면 인덱스 연산자를 여러 번 사용하면 된다.

```
a[1]                # 'Dave'를 반환
a[3][2]             # 9를 반환
a[3][3][1]          # 101을 반환
```

다음 pcost.py 프로그램은 데이터를 리스트로 읽고 간단한 계산을 수행한다. 이 예제에서 파일에 있는 내용들은 콤마로 구분된 값을 포함한다고 가정한다. 이 프로그램은 두 열을 곱하고, 그 결과의 합을 계산한다.

```
# pcost.py
#
# 'NAME, SHARES, PRICE' 형식의 입력 줄을 읽음
# 예시:
#
#      SYM, 123, 456.78

import sys
if len(sys.argv) != 2:
    raise SystemExit(f'Usage: {sys.argv[0]} filename')

rows = []
with open(sys.argv[1], 'rt') as file:
    for line in file:
        rows.append(line.split(','))

# rows는 다음 형식의 리스트
# [
#   ['SYM', '123', '456.78\n']
# ...
# ]

total = sum([ int(row[1]) * float(row[2]) for row in rows ])
print(f'Total cost: {total:0.2f}')
```

이 프로그램의 첫 번째 줄에서 파이썬 라이브러리로부터 sys 모듈을 로드(load) 하기 위해 import 문을 사용했다. 이 모듈은 리스트 sys.argv에서 발견되는 명 령줄(command-line) 인수를 얻는 데 이용된다. 초기 검사에서 파일 이름이 제공되었는지 확인하고, 파일 이름이 제공되지 않았으면 오류 메시지와 함께 SystemExit 예외가 발생한다. SystemExit 예외 메시지에서, sys.argv[0]는 현재 실 행되고 있는 프로그램의 이름이다.

open() 함수는 명령줄 옵션에서 지정한 파일 이름을 사용한다. for line in file 은 파일을 한 줄씩 읽는다. 각각의 줄은 콤마 문자를 구분 기호로 사용하여 작은 리스트로 분할된다. 이 리스트는 rows에 추가된다. 최종 결과 rows는 리스트의 리 스트로서, 다른 리스트를 비롯해 어떤 타입도 포함할 수 있다는 것을 기억하자.

표현식 [int(row[1]) * float(row[2]) for row in rows]는 rows에 있는 리스트 를 모두 반복하면서 두 번째 항목과 세 번째 항목을 곱하여 새로운 리스트를 생 성한다. 이런 식으로 리스트를 생성하는 유용한 기술을 리스트 컴프리헨션(list comprehension)이라고 한다. 앞의 코드와 동일하게 계산하기 위해 다음과 같 이 장황하게 표현할 수도 있다.

```
values = []
for row in rows:
    values.append(int(row[1]) * float(row[2]))
total = sum(values)
```

일반적으로 단순 계산을 수행하는 것보다 리스트 컴프리헨션 방식을 더 선호한다. 내장 함수 sum()은 시퀀스에서 전 항목의 합계를 계산한다.

1.9 튜플

간단한 데이터 구조를 생성하기 위해 값들을 변경 불가능한 객체로 묶을 수 있는데, 이를 튜플이라고 한다. 다음과 같이 값을 괄호로 감싸서 튜플을 생성한다.

```
holding = ('GOOG', 100, 490.10)
address = ('www.python.org', 80)
```

특수한 문법을 사용하여 0개, 1개의 요소가 있는 튜플을 정의할 수 있다.

```
a = ()          # 요소가 0개인 튜플(빈 튜플)
b = (item,)     # 요소가 1개인 튜플(끝에 있는 콤마 주의)
```

리스트처럼 튜플의 값도 숫자 인덱스로 추출할 수 있다. 하지만 다음과 같이 튜플을 변수로 풀어서 가져오는 언패킹(unpacking)[4] 방식이 더 흔하다.

```
name, shares, price = holding
host, port = address
```

리스트가 지원하는 대부분의 연산(인덱스, 슬라이스, 연결 등)을 튜플도 지원하지만, 한번 생성되고 나면 튜플의 내용은 변경할 수 없다. 즉, 이미 생성된 튜플은 요소를 대체하거나 삭제하거나 새로운 요소를 추가할 수 없다. 튜플은 리스트처럼 서로 다른 객체의 묶음(collection)이 아니라 여러 부분으로 이뤄진 변경 불가능한 단일 객체로 보는 게 더 적절하다.

데이터를 표현할 때 튜플과 리스트를 함께 사용하기도 한다. 다음 프로그램은 콤마로 구분된 데이터 열을 파일로 읽어 들이는 방법을 보여준다.

---

4 (옮긴이) 언팩(unpack), 언패킹(unpacking)은 우리말로 꺼내다, 풀다는 뜻이다. 집합적인 컨테이너에서 개별 변수로 하나씩 가져올 때 사용하는 용어이다.

```
# "name, shares, price" 형식으로 된 여러 행이 있는 파일
filename = 'portfolio.csv'
portfolio = []
with open(filename) as file:
    for line in file:
        row = line.split(',')
        name = row[0]
        shares = int(row[1])
        price = float(row[2])
        holding = (name, shares, price)
        portfolio.append(holding)
```

이 프로그램에서 생성되는 리스트 portfolio는 행과 열로 구성된 이차원 배열 구조를 갖는다. 각각의 행은 튜플로 표현되며 다음과 같이 접근할 수 있다.

```
>>> portfolio[0]
('AA', 100, 32.2)
>>> portfolio[1]
('IBM', 50, 91.1)
>>>
```

각각의 데이터 항목은 다음과 같이 접근할 수 있다.

```
>>> portfolio[1][1]
50
>>> portfolio[1][2]
91.1
>>>
```

다음은 레코드를 모두 순회하면서 필드를 변수로 언패킹하는 방법이다.

```
total = 0.0
for name, shares, price in portfolio:
    total += shares * price
```

리스트 컴프리헨션을 사용할 수도 있다.

```
total = sum([shares * price for _, shares, price in portfolio])
```

튜플을 순회할 때 변수 _를 사용하여 버리는 값(discarded value)을 표현할 수 있다. 이 계산에서 첫 번째 항목(이름)은 무시되었다.

1.10 집합

집합(set)은 고유한 객체의 순서 없는 모음이다. 집합은 고유한 값을 찾거나 포함 관계(membership) 같은 문제를 다룰 때 사용된다. 여러 개의 값을 중괄호로 감싸거나 항목 묶음을 set()에 제공하여 집합을 생성한다. 다음은 그 예이다.

```
names1 = { 'IBM', 'MSFT', 'AA' }
names2 = set(['IBM', 'MSFT', 'HPE', 'IBM', 'CAT'])
```

집합의 요소는 일반적으로 변경 불가능한 객체로 제한된다. 예를 들어 숫자, 문자열, 튜플로 집합을 만들 수 있지만, 리스트를 포함하는 집합은 만들 수 없다. 대다수 일반 객체는 집합과 같이 사용할 수 있지만, 확실치 않으면 직접 시도해 보길 바란다.

리스트, 튜플과는 달리, 집합은 순서가 없으므로 숫자로 인덱스할 수 없다. 게다가, 집합은 요소가 중복되는 일이 없다. 가령 앞의 코드에서 나온 names2의 값을 들여다보면, 다음과 같은 결과를 얻을 수 있다.

```
>>> names2
{'CAT', 'IBM', 'MSFT', 'HPE'}
>>>
```

결과에서 'IBM'이 한 번만 나타나는 것을 볼 수 있다. 또한, 항목의 순서를 예측할 수 없어, 출력 결과가 예제에서 표시된 것과 다를 수 있다. 같은 컴퓨터에서 실행되는 인터프리터라도 순서가 달라질 수 있다.

앞에서 정의한 데이터로 작업하는 경우, 집합 컴프리헨션(set comprehension)을 사용하여 집합을 생성할 수 있다. 예를 들어, 아래 문장은 앞서 만든 portfolio 데이터의 주식 이름을 모두 집합으로 바꾼다.

```
names = { s[0] for s in portfolio }
```

인수 없이 set()을 사용하여 빈 집합을 생성한다.

```
r = set()        # 처음에는 빈 집합
```

집합은 합집합, 교집합, 차집합, 대칭 차집합과 같은 표준 연산을 지원한다. 다음은 그 예를 보여준다.

```
a = name2 | name1          # 합집합 {'MSFT', 'CAT', 'HPE', 'AA', 'IBM'}
b = name2 & name1          # 교집합 {'IBM', 'MSFT'}
c = name2 - name1          # 차집합 {'CAT', 'HPE'}
d = name1 - name2          # 차집합 {'AA'}
e = name2 ^ name1          # 대칭 차집합 {'CAT', 'HPE', 'AA'}
```

차집합(difference) 연산 name1 - name2는 name1에 있지만 name2에는 없는 항목을 제공한다. 대칭 차집합(symmetric difference) name1 ^ name2는 name1나 name2 중 하나의 집합에만 들어 있는 항목을 제공한다.

add() 또는 update()로 집합에 새로운 항목을 추가할 수 있다.

```
name2.add('DIS')                        # 항목 하나 추가
name1.update({'JJ', 'GE', 'ACME'})      # 여러 항목을 name1에 추가
```

remove() 또는 discard()로 항목을 삭제할 수 있다.

```
name2.remove('IBM')      # 'IBM' 삭제, 'IBM'이 없으면 KeyError가 발생
name1.discard('SCOX')    # 'SCOX'가 있으면 삭제
```

remove()와 discard()의 차이점이라면, discard()는 해당 항목이 없더라도 예외가 발생하지 않는다는 점이다.

1.11 사전

사전(dictionary)은 키와 값을 매핑(mapping)[5]한다. 다음과 같이 콤마로 구분된 키-값 쌍을 중괄호({})로 감싸서 사전을 생성한다.

```
s = {
    'name' : 'GOOG',
    'shares' : 100,
    'price' : 490.10
  }
```

사전에 있는 요소에 접근하려면, 다음과 같이 인덱스 연산자를 사용한다.

```
name = s['name']
cost = s['shares'] * s['price']
```

---

5 (옮긴이) 매핑(mapping)이란 하나의 값을 다른 값과 대응시키는 것을 말한다. 매핑과 관련된 메서드 들을 구현한 객체를 매핑 객체라고 한다.

객체의 추가 및 수정은 다음과 같이 수행한다.

```
s['shares'] = 75
s['date'] = '2007-06-07'
```

사전은 이름이 있는 필드로 구성된 객체를 정의할 때 유용하다. 하지만 사전은 순서가 정해지지 않은 데이터를 빠르게 조회할 수 있는 매핑 용도로 주로 이용된다. 예를 들어, 다음은 주가(stock prices)를 담은 사전이다.

```
prices = {
    'GOOG' : 490.1,
    'AAPL' : 123.5,
    'IBM' : 91.5,
    'MSFT' : 52.13
}
```

이 사전에서 주가는 다음과 같이 찾아볼 수 있다.

```
p = prices['IBM']
```

사전에 어떤 키가 들어 있는지는 다음과 같이 in 연산자로 검사한다.

```
if 'IBM' in prices:
    p = prices['IBM']
else:
    p = 0.0
```

이런 일련의 단계는 다음과 같이 get() 메서드를 사용하여 간결하게 표현할 수 있다.

```
p = prices.get('IBM', 0.0)      # 'IBM' 키가 있으면 prices['IBM']을,
                                # 그렇지 않으면 0.0
```

사전에서 하나의 요소를 삭제할 때는 del 문을 사용한다.

```
del prices['GOOG']
```

주로 문자열을 키로 사용하지만, 숫자나 튜플 같은 다른 파이썬 객체도 키로 사용할 수 있다. 예를 들어, 튜플은 복합 또는 다중 부분(multipart) 키를 구성할 때 종종 이용된다.

```
prices = { }
prices[('IBM', '2015-02-03')] = 91.23
prices['IBM', '2015-02-04'] = 91.42        # 괄호 생략
```

다른 사전을 포함하여 어떤 종류의 객체도 사전에 배치할 수 있다. 하지만 리스트, 집합, 사전과 같이 그 내용이 바뀔 수 있는 자료구조는 키로 사용할 수 없다.

사전은 다양한 알고리즘과 데이터 처리 문제를 위한 빌딩 블록으로 사용되며, 그러한 문제 중 하나가 표(tabulation)이다. 예를 들어, 다음은 이전 데이터에서 주식 이름별 주식 총수를 계산하는 방법이다.

```
portfolio = [
    ('ACME', 50, 92.34),
    ('IBM', 75, 102.25),
    ('PHP', 40, 74.50),
    ('IBM', 50, 124.75)
]

total_shares = { s[0]: 0 for s in portfolio }
for name, shares, _ in portfolio:
    total_shares[name] += shares

# total_shares = {'IBM': 125, 'ACME': 50, 'PHP': 40}
```

이번 예에서 {s[0]: 0 for s in portfolio}는 사전 컴프리헨션(dictionary comprehension)의 예이다. 이는 다른 데이터 묶음에서 키-값 쌍의 사전을 생성한다. 이 경우, 주식 이름에 0을 매핑하는 초기화 사전을 먼저 만들고, 뒤에 오는 for 루프로 사전을 순회하면서 주식 이름별로 보유한 주식을 모두 더한다.

이 예제처럼 일반적인 데이터 처리 작업의 대부분은 이미 라이브러리 모듈로 구현되어 있다. 예를 들어 collections 모듈에는 이런 작업에서 이용할 수 있는 Counter 객체가 있다.

```
from collections import Counter

total_shares = Counter()
for name, shares, _ in portfolio:
    total_shares[name] += shares

# total_shares = Counter({'IBM': 125, 'ACME': 50, 'PHP': 40})
```

빈 사전은 다음 두 가지 방법으로 만들 수 있다.

```
prices = {}              # 빈 사전
prices = dict()          # 빈 사전
```

빈 사전은 {}를 사용하는 게 관용적이지만, 빈 집합(대신 set() 사용)을 만드는
것처럼 보일 수 있으므로 주의가 필요하다. dict()는 다음 예제와 같이 키-값 쌍
으로 이루어진 사전을 생성할 때 자주 사용된다.

```
pairs = [('IBM', 125), ('ACME', 50), ('PHP', 40)]
d = dict(pairs)
```

사전의 키 목록을 얻고 싶으면, 사전을 리스트로 변환하면 된다.

```
syms = list(prices)      # syms = ['AAPL', 'MSFT', 'IBM', 'GOOG']
```

또는 dict.keys()를 사용하여 사전의 키 목록을 얻을 수 있다.

```
syms = prices.keys()
```

두 메서드의 차이점은 keys()가 사전에 있는 특별한 '키 뷰(keys view)'를 반환하
며, 사전에서 이루어진 변경 사항도 적극적으로 반영한다는 점이다. 다음 예를
살펴보자.

```
>>> d = { 'x': 2, 'y':3 }
>>> k = d.keys()
>>> k
dict_keys(['x', 'y'])
>>> d['z'] = 4
>>> k
dict_keys(['x', 'y', 'z'])
>>>
```

키는 항목이 사전에 처음 삽입된 순서와 항상 동일한 순서로 나타난다. 앞서 살
펴본 리스트 변환은 이 순서를 유지한다. 이는 사전을 파일 또는 다른 데이터 소
스에서 읽은 키-값 데이터를 표현하기 위한 용도로 사용할 때 유용하다. 사전은
입력 순서를 유지하므로 가독성과 디버깅에 도움이 될 수 있다. 또한 데이터를
파일에 다시 쓰려는 경우에도 좋다. 하지만 파이썬 3.6 이전 버전에서는 이 순서
가 보장되지 않으므로, 이전 버전 파이썬과 호환이 필요한 경우에는 순서에 의
존하면 안 된다. 또한 삭제 및 삽입이 여러 번 발생한 경우에도 순서가 보장되지
않는다.

사전의 값들은 dict.values() 메서드로, 키-값 쌍은 dict.items() 메서드로 얻을
수 있다. 다음은 사전의 전체 내용을 키-값 쌍으로 순회하는 코드이다.

```python
for sym, price in prices.items():
    print(f'{sym} = {price}')
```

1.12 반복과 루프

가장 널리 사용되는 루프 관련 구조는 for 문이다. for 문은 항목 모음을 반복적
으로 순회할 때 사용한다. 흔히 쓰이는 반복의 형태는 문자열, 리스트, 튜플 같
은 시퀀스의 구성 요소를 모두 순회하는 것이다. 다음은 한 예이다.

```python
for n in [1, 2, 3, 4, 5, 6, 7, 8, 9]:
    print(f'2 to the {n} power is {2**n}')
```

이 예를 보면 반복할 때마다 리스트 [1, 2, 3, 4, ..., 9]에 있는 항목이 변수 n에
순차적으로 할당된다. 정수 범위를 순회하는 코드는 자주 사용되며, 다음과 같
이 간단히 줄여 쓰는 방법도 있다.

```python
for n in range(1, 10):
    print(f'2 to the {n} power is {2**n}')
```

range(i, j [, 간격]) 함수는 i ~ j-1 범위의 정숫값을 표현하는 객체를 생성한다.
초깃값이 생략되면 초깃값은 0이 된다. 추가로 세 번째 인수에 간격을 지정할 수
있다. 다음은 관련 예이다.

```python
a = range(5)          # a = 0,1,2,3,4
b = range(1, 8)       # b = 1,2,3,4,5,6,7
c = range(0,14,3)     # c = 0,3,6,9,12
d = range(8,1,-1)     # d = 8,7,6,5,4,3,2
```

range() 함수로 생성된 객체는 검색을 요청하는 시점에 값을 계산한다. 이러한
이유로 매우 큰 범위의 수와 함께 사용할 때 효율적이다.

　for 문은 정수 시퀀스뿐만 아니라 문자열, 리스트, 사전, 파일 등 여러 종류의
객체를 반복할 때도 사용할 수 있다. 다음은 몇 가지 예이다.

```python
message = 'Hello World'
# message에 있는 각각의 문자를 출력한다.
for c in message:
    print(c)
```

```
names = ['Dave', 'Mark', 'Ann', 'Phil']
# 리스트의 구성 요소를 출력한다.
for name in names:
    print(name)

prices = { 'GOOG' : 490.10, 'IBM' : 91.50, 'AAPL' : 123.15 }
# 사전의 구성 요소를 모두 출력한다.
for key in prices:
    print(key, '=', prices[key])

# 파일의 내용을 모두 출력한다.
with open('foo.txt') as file:
    for line in file:
        print(line, end='')
```

for 루프는 파이썬이 제공하는 여러 강력한 기능 가운데 하나인데, 값의 시퀀스
와 함께 for 루프를 제공하는 이터레이터 객체(iterator object, 반복자 객체)나
제너레이터 함수(generator function, 생성기)를 사용자가 직접 만들 수 있기 때
문이다. 이터레이터와 제너레이터는 6장에서 더 자세히 다룬다.

1.13 함수

함수는 다음 예처럼 def 문을 사용해 생성한다.

```
def remainder(a, b):
    q = a // b          # //는 끝수를 버리는 나누기
    r = a - q * b
    return r
```

함수를 호출하려면 result = remainder(37, 15)처럼 함수 이름을 쓰고, 이어서 괄
호 안에 인수를 차례로 쓰면 된다.

함수의 첫 번째 문장으로 문서화 문자열(documentation string)을 흔히 작성
한다. 이 문자열은 help() 명령에 제공되어, IDE 또는 기타 개발 도구에서 개발
자를 돕기 위해 사용된다. 다음 예를 보자.

```
def remainder(a, b):
    '''
    a를 b로 나눈 나머지를 계산
    '''
    q = a // b
    r = a - q * b
    return r
```

함수의 입력과 출력이 이름만으로 명확하지 않다면, 다음과 같이 타입 힌트
(type hint, 혹은 type annotation)를 추가할 수 있다.

```python
def remainder(a: int, b: int) -> int:
    '''
    a를 b로 나눈 나머지를 계산
    '''
    q = a // b
    r = a - q * b
    return r
```

타입 힌트는 정보를 제공할 뿐 런타임에 이들을 강제하지 않는다. 따라서 이 예
에서 작성한 함수를 result = remainder(37.5, 3.2)와 같이 정수형이 아닌 값으로
도 호출할 수 있다.

함수에서 여러 값을 반환하려면 튜플을 사용한다.

```python
def divide(a, b):
    q = a // b          # a와 b가 정수면, q도 정수
    r = a - q * b
    return (q, r)
```

튜플로 반환되는 여러 개의 반환값은 다음과 같이 개별 변수로 언패킹할 수
있다.

```python
quotient, remainder = divide(1456, 33)
```

함수 매개변수에 기본값을 할당하려면 대입문을 사용한다.

```python
def connect(hostname, port, timeout=300):
    # 함수 본문
    ...
```

함수 정의 과정에서 기본값을 지정하면, 이어지는 함수 호출에서 해당 값은 생
략할 수 있다. 생략한 값은 지정한 기본값을 가지게 된다. 다음은 한 예이다.

```python
connect('www.python.org', 80)
connect('www.python.org', 80, 500)
```

기본 인수는 종종 선택적인 기능으로 사용된다. 선택적인 인수가 많으면 가독성이 떨어진다. 다음과 같이 키워드 인수(keyword argument)를 사용하여 인수를 지정하는 것이 좋다.

```
connect('www.python.org', 80, timeout=500)
```

인수의 이름을 알고 있다면 함수를 호출할 때, 인수의 이름을 모두 지정할 수 있다. 이름이 지정되면 매개변수의 나열 순서는 중요치 않다. 다음 코드는 정상적으로 동작한다.

```
connect(port=80, hostname='www.python.org')
```

함수 안에서 변수를 생성하거나 값을 대입하면 이 변수의 유효 범위는 지역 범위이다. 즉, 변수는 함수 본문 안에서만 정의되고 함수가 반환되면 사라진다. 같은 파일 안에 있는 한, 함수 외부에 정의된 변수를 함수 안에서도 접근할 수 있다. 다음은 그 예이다.

```
debug = True        # 전역 변수

def read_data(filename):
    if debug:
        print('Reading', filename)
    ...
```

유효 범위 규칙은 5장에서 자세히 살펴보도록 한다.

1.14 예외

프로그램에서 에러가 발생하면 예외가 발생하고, 다음과 같이 역추적 메시지가 나타난다.

```
Traceback (most recent call last):
  File "readport.py", line 9, in <module>
    shares = int(row[1])
ValueError: invalid literal for int() with base 10: 'N/A'
```

역추적 메시지는 발생한 에러의 종류와 그 위치를 표시한다. 보통 에러는 프로그램을 종료시키지만, 다음과 같이 try와 except 문으로 예외 상황을 찾아 관리할 수 있다.

```
portfolio = []
with open('portfolio.csv') as file:
    for line in file:
        row = line.split(',')
        try:
            name = row[0]
            shares = int(row[1])
            price = float(row[2])
            holding = (name, shares, price)
            portfolio.append(holding)
        except ValueError as err:
            print('Bad row:', row)
            print('Reason:', err)
```

이 코드에서 ValueError가 발생하면, 에러의 원인에 대한 세부 정보가 err에 담기고 제어가 except 블록으로 넘어간다. 다른 종류의 예외가 발생하면 프로그램은 평소와 같이 멈춘다. 에러가 발생하지 않으면 except 블록에 있는 코드는 무시된다. 예외가 해결되면 최종 except 블록 바로 뒤이어 나오는 문에서 프로그램이 재개된다. 프로그램은 예외가 발생한 지점으로 되돌아가지 않는다.

raise 문은 예외 발생을 알릴 때 사용된다. 이를 위해 예외 이름이 필요하다. 다음은 내장 예외의 하나인 RuntimeError를 일으키는 방법이다.

```
raise RuntimeError('Computer says no')
```

예외 처리를 하면서 락(lock), 파일, 네트워크 연결과 같은 시스템 자원을 관리하는 작업은 까다롭다. 어떤 일이 일어나더라도 반드시 실행해야 할 작업이 있기 때문이다. 이를 위해 try-finally를 사용한다. 다음은 락과 관련된 예로, 교착상태(deadlock)를 회피하기 위해서는 반드시 락을 해제해야 한다.

```
import threading
lock = threading.Lock()
...
lock.acquire()
# 락을 얻게 되면 반드시 해제해야 한다.
try:
    ...
    문장들
    ...
finally:
    lock.release()     # 항상 실행
```

이 일을 단순화하기 위해, 자원 관리와 관련 있는 객체에는 with 문을 제공한다. 다음은 이 코드를 수정한 것이다.

```
with lock:
    ...
    문장들
    ...
```

이 예에서 lock 객체는 with 문을 실행할 때 자동으로 확보된다. 실행이 with 블록을 벗어나는 순간, 락(lock)은 자동으로 해제된다. 이것은 with 블록 안에서 일어나는 일과 관계없이 수행되는 작업이다. 예컨대 예외가 발생하면, 제어가 블록의 컨텍스트 밖으로 나가는 순간 락은 해제된다.

with 문은 보통 파일, 연결, 락과 같은 시스템 자원이나 실행 환경 객체와 호환된다. 하지만 사용자 정의 객체는 자신만의 프로세스를 가질 수 있는데, 자세한 내용은 3장에서 설명한다.

1.15 프로그램 종료

프로그램에서 더 이상 실행할 문장이 없거나 잡히지 않는 SystemExit 예외가 발생하면 프로그램은 종료된다. 아래와 같이 프로그램을 종료할 수 있다.

```
raise SystemExit()                      # 에러 메시지 없이 종료
raise SystemExit("Something is wrong")  # 에러 메시지를 포함하여 종료
```

인터프리터는 종료할 때 활성 객체를 모두 가비지 컬렉트(garbage-collect)하기 위해 노력한다. 파일 삭제나 연결 종료 등 특별한 작업을 수행하려면 다음과 같이 atexit 모듈에 등록할 수 있다.

```
import atexit

# 예제
connection = open_connection("deaddot.com")

def cleanup():
    print "Going away..."
    close_connection(connection)

atexit.register(cleanup)
```

1.16 객체와 클래스

프로그램 안에서 쓰이는 값은 모두 객체(object)다. 객체는 내부 데이터와 이 데이터와 관련하여 다양한 연산을 수행하는 메서드로 구성된다. 앞서 문자열과 리스트 같은 내장 타입을 다루면서 객체와 메서드를 사용해 보았다. 다음은 한 예다.

```
items = [37, 42]      # 리스트 객체를 생성
items.append(73)      # append() 메서드를 호출
```

dir() 함수는 객체가 제공하는 메서드의 목록을 나열한다. 이 함수는 IDE를 사용할 수 없는 상황에서 대화식으로 이것저것 실험할 때 유용하게 쓸 수 있다. 다음은 그 예이다.

```
>>> items = [37, 42]
>>> dir(items)
['__add__', '__class__', '__contains__', '__delattr__', '__delitem__',
...
 'append', 'count', 'extend', 'index', 'insert', 'pop',
 'remove', 'reverse', 'sort']
>>>
```

객체를 살펴보면 append()나 insert()와 같은 익숙한 메서드를 볼 수 있다. 이 밖에도 항상 이중 밑줄로 시작하고 끝나는 특수한 메서드도 볼 수 있다. 이 메서드는 언어가 제공하는 다양한 연산자를 구현한 것이다. 예를 들어, __add__() 메서드는 + 연산자를 구현한 것이다. 이 메서드는 다음에 자세히 설명한다.

```
>>> items.__add__([73, 101])
[37, 42, 73, 101]
>>>
```

class 문은 새로운 객체 타입 정의와 객체지향 프로그래밍에 사용한다. 예를 들어, 다음 클래스는 push(), pop() 연산을 수행하는 간단한 스택을 정의한다.

```
class Stack:
    def __init__(self):          # 스택을 초기화
        self._items = [ ]

    def push(self, item):
        self._items.append(item)

    def pop(self):
```

```
            return self._items.pop()

    def __repr__(self):
        return f'<{type(self).__name__} at 0x{id(self):x}, size={len(self)}>'

    def __len__(self):
        return len(self._items)
```

클래스 정의에서 메서드는 def 문으로 정의한다. 각 메서드의 첫 번째 인수는 항상 객체 자기 자신을 가리킨다. 관습적으로 이 인수의 이름은 self다. 객체의 속성과 관련된 연산에서는 명시적으로 self 변수를 참조해야 한다.

시작과 끝이 이중 밑줄인 메서드는 스페셜 메서드(special method)이다.[6] 예를 들어, __init__는 객체를 초기화하기 위해서 사용된다. 이 예제에서 __init__는 스택 데이터를 저장하기 위해 내부 리스트를 생성한다.

클래스는 다음과 같이 사용한다.

```
s = Stack()              # 스택이라는 클래스의 인스턴스 생성
s.push('Dave')           # 스택에 무언가를 추가
s.push(42)
s.push([3, 4, 5])
x = s.pop()              # x는 [3, 4, 5]
y = s.pop()              # y는 42
```

클래스 안에서 메서드들이 내부 변수 _items를 사용하는 것을 볼 수 있다. 파이썬은 데이터를 숨기거나 보호하는 메커니즘을 가지고 있지 않다. 하지만 하나의 밑줄로 시작하는 이름은 '비공개(private)'로 간주하는 프로그래밍 규칙이 있다. 이 예에서 _items는 내부 구현으로 처리되어야 하며, Stack 클래스 외부에서 사용되지 않아야 한다. 이 규칙은 실제로 강제되지 않는다는 점에 유의하자. _items에 접근하려면 얼마든지 접근할 수 있다. 동료가 코드를 리뷰하면서 물어본다면, 이러한 파이썬 프로그래밍 규칙을 얘기해주면 된다.

__repr__()과 __len__() 메서드는 객체가 나머지 환경과 원활하게 동작하도록 만든다. 여기서 __len__()은 Stack이 내장 함수 len()과 함께 동작하도록 만들며, __repr__()은 Stack이 출력되는 방식을 변경해준다. 디버깅을 위해 __repr__()을 정의하는 것은 언제나 좋은 방법이다.

---

6 (옮긴이) 스페셜 메서드를 매직 메서드, 던더(dunder: double underline) 메서드라고도 부른다.

```
>>> s = Stack()
>>> s.push('Dave')
>>> s.push(42)
>>> len(s)
2
>>> s
<Stack at 0x10108c1d0, size=2>
>>>
```

객체의 중요한 특징은 상속(inheritance)을 통해 기존 클래스에 기능을 추가하거나 재정의할 수 있다는 점이다.

스택의 상위 두 개 항목을 교환하는 메서드를 추가한다고 가정하자. 다음과 같이 클래스를 작성할 수 있다.

```python
class MyStack(Stack):
    def swap(self):
        a = self.pop()
        b = self.pop()
        self.push(a)
        self.push(b)
```

MyStack 클래스는 swap() 메서드를 추가한 것을 제외하고는 Stack 클래스와 동일하다.

```
>>> s = MyStack()
>>> s.push('Dave')
>>> s.push(42)
>>> s.swap()
>>> s.pop()
'Dave'
>>> s.pop()
42
>>>
```

상속은 기존 메서드의 동작 방식을 재정의하는 데 사용된다. 스택에 숫자 데이터만 넣을 수 있도록 제약한다고 하자. 다음과 같이 클래스를 작성할 수 있다.

```python
class NumericStack(Stack):
    def push(self, item):
        if not isinstance(item, (int, float)):
            raise TypeError('Expected an int or float')
        super().push(item)
```

이 예제에서 push() 메서드는 추가 검사를 위해 다시 정의되었다. super() 연산은 이전에 정의된 push()를 호출하는 방법이다. 다음은 이 클래스가 어떻게 동작하는지 보여준다.

```
>>> s = NumericStack()
>>> s.push(42)
>>> s.push('Dave')
Traceback (most recent call last):
    ...
TypeError: Expected an int or float
>>>
```

상속은 종종 최선의 해결책은 아니다. 다음과 같이 동작하는 간단한 스택 기반 계산기를 정의한다고 하자.

```
>>> # 2 + 3 * 4 계산
>>> calc = Calculator()
>>> calc.push(2)
>>> calc.push(3)
>>> calc.push(4)
>>> calc.mul()
>>> calc.add()
>>> calc.pop()
14
>>>
```

이 코드에서 push()와 pop()의 사용법을 보고, Stack 클래스에서 상속받아 Calculator를 정의할 수 있다고 생각할지도 모른다. 이 방법이 비록 동작할지라도 Calculator를 별도의 클래스로 정의하는 게 더 좋은 방법이다.

```
class Calculator:
    def __init__(self):
        self._stack = Stack()

    def push(self, item):
        self._stack.push(item)

    def pop(self):
        return self._stack.pop()

    def add(self):
        self.push(self.pop() + self.pop())

    def mul(self):
        self.push(self.pop() * self.pop())

    def sub(self):
        right = self.pop()
        self.push(self.pop() - right)
```

```
    def div(self):
        right = self.pop()
        self.push(self.pop() / right)
```

이 구현에서, Calculator는 내부적으로 Stack을 구현하고 있다. 이는 컴포지션 (composition)[7]의 한 예이다. push() 및 pop() 메서드는 내부 Stack으로 기능을 위임한다. 이런 접근 방식을 택하는 이유는 Calculator를 Stack으로 생각하지 않기 때문이다. 즉, 이들은 별개의 개념, 서로 다른 종류의 객체다. 비유하자면 휴대폰에는 중앙처리장치(CPU)가 있지만, 일반적으로 휴대폰을 중앙처리장치의 한 종류로 생각하지 않는 것과 유사하다.

1.17 모듈

프로그램의 크기가 커질수록 손쉬운 관리를 위해 프로그램을 여러 파일로 나누고 싶어질 것이다. 이를 위해 import 문을 사용한다. 모듈을 생성하려면 관련 문장과 정의를 모듈과 동일한 이름을 갖는 파일(확장자는 .py)에 넣으면 된다. 다음은 한 예이다.

```
# readport.py
#
# 'NAME, SHARES, PRICE' 데이터 파일을 읽음.

def read_portfolio(filename):
    portfolio = []
    with open(filename) as file:
        for line in file:
            row = line.split(',')
            try:
                name = row[0]
                shares = int(row[1])
                price = float(row[2])
                holding = (name, shares, price)
                portfolio.append(holding)
            except ValueError as err:
                print('Bad row:', row)
                print('Reason:', err)
    return portfolio
```

---

7 (옮긴이) 컴포지션은 상속할 때 클래스가 필요한 속성만을 다른 클래스에서 가져와 사용하는 것을 말한다. 컴포지션에 대해서는 7장 클래스와 객체지향 프로그래밍에서 자세히 설명한다.

이 모듈을 다른 파일에서 사용하려면 import 문을 사용하면 된다. 예를 들어 다음은 모듈 pcost.py가 앞에서 작성한 read_portfolio() 함수를 사용하는 예제다.

```
# pcost.py

import readport

def portfolio_cost(filename):
    '''
    portfolio의 shares*price 합계를 계산
    '''
    port = readport.read_portfolio(filename)
    return sum(shares * price for _, shares, price in port)
```

import 문은 새로운 네임스페이스(namespace, 이름공간)[8] 또는 환경을 생성하고, .py 파일 안에 있는 문장을 이 네임스페이스 안에서 모두 실행한다. import 문 이후 해당 네임스페이스 안에 있는 내용에 접근하려면, 이 예제의 readport. read_portfolio()처럼 모듈의 이름을 접두사처럼 앞에 붙여주면 된다.

ImportError 예외와 함께 import 문이 실패하면 환경에서 몇 가지 사항을 확인해야 한다. 먼저 readport.py 파일을 생성했는지 확인한다. 다음으로 sys.path에 나열된 디렉터리를 확인한다. 파일이 해당 디렉터리에 없는 경우, 파이썬은 그 파일을 찾을 수가 없다.

모듈을 다른 이름으로 불러오고 싶으면, 다음과 같이 import 문에 추가로 as 한정어(qualifier)를 써주면 된다.

```
import readport as rp
port = rp.read_portfolio('portfolio.dat')
```

특정 정의만을 현재 네임스페이스에 불러오고 싶다면, from 문을 사용하면 된다.

```
from readport import read_portfolio
port = read_portfolio('portfolio.dat')
```

객체를 다룰 때처럼 dir() 함수를 쓰면 모듈의 내용을 볼 수 있고, 대화식으로 이것저것 실험해볼 수 있다.

```
>>> import readport
>>> dir(readport)
```

---

8 (옮긴이) 네임스페이스는 프로그래밍 언어에서 특정한 객체를 이름에 따라 구분할 수 있는 범위를 말한다.

```
['__builtins__', '__cached__', '__doc__', '__file__', '__loader__',
 '__name__', '__package__', '__spec__', 'read_portfolio']
...
>>>
```

파이썬은 프로그래밍을 손쉽게 할 수 있는 표준 라이브러리를 많이 제공한다. 예를 들어, csv 모듈은 콤마로 분리된 값을 가진 파일을 다루기 위한 표준 라이브러리다. 다음과 같이 csv 모듈을 사용할 수 있다.

```python
# readport.py
#
# 'NAME, SHARES, PRICE' 데이터 파일을 읽음

import csv

def read_portfolio(filename):
    portfolio = []
    with open(filename) as file:
        rows = csv.reader(file)
        for row in rows:
            try:
                name = row[0]
                shares = int(row[1])
                price = float(row[2])
                holding = (name, shares, price)
                portfolio.append(holding)
            except ValueError as err:
                print('Bad row:', row)
                print('Reason:', err)
    return portfolio
```

파이썬에는 상상할 수 있는 어떤 종류의 작업도 해결할 수 있는 다수의 서드파티 모듈이 있다(CSV 파일을 읽는 것을 포함). 자세한 내용은 *https://pypi.org*를 참조하기 바란다.

1.18 스크립트 작성

파이썬의 어떤 파일은 스크립트로 실행하거나 import 문으로 불러온 라이브러리로 실행할 수 있다. import 문을 더 효율적으로 지원하기 위해, 스크립트 코드에서는 모듈 이름에 대한 조건부 검사를 수행하곤 한다.

```
# readport.py
#
# 'NAME, SHARES, PRICE' 데이터 파일을 읽음

import csv

def read_portfolio(filename):
    ...

def main():
    portfolio = read_portfolio('portfolio.csv')
    for name, shares, price in portfolio:
        print(f'{name:>10s} {shares:10d} {price:10.2f}')

if __name__ == '__main__':
    main()
```

__name__은 현재 모듈의 이름을 담고 있는 내장 변수다. python readport.py와 같은 명령어로 프로그램이 메인 스크립트로 실행되면, __name__ 변수는 '__main__'으로 설정된다. 그렇지 않고, 코드를 import readport와 같은 문장으로 불러오게 되면 __name__ 변수는 'readport'로 설정된다.

이 코드에서 파일 이름은 portfolio.csv로 하드코딩(hardcord)[9]되어 있다. 대신 프롬프트에서 파일 이름을 사용자에게 묻거나 명령줄 인수의 형태로 받을 수도 있다. 이를 위해 내장 함수 input()을 사용하거나 sys.argv 리스트를 사용한다. 다음 예제는 이 main() 함수를 수정한 코드이다.

```
def main(argv):
    if len(argv) == 1:
        filename = input('Enter filename: ')
    elif len(argv) == 2:
        filename = argv[1]
    else:
        raise SystemExit(f'Usage: {argv[0]} [ filename ]')
    portfolio = read_portfolio(filename)
    for name, shares, price in portfolio:
        print(f'{name:>10s} {shares:10d} {price:10.2f}')

if __name__ == '__main__':
    import sys
    main(sys.argv)
```

이 프로그램은 명령줄에서 두 가지 다른 방법으로 실행될 수 있다.

---

9 (옮긴이) 소스 코드에 값을 직접 쓰는 방식을 말한다.

```
bash % python readport.py
Enter filename: portfolio.csv
...
bash % python readport.py portfolio.csv
...
bash % python readport.py a b c
Usage: readport.py [ filename ]
bash %
```

단순한 프로그램에서는 이 코드처럼 sys.argv의 인수를 처리하는 방식으로도 충분하다. 더 전문가답게 사용하는 방법은 argparse 표준 라이브러리 모듈을 이용하는 것이다.

1.19 패키지

대규모 프로그램에서는 코드를 패키지로 조직하는 것이 일반적이다. 패키지(package)는 계층적인 모듈의 모음이다. 파일 시스템에서, 코드는 다음과 같이 디렉터리 내 파일 묶음으로 자리하게 된다.

```
tutorial/
    __init__.py
    readport.py
    pcost.py
    stack.py
    ...
```

디렉터리는 내용이 비어 있을 수도 있는 __init__.py 파일이 있어야 한다.[10] 일단 이 작업을 완료하면 중첩 import 문을 만들 수 있다. 다음은 그 예이다.

```
import tutorial.readport

port = tutorial.readport.read_portfolio('portfolio.dat')
```

이름이 길어 마음에 들지 않는다면, import 문을 다음과 같이 사용해 짧게 줄여 쓸 수 있다.

```
from tutorial.readport import read_portfolio

port = read_portfolio('portfolio.dat')
```

---

10 (옮긴이) 파이썬 3.3 버전부터는 디렉터리에 __init__.py 파일이 없어도 패키지로 인식한다(PEP 420). 하지만 하위 호환성을 위해 __init__.py 파일의 생성을 권장한다.

패키지와 관련해 한 가지 까다로운 점은 같은 패키지 내에 있는 파일을 불러올 때이다. 이전 예제에서, pcost.py 모듈은 다음과 같은 import 문으로 시작하였다.

```
# pcost.py
import readport
...
```

pcost.py와 readport.py 파일이 한 패키지로 이동하게 되면, 이 import 문은 동작하지 않는다. 이 문제를 해결하기 위해서는 완전히 특정 모듈만 불러올 수 있는 import 문을 사용해야 한다.

```
# pcost.py
from tutorial import readport
...
```

대안으로 다음과 같이 패키지에서 상대 경로 import 문을 사용할 수도 있다.

```
# pcost.py
from . import readport
...
```

후자의 방법은 패키지 이름을 하드코딩하지 않아도 된다는 이점이 있다. 이렇게 하면 다음에 프로젝트 안에서 패키지의 이름을 바꾸거나 패키지를 이동시키는 게 훨씬 용이하다.

패키지와 관련한 세부 내용은 8장에서 다루도록 한다.

1.20 응용 프로그램의 구조화

많은 양의 파이썬 코드를 작성하다 보면, 스스로 작성한 코드와 서드파티에 의존하는 코드가 서로 뒤섞이며 덩치가 커진 응용 프로그램을 다루고 있는 자신을 발견하게 된다.

이것을 모두 관리하는 것은 복잡한 주제다. 또한 무엇이 '모범 사례'인지에 대해서도 다양한 의견이 있다. 그래도 반드시 알아야 할 몇 가지 필수 사항이 있다.

먼저, 대규모 코드 베이스를 패키지(즉, 특별한 __init__.py 파일을 포함하는 .py 파일들의 디렉터리)로 구성하는 게 관행이다. 이 작업을 수행할 때는 최상위 디렉터리 이름을 고유한 패키지 이름으로 선택하도록 한다. 패키지 디렉터리를 구성하는 주요 목적은 프로그래밍하는 동안 사용되는 모듈의 네임스페이스와 import 문을 관리하기 위해서다. 일반적으로 사람들은 자신이 직접 작성한 코드를 다른 사람이 작성한 코드와 분리하기를 원한다.

기본 프로젝트 소스 코드 외에도 테스트, 예제, 스크립트, 문서가 추가로 있을지도 모른다. 이러한 추가 자료는 일반적으로 소스 코드가 포함된 패키지와 별도로 다른 디렉터리에 두도록 한다. 따라서 프로젝트를 위한 최상위 디렉터리를 만들고, 작업은 모두 그 하위에 두는 것이 일반적이다. 예를 들어, 대부분의 일반적인 프로젝트 구성은 다음과 같다.

```
tutorial-project/
    tutorial/
        __init__.py
        readport.py
        pcost.py
        stack.py
        ...
    tests/
        test_stack.py
        test_pcost.py
        ...
    examples/
        sample.py
        ...
    doc/
        tutorial.txt
        ...
```

패키지를 구성하는 데는 한 가지 이상의 방법이 있다는 것을 명심하자. 해결하려는 문제의 특성에 따라 구조는 달라질 수 있다. 그렇더라도 주요 소스 코드들이 적절한 패키지(다시 말하면 __init__.py 파일이 있는 디렉터리)에 있다면, 문제는 없을 것이다.

1.21 서드파티 패키지의 관리

파이썬은 서드파티에서 기여한 패키지로 구성되어 있는 수많은 라이브러리를 보유하고 있는데, 파이썬 패키지 인덱스 사이트(*https://pypi.org*)에서 찾을 수 있다. 코드를 작성할 때 이러한 패키지의 일부를 사용하는 일이 생길 수 있다. 서드파티 패키지를 설치하기 위해서는 pip과 같은 명령어를 사용한다.

```
bash % python3 —m pip install somepackage
```

설치된 패키지는 **sys.path**의 값을 살펴보면 찾을 수 있는데, site-packages라는 특별한 디렉터리에 위치한다. 예를 들어, 유닉스 시스템에서 패키지들은 /usr/local/lib/python3.8/site-packages에 위치한다. 패키지가 어디 있는지 궁금하다면 인터프리터에서 패키지를 불러온 다음, 패키지의 **__file__** 속성을 살펴보면 된다.

```
>>> import pandas
>>> pandas.__file__
'/usr/local/lib/python3.8/site-packages/pandas/__init__.py'
>>>
```

패키지를 설치할 때 한 가지 잠재적인 문제는 로컬에 설치된 파이썬 버전을 변경할 권한이 없다는 것이다. 권한이 있더라도 버전을 변경하는 것은 좋은 생각이 아니다. 예를 들어, 대다수 시스템에서는 다양한 시스템 유틸리티들이 기존에 설치된 파이썬과 연관되어 있어, 파이썬 버전을 변경하는 경우 시스템 유틸리티들이 정상적으로 동작하지 않을 수 있다.

　무언가를 망칠 염려 없이 패키지를 설치하고 작업할 수 있는 환경을 만들기 위해서는 다음과 같은 명령으로 가상 환경(virtual environment)을 만들면 된다.

```
bash % python3 —m venv myproject
```

이렇게 입력하면 **myproject** 디렉터리에 파이썬을 전용으로 사용할 수 있는 환경이 만들어진다. 해당 디렉터리 내에서, 패키지를 안전하게 설치할 수 있는 인터프리터 실행 파일과 라이브러리를 찾을 수 있다. 예를 들어 이 디렉터리에서 **myproject/bin/python**을 실행하면 개인용으로 구성된 인터프리터가 실행된다. 기본으로 설치된 파이썬을 깨뜨릴 염려 없이, 이 인터프리터로 패키지를 설치할 수 있다. 패키지를 설치하기 위해 **pip**을 사용하는 것은 이전과 동일하지만, 정확히 인터프리터를 지정해주어야 한다.

```
bash % ./myproject/bin/python3 —m pip install somepackage
```

pip과 **venv**을 쉽게 사용할 수 있게 단순화하는 것을 목표로 하는 다양한 도구들이 있다. 사용자의 IDE가 어떤 문제를 마법처럼 자동으로 처리하게 될지도 모른다. 이는 유동적이고 파이썬에서 끊임없이 발전하는 영역이므로 여기서 더 자세히 언급하지는 않겠다.

1.22 파이써닉한 파이썬: 두뇌에 맞는 언어

파이썬의 초기 모토는 "두뇌에 맞는 언어(it fits your brain)"였다. 오늘날에도 파이썬의 핵심은 리스트, 집합, 사전과 같은 유용한 내장 객체와 함께하는 작은 프로그래밍 언어이다. 이 장에서 설명하는 기본 기능만 사용해도 실제로 다양한 문제를 해결할 수 있다. 이제 본격적으로 파이썬을 모험하려는 사람이라면 이 점을 염두에 두는 것이 좋다. 문제를 해결하는 데는 복잡한 방법도 있겠지만, 파이썬이 이미 제공하는 기본 기능을 사용해 문제를 해결하는 간단한 방법도 있다. 의심스럽겠지만, 나중에는 과거의 자신이 파이썬 기본 기능만 사용한 데 대해 감사하게 될 것이다.

P Y T H O N   D I S T I L L E D

연산자, 표현식, 데이터 조작

이 장에서는 데이터 조작(data manipulation)과 관련된 파이썬의 표현식, 연산자, 평가 규칙 등을 살펴본다. 표현식은 계산을 수행하는 데 있어 가장 핵심이 되는 부분이다. 또한 서드파티 라이브러리로 파이썬의 동작을 사용자가 원하는 대로 바꿔서(customize) 더 나은 사용자 경험을 제공할 수 있다. 이 장에서는 표현식을 자세히 설명한다. 3장에서는 인터프리터의 동작을 사용자 정의할 때 사용할 수 있는 기본 프로토콜에 관해 설명한다.

2.1 리터럴

리터럴은 42, 4.2, 'forty-two'와 같이 프로그램에 직접 입력한 값이다.

정수 리터럴은 부호가 있는 임의 크기의 정숫값을 표현한다. 정수는 2진법, 8진법, 16진법으로 표기할 수 있다.

```
42              # 10진 정수
0b101010        # 2진 정수
0o52            # 8진 정수
0x2a            # 16진 정수
```

진수(base)는 정숫값의 일부로 저장되지 않는다. 이 코드에서 살펴본 리터럴은 출력하면 모두 42를 보여줄 것이다. 내장 함수 bin(x), oct(x), hex(x)를 사용하면, 정수를 다른 진숫값으로 표현하는 문자열로 변환할 수 있다.

부동 소수점 수는 소수점을 추가하거나 e나 E와 같이 지수를 뜻하는 과학 표기법(scientific notation)을 사용해 작성할 수 있다. 아래는 모두 부동 소수점 수이다.

```
4.2
42.
.42
4.2e+2
4.2E2
-4.2e-2
```

부동 소수점 수는 내부적으로 IEEE 754 배정밀도(64bit) 값으로 저장된다. 숫자리터럴에서 단일 밑줄(_)은 숫자들을 시각적으로 서로 분리하는 기호로 사용할 수 있다. 다음은 그 예이다.

```
123_456_789
0x1234_5678
0b111_00_101
123.789_012
```

숫자 분리 기호(digit separator)는 숫자의 일부로 저장되지 않는다. 대신, 소스 코드에서 숫자가 큰 리터럴을 쉽게 읽을 수 있도록 해준다. 불리언 리터럴은 True와 False로 작성된다.

문자열 리터럴은 작은따옴표, 큰따옴표, 삼중따옴표로 감싸서 작성한다. 작은따옴표와 큰따옴표는 반드시 같은 줄에 있어야 하지만, 삼중따옴표는 여러 줄로 된 문자열에 사용할 수 있다. 따옴표 사용 예는 다음과 같다.

```
'hello world'
"hello world"
'''hello world'''
"""hello world"""
```

튜플, 리스트, 집합, 사전 리터럴은 다음과 같이 작성한다.

```
(1, 2, 3)              # 튜플
[1, 2, 3]              # 리스트
{1, 2, 3}              # 집합
{'x':1, 'y':2, 'z':3}  # 사전
```

2.2 표현식과 위치

표현식은 구체적인 값으로 평가하는 계산을 의미한다. 표현식은 리터럴, 이름, 연산자, 함수 또는 메서드 호출의 조합으로 이루어진다. 표현식은 항상 대입문 (assignment statement)의 오른쪽에 나타나며, 다른 표현식 연산에서 피연산자로 사용되거나 함수의 인수로 전달될 수 있다. 다음은 한 예이다.

```
value = 2 + 3 * 5 + sqrt(6+7)
```

+(덧셈) 또는 *(곱셈) 같은 연산자는 피연산자인 객체에 행해지는 연산이다. sqrt()는 인수를 입력받아 적용되는 함수이다.

대입문의 왼쪽은 객체를 가리키는 참조(reference)의 저장 위치를 나타낸다. 이 예제에서 보듯이 참조의 저장 위치는 value와 같은 단순 식별자(identifier)일 수 있다. 또한 객체의 속성이나 컨테이너[11] 내의 인덱스일 수도 있다. 다음은 그 예이다.

```
a = 4 + 2
b[1] = 4 + 2
c['key'] = 4 + 2
d.value = 4 + 2
```

위치로부터 값을 다시 읽는 것 또한 표현식이다. 다음은 그 예이다.

```
value = a + b[1] + c['key']
```

값 대입과 표현식 평가는 별개의 개념이다. 특히 다음과 같이 표현식의 일부로 대입 연산자를 포함할 수 없다.

```
while line=file.readline():        # 문법 오류
    print(line)
```

표현식의 평가와 대입을 함께 수행하기 위해서는 '대입 표현식' 연산자 :=을 사용한다. 다음은 그 예이다.

```
while (line:=file.readline()):
    print(line)
```

---

[11] (옮긴이) 컨테이너는 객체를 가리키는 참조들을 담는 객체를 의미하며, 4장에서 자세히 살펴본다.

:= 연산자는 주로 if 문 또는 while 문과 함께 사용한다. 실제로 일반 대입 연산자처럼 사용할 경우, 괄호로 감싸지 않으면 문법 에러가 발생한다.

2.3 표준 연산자

파이썬의 객체는 표 2.1에 있는 어떤 연산자와도 함께 동작할 수 있다.

일반적으로 이 연산자들은 수치 해석을 하지만, 아주 특별한 연산을 수행하는 연산자도 있다. 예를 들어, + 연산자는 시퀀스를 연결하는 데, * 연산자는 시퀀스의 복사본을 만드는 데 사용될 수 있다. − 연산자는 차집합을 위해 사용되며, % 연산자는 문자열 포매팅(formatting)에 사용된다.

```
[1,2,3] + [4,5]     # [1,2,3,4,5]
[1,2,3] * 4         # [1,2,3,1,2,3,1,2,3,1,2,3]
'%s has %d messages' % ('Dave', 37)
```

연산자를 확인하는 것은 동적인 과정이다. 자료형이 서로 달라도 직관적으로 연산이 수행될 것처럼 보인다면 대부분 연산이 수행되기도 한다. 다음 예와 같이 정수와 분수는 서로 더할 수 있다.

```
>>> from fractions import Fraction
>>> a = Fraction(2, 3)
>>> b = 5
>>> a + b
Fraction(17, 3)
>>>
```

표 2.1 표준 연산자

연산	설명
x + y	더하기
x − y	빼기
x * y	곱하기
x / y	나누기
x // y	끝수를 버리는 나누기
x @ y	행렬 곱셈
x ** y	제곱(x^y)
x % y	나머지(x mod y)

x << y	왼쪽 이동(shift)
x >> y	오른쪽 이동(shift)
x & y	비트 and
x | y	비트 or
x ^ y	비트 xor(exclusive or)
~x	비트 negation
-x	단항 마이너스
+x	단항 플러스
abs(x)	절댓값
divmod(x,y)	(x // y, x % y) 반환
pow(x,y [, modulo])	(x ** y) % modulo 반환
round(x, [n])	10의 -n승의 배수와 가장 가까운 수로 반올림

하지만 수에서 이 연산자들을 언제나 사용할 수 있는 것은 아니다. 다음 예는 십진수(decimal)에서 동작하지 않는다.

```
>>> from decimal import Decimal
>>> from fractions import Fraction
>>> a = Fraction(2, 3)
>>> b = Decimal('5')
>>> a + b
Traceback (most recent call last):
  File "<stdin>", line 1, in <module>
TypeError: unsupported operand type(s) for +: 'Fraction' and 'decimal.Decimal'
```

2.4 제자리 대입

파이썬에서는 표 2.2에 있는 '제자리(in-place)' 또는 '확장(augmented)' 대입 연산을 제공한다.

표 2.2 확장 대입 연산자

연산	설명
x += y	x = x + y
x -= y	x = x - y
x *= y	x = x * y

(다음 쪽에 이어짐)

x /= y	x = x / y
x //= y	x = x // y
x **= y	x = x ** y
x %= y	x = x % y
x @= y	x = x @ y
x &= y	x = x & y
x |= y	x = x | y
x ^= y	x = x ^ y
x >>= y	x = x >> y
x <<= y	x = x << y

이 연산자들은 표현식으로 간주하지 않는다. 단지 제자리에서 값을 업데이트하기 위한 구문상의 편의일 뿐이다. 다음 예를 살펴보자.

```
a = 3
a = a + 1        # a = 4
a += 1           # a = 5
```

변경 가능한 객체는 이 연산자들을 사용해 최적화된 형태로 내용을 변경할 수 있다. 다음 예를 살펴보자.

```
>>> a = [1, 2, 3]
>>> b = a          # a에 대한 새로운 참조를 생성
>>> a += [4, 5]    # 내용을 직접 변경(새로운 리스트를 생성하지 않음)
>>> a
[1, 2, 3, 4, 5]
>>> b
[1, 2, 3, 4, 5]
>>>
```

이 코드에서 a와 b는 같은 리스트를 가리킨다. a += [4, 5]를 수행하면 새로운 리스트를 생성하는 것이 아니라 제자리에서 리스트 객체가 업데이트된다. 따라서 b 또한 업데이트되는 것을 볼 수 있다. 이는 꽤 놀라운 일이다.

2.5 객체 비교

동등 연산자(x == y)는 x의 값과 y의 값이 같은지 평가한다. 리스트와 튜플은 서로 크기가 같고 동일한 요소가 같은 순서로 있으면 동등하다고 평가한다. 사전(dictionary)은 x와 y에 동일한 키 집합이 있고, 같은 키를 가지고 있는 객체의 값(value)이 모두 동일하면 참으로 평가한다. 집합은 두 집합이 서로 같은 요소로 이루어졌으면 동등하다고 평가한다.

파일과 부동 소수점 수처럼 서로 호환성이 없는 타입의 객체를 비교할 때는 에러가 발생하지 않고 False를 반환한다. 하지만 때때로 타입이 서로 다른 객체끼리 비교 후 True를 반환하기도 한다. 다음은 값이 같은 정수와 부동 소수점 수를 비교한 결과다.

```
>>> 2 == 2.0
True
>>>
```

x is y와 x is not y와 같은 식별 연산자(identity operator)는 두 변수가 메모리에 있는 동일한 객체를 가리키고 있는지(id 함수는 객체 고윳값을 반환) 검사한다. 일반적으로 x == y이지만 x is not y인 경우도 있다. 다음은 그 예이다.

```
>>> a = [1, 2, 3]
>>> b = [1, 2, 3]
>>> a is b
False
>>> a == b
True
>>>
```

실제로 is 연산자를 사용해 객체를 비교하는 일은 드물다. 두 객체가 서로 같은 고윳값(identity)을 가질 것이라는 합당한 이유가 없다면, 비교 과정에는 모두 == 연산자를 사용하면 된다.

2.6 순서 비교 연산자

표 2.3의 순서 비교 연산자는 수에 대한 표준 수학적 해석(mathematical interpretation)을 갖고 있다. 이들은 불리언 값을 반환한다.

표 2.3 순서 비교 연산자

연산	설명
x < y	~보다 작은
x > y	~보다 큰
x >= y	~보다 크거나 같은
x <= y	~보다 작거나 같은

집합에서 x < y는 x가 y의 진부분집합(strict subset, x가 y의 부분집합이지만 같지는 않다는 뜻)인지 평가한다.

두 개의 시퀀스를 비교할 때는 먼저 각 시퀀스의 첫 번째 요소를 비교한다. 이들이 서로 다를 경우 비교 결과가 결정된다. 이들이 같으면 각 시퀀스의 두 번째 요소를 비교하게 되며, 이와 같은 일련의 과정은 서로 다른 두 요소를 발견하거나 어느 한 시퀀스에 해당 요소가 존재하지 않을 때까지 반복된다. 두 시퀀스가 모두 끝에 도달하면, 두 시퀀스는 동일한 것으로 간주한다. 시퀀스 a가 시퀀스 b의 부분 시퀀스이면 a < b가 된다.

문자열과 바이트는 사전식 순서(lexicographical ordering)로 비교된다. 각각의 문자에는 ASCII 또는 유니코드와 같이 문자 집합에서 정의한 고유한 숫자 인덱스(numerical index)가 할당된다. 특정 문자의 숫자 인덱스가 다른 문자의 인덱스보다 작다면, 그 특정 문자는 다른 문자보다 작다는 뜻이 된다.

모든 타입이 순서 비교를 지원하는 것은 아니다. 예를 들어, 사전(dictionary) 타입에서 <를 사용하려고 하면, 정의되지 않았다며 TypeError가 발생한다. 이와 유사하게 호환되지 않는 타입(예: 문자열 또는 숫자) 간에 순서를 비교하면 TypeError가 발생한다.

2.7 불리언 표현식과 진릿값

and, or, not 연산자는 불리언 표현식을 생성할 때 사용한다. 이 연산자의 의미는 표 2.4와 같다.

표 2.4 논리 연산자

연산	설명
x or y	x가 거짓이면 y를 반환. 그렇지 않으면 x를 반환
x and y	x가 거짓이면 x를 반환. 그렇지 않으면 y를 반환
not x	x가 거짓이면 True를 반환. 그렇지 않으면 False를 반환

참 또는 거짓을 결정하는 표현식에서 True, 0이 아닌 수, 비어 있지 않은 문자열, 리스트, 튜플, 사전은 참으로 간주한다. False, 숫자 0, None, 빈 리스트, 빈 튜플, 빈 사전은 거짓으로 평가된다.

불리언 표현식은 왼쪽에서 오른쪽으로 평가되며, 오른쪽 피연산자는 최종값을 평가할 필요가 있을 때만 사용된다. 예를 들어 a and b에서 b는 a가 참인 경우에만 평가한다. 이러한 평가 방식을 단축 평가(short-circuit evaluation)라 부른다. 이는 다음 코드처럼 조건을 검사하고 이어서 후속 연산을 해야 하는 코드를 단순하게 만들 때 유용하다.

```
if y != 0:
    result = x / y
else:
    result = 0

# 다른 방법
result = y and x / y
```

두 번째 코드에서 x / y 나눗셈은 y가 0이 아닐 때에만 수행된다.

객체가 암묵적으로 이렇게 동작할 것이라고 믿는 '믿음(truthiness)'에 의존하면 찾기 어려운 버그가 발생할 수 있다. 예를 들어, 다음 함수를 살펴보자.

```
def foo(x, items=None):
    if not items:
        items = []
    items.append(x)
    return items
```

이 함수에는 추가 인수가 있는데, 그 인수를 특별히 지정하지 않으면 새로운 리스트를 생성하고 그 리스트를 반환한다. 다음은 그 예이다.

```
>>> foo(4)
[4]
>>>
```

하지만 이 함수는 빈 리스트를 인수로 전달하게 되면 이상하게 동작한다.

```
>>> a = []
>>> foo(3, a)
[3]
>>> a     # a가 어떻게 '업데이트되지 않았는지' 확인
[]
>>>
```

이는 객체의 진릿값 확인(truth-checking) 버그이다. 빈 리스트는 False로 평가되어 인수로 전달된 a를 사용하는 것이 아니라 새로운 리스트를 생성한다. 이 문제를 해결하기 위해서는 다음과 같이 None 여부를 더욱 정확하게 검사해야 한다.

```
def foo(x, items=None):
    if items is None:
        items = []
    items.append(x)
    return items
```

조건부 검사를 작성할 때는 항상 정확하게 작성하는 것이 좋다.

2.8 조건 표현식

일반적인 프로그래밍 패턴은 표현식의 결과에 따라 조건에 맞게 값을 변수에 대입한다. 다음은 한 예이다.

```
if a <= b:
    minvalue = a
else:
    minvalue = b
```

이 코드는 조건 표현식(conditional expression)을 사용하여 다음과 같이 줄여 쓸 수 있다.

```
minvalue = a if a <= b else b
```

조건 표현식에서는 가운데 있는 조건이 가장 먼저 평가된다. 평가 결과가 True면 if 왼쪽에 있는 표현식이 평가되고, 그렇지 않으면 else 다음의 표현식이 평가된다. else 절은 꼭 필요하다.

2.9 반복 가능한 연산

반복(Iteration)은 파이썬 컨테이너(리스트, 튜플, 사전 등), 파일뿐만 아니라 제너레이터(generator)에서도 모두 지원되는 파이썬의 중요한 기능이다. 반복을 지원하는 객체 s는 표 2.5의 연산을 적용할 수 있다.

표 2.5 반복 가능한 객체의 연산

연산	설명
for vars in s:	반복
v1, v2, ... = s	변수 언패킹(unpacking)
x in s, x not in s	멤버 검사
[a, *s, b], (a, *s, b), {a, *s, b}	리스트, 튜플, 집합 리터럴에서의 확장(expansion)

반복 가능한 객체에서 필수 연산은 for 루프다. 이는 값을 하나씩 순회하는 방법이다. 다른 연산은 모두 이를 기반으로 하고 있다.

반복 가능한 객체 s가 생성한 항목에 객체 x가 포함되어 있는지 여부는 in 연산자를 이용한 x in s 구문으로 검사하며 True나 False가 반환된다. x not in s 연산자는 not(x in s)과 동일하다. 문자열이라면 in과 not in 연산자는 부분 문자열을 찾을 때 적용할 수 있다. 예를 들어, 'hello' in 'hello world'는 True가 된다. in 연산자는 와일드카드 또는 어떤 형태의 패턴 매칭(pattern matching)[12]도 지원하지 않는다.

반복을 지원하는 객체는 값을 일련의 위치로 언패킹할 수 있다. 다음은 몇 가지 예이다.

```
items = [ 3, 4, 5 ]
x, y, z = items        # x = 3, y = 4, z = 5

letters = "abc"
x, y, z = letters      # x = 'a', y = 'b', z = 'c'
```

왼쪽 위치에는 단순 변수 이름이 오지 않아도 된다. 등호의 왼쪽에는 유효한 위치라면 어떤 것도 받아들일 수 있다. 따라서 다음과 같이 코드를 작성할 수 있다.

---

12 (옮긴이) 정규 표현식을 사용하여 문자열에서 특정 패턴을 찾는 것을 의미한다.

```
items = [3, 4, 5]
d = {}
d['x'], d['y'], d['z'] = items
```

값을 위치로 언패킹할 때, 왼쪽의 위치 개수는 오른쪽 반복 가능한 객체의 항목 개수와 정확히 일치해야 한다. 중첩 자료구조에서는 동일한 구조 패턴에 따라 위치와 데이터가 일치해야 한다. 다음은 두 개의 중첩 3-튜플을 위치로 언패킹 하는 예제이다.

```
datetime = ((5, 19, 2008), (10, 30, "am"))
(month, day, year), (hour, minute, am_pm) = datetime
```

튜플을 언패킹할 때, _ 변수는 무시해도 되는(throw-away) 값으로 사용한다. 이 예제에서 날짜와 시간만 가져오고 싶으면 다음과 같이 사용할 수 있다.

```
(_, day, _), (hour, _, _) = datetime
```

언패킹할 때 객체의 항목 개수를 알 수 없으면, 다음 예제 코드의 *extra처럼 별표 변수(starred variable) 또는 애스터리스크 변수(asterisk variable)를 포함하는 언패킹의 확장 형식을 사용할 수 있다.

```
items = [1, 2, 3, 4, 5]
a, b, *extra = items          # a = 1, b = 2, extra = [3, 4, 5]
*extra, a, b                  # extra = [1 ,2, 3], a = 4, b = 5
a, *extra, b                  # a = 1, extra = [2, 3, 4], b = 5
```

이 예제에서 *extra는 나머지 항목들을 언패킹한다. 이 값은 항상 리스트이다. 하나의 반복 가능한 객체에서 항목을 언패킹할 때, 두 개 이상의 별표 변수(starred variable)를 사용할 수 없다. 하지만 다음 예제와 같이 여러 개의 반복 가능한 객체가 있는 복잡한 자료구조에서 항목을 언패킹할 때는 별표 변수를 여러 개 사용할 수 있다.

```
datetime = ((5, 19, 2008), (10, 30, "am"))

(month, *_), (hour, *_) = datetime
```

리스트, 튜플, 집합 리터럴을 작성할 때, 반복 가능한 객체는 확장될 수 있다. 다음 예제와 같이 여기서도 별표(*)를 사용한다.

```
items = [1, 2, 3]
a = [10, *items, 11]        # a = [10, 1, 2, 3, 11]    (리스트)
b = (*items, 10, *items)    # b = (1, 2, 3, 10, 1, 2, 3)   (튜플)
c = {10, 11, *items}        # c = {1, 2, 3, 10, 11}    (집합)
```

이 예제에서 항목의 내용들은 마치 사용자가 해당 위치에 입력한 것처럼 리스트, 튜플, 집합에 간단하게 추가된다. 이 확장을 스플래팅(splatting)이라 한다. 리터럴을 정의할 때, 사용자는 *로 원하는 만큼 확장할 수 있다. 하지만 파일이나 제너레이터 같은 반복 가능한 객체의 대다수는 일회성 반복만을 지원한다. 즉, *로 반복 가능한 객체를 확장하면 내용은 소진되며, 후속 반복에서는 더 이상 값을 생성하지 않는다.

다양한 내장 함수가 반복 가능한 객체를 입력으로 받는다. 표 2.6은 이 연산의 일부를 보여준다.

표 2.6 반복 가능한 객체를 입력으로 받는 함수

함수	설명
list(s)	s로부터 리스트 생성
tuple(s)	s로부터 튜플 생성
set(s)	s로부터 집합 생성
min(s [,key])	s에 있는 가장 작은 항목
max(s [,key])	s에 있는 가장 큰 항목
any(s)	s에 속한 항목 중 하나라도 참이면 True를 반환
all(s)	s에 속한 항목이 모두 참이면 True를 반환
sum(s [, initial])	옵션인 초깃값과 함께 항목을 모두 합한 값
sorted(s [, key])	정렬된 리스트를 생성

이런 함수의 연산은 statistics 모듈에 있는 함수처럼 다른 많은 라이브러리 함수에도 적용된다.

2.10 시퀀스에 대한 연산

시퀀스는 크기를 가지며, 0부터 시작하는 정수 인덱스로 항목에 접근할 수 있는 반복 가능한 컨테이너이다. 문자열, 리스트, 튜플이 시퀀스에 포함된다. 시퀀스는 반복과 관련된 모든 연산에서 추가로 표 2.7의 연산을 적용할 수 있다.

표 2.7 시퀀스에 적용 가능한 연산

연산	설명
s + r	연결
s * n, n * s	s에 대한 n개의 복사본을 생성. n은 정수
s[i]	인덱스
s[i:j]	슬라이스
s[i:j:stride]	확장 슬라이스
len(s)	길이

+ 연산자는 같은 타입의 두 시퀀스를 연결한다. 다음은 그 예이다.

```
>>> a = [3, 4, 5]
>>> b = [6, 7]
>>> a + b
[3, 4, 5, 6, 7]
>>>
```

s * n 연산자는 n개의 시퀀스 복사본을 생성한다. 그러나 생성된 복사본은 단지 참조(reference) 형태로 요소를 복사하는 얕은 복사본(shallow copy)이다. 다음 코드를 살펴보자.

```
>>> a = [3, 4, 5]
>>> b = [a]
>>> c = 4 * b
>>> c
[[3, 4, 5], [3, 4, 5], [3, 4, 5], [3, 4, 5]]
>>> a[0] = -7
>>> c
[[-7, 4, 5], [-7, 4, 5], [-7, 4, 5], [-7, 4, 5]]
>>>
```

리스트 c에 있는 요소가 모두 변경된 것에 주목하자. 이전 코드에서 먼저 리스트 a에 대한 참조가 리스트 b에 추가되었다. 다음으로 b가 복제될 때, a에 대한 참조가 추가로 4개 생성되었다. 마지막으로 a가 변경되었고 이것이 a의 다른 복사본으로 모두 전파되었다. 이러한 시퀀스 곱하기 동작은 프로그래머의 의도와는 다른 결과를 내기도 한다. 이 문제를 해결하려면 a의 내용을 복사해 시퀀스를 직접 생성하는 방법이 있다. 다음은 한 예이다.

```
a = [ 3, 4, 5 ]
c = [list(a) for _ in range(4)]   # list()는 리스트의 복사본을 생성
```

인덱스 연산자 s[n]은 시퀀스의 n번째 객체를 반환한다. 여기서 s[0]은 시퀀스의
첫 번째 객체를 가리킨다. 음수 인덱스로 시퀀스의 끝에서부터 객체를 추출할
수 있다. 예를 들어 s[-1]은 가장 끝에 있는 항목을 반환한다. 범위 밖의 요소에
접근하면, IndexError 예외가 발생한다.

슬라이스 연산자 s[i:j]는 시퀀스 s에서 i <= k < j 범위 사이에 있는 인덱스 k
에 해당하는 요소들로 구성된 부분 시퀀스를 추출한다. 이때 i와 j는 정수여야
한다. 시작 또는 끝 인덱스를 생략하면, 시퀀스의 시작 또는 끝 지점 인덱스를
지정한 것으로 간주한다. 음수 인덱스를 사용할 수 있으며, 음수 인덱스는 시퀀
스의 끝에서부터 계산된다.

슬라이스 연산자에는 s[i:j:stride]와 같이 추가로 간격(stride)을 지정할 수 있
다. 간격을 지정할 경우, 요소를 건너뛸 수 있다. 하지만 요소를 건너뛰는 방식
을 이해하는 데는 주의가 필요하다. 간격을 지정하면 i는 시작 인덱스가 되고 j
는 끝 인덱스가 되는데, 요소 s[i], s[i+stride], s[i+2*stride] 등으로 이루어진 부
분 시퀀스가 생성된다. 이 부분 시퀀스는 인덱스 j에 도달할 때까지이며, 인덱스
j에 해당하는 항목은 포함하지 않는다. stride로 음숫값을 사용할 수도 있다. 시
작 인덱스 i가 생략되고 stride가 양수이면 i는 시퀀스의 시작 지점으로 설정되
며, stride가 음수이면 시퀀스의 마지막 지점으로 설정된다. 끝 인덱스 j가 생략
되고 stride가 양수이면 j는 시퀀스의 끝 지점으로 설정되고, stride가 음수이면
시작 지점으로 설정된다. 다음 예를 살펴보자.

```
a = [0, 1, 2, 3, 4, 5, 6, 7, 8, 9]

a[2:5]          # [2, 3, 4]
a[:3]           # [0, 1, 2]
a[-3:]          # [7, 8, 9]
a[::2]          # [0, 2, 4, 6, 8]
a[::-2]         # [9, 7, 5, 3, 1]
a[0:5:2]        # [0, 2, 4]
a[5:0:-2]       # [5, 3, 1]
a[:5:1]         # [0, 1, 2, 3, 4]
a[:5:-1]        # [9, 8, 7, 6]
a[5::1]         # [5, 6, 7, 8, 9]
a[5::-1]        # [5, 4, 3, 2, 1, 0]
a[5:0:-1]       # [5, 4, 3, 2, 1]
```

필요 이상으로 복잡하게 슬라이스를 사용하면 나중에 코드를 이해하기 어렵다. 따라서 어느 정도 판단이 필요하다.

슬라이스는 slice()를 사용하여 이름을 붙일 수 있다. 다음은 그 예이다.

```python
firstfive = slice(0, 5)
s = 'hello world'
print(s[firstfive])        # 'hello'가 출력
```

2.11 변경 가능한 시퀀스에 대한 연산

문자열과 튜플은 변경 불가능한 객체이므로 한 차례 생성하면 수정할 수 없다. 리스트나 다른 변경 가능한 시퀀스의 내용은 표 2.8의 연산을 이용하여 수정할 수 있다.

표 2.8 변경 가능한 시퀀스에 적용할 수 있는 연산

연산	설명
s[i] = x	항목 대입
s[i:j] = r	슬라이스에 대입
s[i:j:stride] = r	확장된 슬라이스에 대입
del s[i]	항목 삭제
del s[i:j]	슬라이스 삭제
del s[i:j:stride]	확장 슬라이스 삭제

s[i] = x 연산자는 시퀀스의 i번째 요소가 객체 x를 가리키도록 변경하고, 객체 x의 참조 횟수(reference count)를 늘린다. 음수 인덱스는 리스트의 끝과 관계가 있다. 범위를 벗어난 인덱스 위치에 값을 대입하려고 하면 IndexError 예외가 발생한다.

슬라이스 대입 연산 s[i:j] = r은 인덱스 k($i \le k < j$)의 위치에 있는 요소들을 시퀀스 r의 요소들로 대체한다. 사용되는 인덱스들은 슬라이스 연산자에서도 동일한 의미로 사용된다. 필요에 따라 시퀀스 s는 r에 속하는 요소를 모두 수용하기 위해 크기가 확장되거나 축소된다.

```python
a = [1, 2, 3, 4, 5]
a[1] = 6                   # a = [1, 6, 3, 4, 5]
a[2:4] = [10, 11]          # a = [1, 6, 10, 11, 5]
a[3:4] = [-1, -2, -3]      # a = [1, 6, 10, -1, -2, -3, 5]
a[2:] = [0]                # a = [1, 6, 0]
```

슬라이스 대입은 추가적인 간격 인수를 지원한다. 이때 슬라이스 대입 사용 방식에는 약간의 제약이 있다. 오른쪽에 있는 요소의 개수가 대체하려는 요소의 개수와 동일해야 한다. 다음의 예를 살펴보자.

```
a = [1, 2, 3, 4, 5]
a[1::2] = [10, 11]        # a = [1, 10, 3, 11, 5]
a[1::2] = [30, 40, 50]    # ValueError 예외가 발생. 왼쪽 요소가 두 개만 있음
```

del s[i] 연산자는 리스트의 i번째 요소를 삭제하고 참조 횟수를 하나 줄인다. del s[i:j] 연산자는 슬라이스에 해당하는 요소를 모두 삭제한다. del [i:j:stride]와 같이 간격을 지정할 수 있다.

여기에서 언급한 동작 방식은 내장 리스트 타입에도 적용된다. 시퀀스 슬라이스와 관련된 연산은 서드파티 패키지에서 다양하게 응용되고 있다. 리스트가 아닌 객체의 슬라이스 연산에는 객체 재할당, 삭제, 공유와 관련해 다른 규칙이 있음을 알게 될 것이다. 예를 들어, 유명한 numpy 패키지는 파이썬 리스트와는 다른 슬라이스 동작 방식을 갖고 있다.

2.12 집합에 대한 연산

집합은 고유한 원소들의 순서 없는 묶음이다. 집합은 표 2.9에 나와 있는 연산을 지원한다.

표 2.9 집합에 적용할 수 있는 연산

연산	설명
s | r	s와 t의 합집합
s & t	s와 t의 교집합
s - t	차집합(s에 있고 t에 없는 항목)
s ^ t	대칭 차집합(s와 t 모두 없는 항목)
len(s)	집합의 항목 개수
item in s, item not in s	멤버 검사
s.add(item)	item을 집합 s에 추가
s.remove(item)	집합 s에서 item을 제거. s에 item이 없으면 에러가 발생
s.discard(item)	집합 s에서 item을 제거. s에 item이 없어도 아무런 일도 발생하지 않음

다음은 그 예이다.

```
>>> a = {'a', 'b', 'c' }
>>> b = {'c', 'd'}
>>> a | b
{'a', 'b', 'c', 'd'}
>>> a & b
{'c'}
>>> a - b
{'a', 'b'}
>>> b - a
{'d'}
>>> a ^ b
{'a', 'b', 'd'}
>>>
```

집합 연산은 사전(dictionary)의 키 뷰(key-view), 항목 뷰(item-view)를 가진 객체에서도 동작한다. 예를 들어, 두 사전에서 공통으로 존재하는 키를 찾고 싶 으면 다음과 같이 하면 된다.

```
>>> a = { 'x': 1, 'y': 2, 'z': 3 }
>>> b = { 'z': 3, 'w': 4, 'q': 5 }
>>> a.keys() & b.keys()
{ 'z' }
>>>
```

2.13 매핑 객체의 연산

매핑 객체는 키와 값 간의 연결이며, 대표적으로 내장 dict 타입이 있다. 표 2.10 에 있는 연산은 매핑 객체에 적용할 수 있다.

표 2.10 매핑 객체에 적용 가능한 연산

연산	설명
x = m[k]	키를 이용한 인덱스
m[k] = x	키를 이용한 할당
del m[k]	키를 이용한 항목 삭제
k in m	키의 존재 여부 검사
len(m)	매핑 객체에 들어 있는 항목 개수
m.keys()	키를 모두 반환
m.values()	값을 모두 반환
m.items()	(키, 값) 쌍으로 반환

문자열, 숫자, 튜플 등과 같이 변경 불가능한 객체를 키값으로 사용할 수 있다.
튜플을 키로 사용할 경우, 다음과 같이 괄호를 생략하고 콤마로 구분된 값을 작
성하면 된다.

```
d = {}
d[1,2,3] = "foo"
d[1,0,3] = "bar"
```

이 코드에서 키값은 튜플을 표현하게 되는데, 이 대입문은 다음 코드와 동일한
기능을 한다.

```
d[(1,2,3)] = "foo"
d[(1,0,3)] = "bar"
```

튜플을 키로 사용하는 것은 매핑 객체에서 복합키를 생성하기 위해 사용하는 흔
한 방법이다. 예를 들어, 키는 '이름'과 '성'으로 구성할 수도 있다.

2.14 리스트, 집합, 사전 컴프리헨션

데이터를 다루는 데 있어 흔히 일어나는 작업 하나는 데이터 묶음을 다른 자료
구조로 변환하는 일이다. 리스트에서 항목을 모두 가져와 연산을 수행하고, 새
로운 리스트를 생성하는 다음 예제를 살펴보자.

```
nums = [1, 2, 3, 4, 5]
squares = []
for n in nums:
    squares.append(n * n)
```

이런 종류의 연산은 흔히 볼 수 있는데, 리스트 컴프리헨션(list comprehension)
으로 알려진 연산을 대신 사용할 수도 있다. 다음은 앞서 나온 이 코드를 간결하
게 표현한 것이다.

```
nums = [1, 2, 3, 4, 5]
squares = [n * n for n in nums]
```

다음과 같이 연산에 필터를 적용할 수도 있다.

```
squares = [n * n for n in nums if n > 2]   # [9, 16, 25]
```

리스트 컴프리헨션의 일반적인 문법은 다음과 같다.

```
[expression for item1 in iterable1 if condition1
            for item2 in iterable2 if condition2
            ...
            for itemN in iterableN if conditionN ]
```

이 문법은 대략 다음 코드와 같다.

```
result = []
for item1 in iterable1:
    if condition1:
        for item2 in iterable2:
            if condition2:
                ...
                for itemN in iterableN:
                    if conditionN:
                        result.append(expression)
```

리스트 컴프리헨션은 다양한 형태의 리스트 데이터를 처리할 때 유용하다. 아래는 실제로 사용하는 예들을 보여준다.

```
# 데이터 일부(사전을 담고 있는 리스트)
portfolio = [
  {'name': 'IBM', 'shares': 100, 'price': 91.1 },
  {'name': 'MSFT', 'shares': 50, 'price': 45.67 },
  {'name': 'HPE', 'shares': 75, 'price': 34.51 },
  {'name': 'CAT', 'shares': 60, 'price': 67.89 },
  {'name': 'IBM', 'shares': 200, 'price': 95.25 }
]

# 이름 모두 수집 ['IBM', 'MSFT', 'HPE', 'CAT', 'IBM' ]
names = [s['name'] for s in portfolio]

# shares가 100보다 큰 항목 모두 찾기 ['IBM']
more100 = [s['name'] for s in portfolio if s['shares'] > 100 ]

# shares*price 합 찾기
cost = sum([s['shares']*s['price'] for s in portfolio])

# (name, shares) 튜플 수집
name_shares = [ (s['name'], s['shares']) for s in portfolio ]
```

리스트 컴프리헨션 안에서 사용되는 변수는 모두 리스트 컴프리헨션의 내부 변수로만 사용된다. 같은 이름을 가진 다른 변수를 덮어쓰는 게 아닐까 걱정할 필요가 없다. 다음은 그 예이다.

```
>>> x = 42
>>> squares = [x*x for x in [1,2,3]]
>>> squares
[1, 4, 9]
>>> x
42
>>>
```

리스트를 생성하는 대괄호(bracket) 대신 중괄호(curly brace)를 사용하면 집합을 생성할 수 있다. 이를 집합 컴프리헨션(set comprehension)이라 한다. 집합 컴프리헨션은 고유한 값으로 구성된 집합을 만든다. 다음은 그 예이다.

```
# 집합 컴프리헨션
names = { s['name'] for s in portfolio }
# names = { 'IBM', 'MSFT', 'HPE', 'CAT' }
```

key:value 쌍을 명시하면 사전을 생성할 수 있으며, 이를 사전 컴프리헨션(dictionary comprehension)이라 한다. 다음 예를 살펴보자.

```
prices = { s['name']:s['price'] for s in portfolio }
# prices = { 'IBM': 95.25, 'MSFT': 45.67, 'HPE': 34.51, 'CAT': 67.89 }
```

집합과 사전을 생성할 때는 마지막에 들어온 값이 기존 값을 덮어쓴다는 점에 유의하자. 이 prices 사전에서는 첫 번째 'IBM' 값이 사라지고 마지막 'IBM' 값을 가져온다.

컴프리헨션 문장 안에서는 어떠한 종류의 예외(exception) 처리도 포함할 수 없다. 이것이 걱정된다면 다음과 같이 함수를 예외문으로 감싸도록 하자.

```
def toint(x):
    try:
        return int(x)
    except ValueError:
        return None

values = [ '1', '2', '-4', 'n/a', '-3', '5' ]
data1 = [ toint(x) for x in values ]
# data1 = [1, 2, -4, None, -3, 5]

data2 = [ toint(x) for x in values if toint(x) is not None ]
# data2 = [1, 2, -4, -3, 5]
```

이 예제의 마지막 코드에서 toint(x)가 두 번 평가되는 것을 피하고자 := 연산자를 사용할 수 있다. 다음 예를 살펴보자.

```
data3 = [ v for x in values if (v:=toint(x)) is not None ]
# data3 = [1, 2, -4, -3, 5]

data4 = [ v for x in values if (v:=toint(x)) is not None and v >= 0 ]
# data4 = [1, 2, 5]
```

2.15 제너레이터 표현식

제너레이터 표현식(generator expression)은 리스트 컴프리헨션과 동일한 계산을 수행하지만, 결과를 반복적으로 생성하는 객체다. 문법은 대괄호 대신 괄호를 사용한다는 점만 제외하면, 리스트 컴프리헨션을 사용할 때와 동일하다. 다음은 그 예이다.

```
nums = [1,2,3,4]
squares = (x*x for x in nums)
```

리스트 컴프리헨션과 달리 제너레이터 표현식은 실제로 리스트를 생성하거나 괄호 안의 표현식을 즉시 평가하지 않는다. 대신에 반복을 통해 필요할 때마다 값을 생성하는 제너레이터 객체를 반환한다. 이 예제의 결과를 살펴보면 다음과 같이 나온다.

```
>>> squares
<generator object at 0x590a8>
>>> next(squares)
1
>>> next(squares)
4
...
>>> for n in squares:
...     print(n)
9
16
>>>
```

제너레이터 표현식은 한 번만 사용할 수 있다. 반복을 두 번 시도하면 아무것도 얻을 수 없을 것이다.

```
>>> for n in squares:
...     print(n)
...
>>>
```

리스트 컴프리헨션과 제너레이터 표현식에는 미세한 차이가 있다. 리스트 컴프리헨션에서 파이썬은 결과 데이터를 담은 리스트를 실제로 생성한다. 제너레이터 표현식에서는 요구에 따라 데이터를 어떻게 생성하는지 알고 있는 제너레이터를 반환한다. 이 차이는 특정 응용 프로그램에서 성능과 메모리 사용 효율을 크게 높일 수 있다. 다음 예를 살펴보자.

```
# 파일을 읽는다.
f = open('data.txt')                       # 파일을 연다.
lines = (t.strip() for t in f)             # 줄을 읽어 앞뒤 공백문자를 없앤다.
comments = (t for t in lines if t[0] == '#')  # 주석 모두
for c in comments:
    print(c)
```

이 예에서 줄을 추출하여 공백을 없애는 제너레이터 표현식은 실제로 전체 파일을 메모리에 읽어 들이지 않는다. 주석을 가져오는 부분도 마찬가지다. 파일 안에 있는 줄은 뒤에 나오는 for 루프에서 반복을 시작할 때 읽어 들이기 시작한다. 반복을 수행하는 동안 줄이 필요에 따라 생성되어 적절히 걸러진다. 실제로 이 과정에서 전체 파일이 메모리로 올라가는 일은 없다. 따라서 이 코드는 기가바이트(gigabyte) 크기의 파이썬 소스 파일에서 주석을 추출한다고 할 때 매우 효율적으로 동작한다.

리스트 컴프리헨션과 달리 제너레이터 표현식은 시퀀스처럼 동작하는 객체를 생성하지 않는다. 즉, 인덱스할 수 없으며, append()와 같은 보통의 리스트 연산은 동작하지 않는다. 하지만 다음과 같이 list() 함수를 사용하여 제너레이터 표현식으로 생성한 항목을 리스트로 변환할 수 있다.

```
clist = list(comments)
```

단일 함수의 인수로 제너레이터 표현식을 전달할 때, 괄호 하나를 제거할 수 있다. 다음 두 코드는 서로 같은 문장이다.

```
sum((x*x for x in values))
sum(x*x for x in values)        # 추가 괄호를 제거
```

두 코드 모두 (x*x for x in values) 제너레이터가 생성되고 sum() 함수로 전달된다.

2.16 속성 연산자

속성(.) 연산자는 객체의 속성에 접근할 때 사용한다. 다음은 한 예를 보여준다.

```
foo.x = 3
print(foo.y)
a = foo.bar(3,4,5)
```

단일 표현식 안에서 foo.y.a.b와 같이 둘 이상의 속성 연산자를 쓸 수 있다. 또한 속성 연산자는 a = foo.bar(3,4,5).spam과 같이 함수의 중간 결과에도 적용할 수 있다. 하지만, 스타일상 프로그램이 긴 연쇄 형태의 속성 조회(attribute lookup)를 만드는 것은 혼하지 않다.

2.17 함수 호출 () 연산자

f(args) 연산자는 f에 대해 함수 호출을 수행한다. 함수의 각 인수는 표현식이다. 함수가 호출되기 전, 인수 표현식은 모두 왼쪽부터 오른쪽으로 평가된다. 이를 적용 순서 평가(applicative order evaluation)라 한다. 함수에 대해서는 5장에서 살펴보도록 한다.

2.18 평가 순서

표 2.11은 연산의 평가 순서(우선순위 규칙)를 보여준다. 제곱 연산자(**)를 제외한 나머지 연산은 모두 왼쪽에서 오른쪽으로 평가된다. 표의 연산자들은 우선순위가 높은 것에서 낮은 것 순서로 나열되었다. 즉, 표에서 먼저 나온 연산자가 나중에 나온 연산자보다 먼저 평가된다. x * y, x / y, x // y, x @ y, x % y 연산자처럼 같은 항목에 속하는 연산자는 동일한 우선순위를 가진다.

표 2.11의 연산 순서는 x와 y의 타입에 따라 결정되는 것은 아니다. 따라서 사용자 정의 객체에서 개별 연산자를 다시 정의할지라도 기본적인 평가 순서, 우선순위, 결합 법칙을 변경할 수 없다.

표 2.11 평가 순서(내림차순)

연산자	이름
(...), [...], {...}	튜플, 리스트, 사전 생성
s[i], s[i:j]	인덱스와 슬라이스
s.attr	속성
f(...)	함수 호출
+x, −x, ~x	단항 연산자
x ** y	제곱, 우측 결합(right associative)
x * y, x / y, x // y, x % y, x @ y	곱하기, 나누기, 끝수를 버리는 나누기, 나머지, 행렬 곱셈
x + y, x − y	더하기, 빼기
x << y, x >> y	비트 이동
x & y	비트 and
x ^ y	비트 xor(exclusive or)
x | y	비트 or
x < y, x <= y, x > y, x >= y, x == y, x !=y, x is y, x is not y, x in y, x not in y	비교, 고윳값(identity), 시퀀스 멤버 검사
not x	논리 부정
x and y	논리곱
x or y	논리합
lambda args: expr	익명 함수
expr if expr else expr	조건 표현식
name := expr	대입 표현식

비트 and(&)와 비트 or(|) 연산자를 논리곱(and)과 논리합(or)을 뜻하는 것으로 사용할 때 우선순위 규칙의 혼동이 있을 수 있다. 다음은 그 예이다.

```
>>> a = 10
>>> a <= 10 and 1 < a
True
>>> a <= 10 & 1 < a
False
>>>
```

후자의 표현식은 a <= (10 & 1) < a 또는 a <= 0 < a로 평가된다. 이는 괄호를 추가하여 다음과 같이 수정할 수 있다.

```
>>> (a <= 10) & (1 < a)
True
>>>
```

극단적으로 난해한 예처럼 보이지만, 이 예시는 numpy 및 pandas와 같은 데이터를 주로 다루는 패키지에서도 종종 일어나는 일이다. 비록 비트 연산자가 우선순위 단계가 높고 불리언 관계로 사용될 때 다르게 동작할지라도, 논리 연산자 and와 or는 사용자가 원하는 대로 바꿀 수 없기에 비트 연산자를 대신 사용하게 된다.

2.19 파이써닉한 파이썬: 데이터의 비밀스러운 삶

파이썬이 빈번히 쓰이고 있는 분야 가운데 하나는 데이터 조작 및 분석을 수행하는 데이터 사이언스이다. 여기서 파이썬은 사용자의 문제에 대해 생각해볼 수 있는 일종의 '도메인 언어'[13]로 작용한다. 내장 객체와 연산은 파이썬 언어의 핵심이며, 다른 것은 모두 이것으로부터 만들어진다. 따라서 파이썬의 내장 객체와 연산에 대한 직관력을 구축하면, 이 직관이 두루두루 적용된다는 것을 느낄 것이다.

예를 들어 현재 데이터베이스를 다루고 있고, 질의(query)로 레코드를 반복해서 가져오려 하는 상황을 가정하자. 이 반복 작업에는 아마 for 문을 사용하는 게 적합할 것이다. 또는 숫자 배열을 다루고 있으며 이 배열에서 요소별로 연산을 수행한다고 가정하자. 이때 표준 수학 연산자가 동작하겠다고 생각한다면, 이러한 직관력은 정확한 것이다. 또는 라이브러리를 사용하여 HTTP를 통해 데이터를 가져오고, HTTP 헤더의 내용에 접근한다고 가정하자. 데이터를 사전처럼 보이게 제공할 가능성도 생각해 볼 수 있다.

파이썬 내부 프로토콜과 이들을 어떻게 사용자 정의하는지는 4장에서 자세히 살펴보겠다.

---

[13] (옮긴이) 파이썬은 기본적으로 도메인과는 상관없이 동작하는 범용 언어이다. 하지만 파이썬은 특정 문제에 최적화된 프로그래밍 언어처럼 동작한다는 뜻이다.

3장

프로그램 구조와 제어 흐름

이 장에서는 프로그램 구조와 제어 흐름을 자세히 살펴본다. 조건문, 반복문, 예외, 컨텍스트 관리자(context manager)에 관한 내용을 다룬다.

3.1 프로그램 구조와 실행

파이썬 프로그램은 일련의 문장으로 구성된다. 변수 대입, 표현식, 함수 정의, 클래스, 모듈 불러오기(import) 등 언어의 구성 요소는 모두 문장이고 서로 동등하게 취급된다. 문장은 프로그램의 어디든지 위치할 수 있지만, return 문과 같은 특정 문장은 함수에서만 나타난다. 다음 코드는 조건문에서 함수의 두 가지 다른 버전을 정의하고 있다.

```
if debug:
    def square(x):
        if not isinstance(x,float):
            raise TypeError('Expected a float')
        return x * x
else:
    def square(x):
        return x * x
```

소스 파일이 로딩될 때, 인터프리터는 더 이상 실행할 문장이 없을 때까지 문장을 순차적으로 실행한다. 메인 프로그램으로서 실행되는 파일이나 import 문으로 불러온 라이브러리 파일 모두 이와 같이 실행된다.

3.2 조건부 실행

if, else, elif 문은 조건부 코드의 실행을 제어한다. 조건문의 일반적인 형식은 다음과 같다.

```
if expression:
    문장들
elif expression:
    문장들
elif expression:
    문장들
    ...
else:
    문장들
```

실행할 문장이 없으면, 조건문의 else와 elif 절은 모두 생략할 수 있다. 특정한 절에서 실행할 문장이 없는 경우에는 pass 문을 사용한다.

```
if expression:
    pass            # 다음에 구현
else:
    문장들
```

3.3 루프와 반복

루프는 for와 while 문을 사용하여 구현할 수 있다. 다음 예를 살펴보자.

```
while expression:
    문장들

for i in s:
    문장들
```

while 문은 표현식이 거짓으로 평가될 때까지 문장을 실행한다. for 문은 요소가 더 이상 남아 있지 않을 때까지 s의 요소를 모두 반복해서 실행한다. for 문은 반복을 지원하는 객체라면 어떤 객체든 사용할 수 있다. 이러한 객체에는 리스트, 튜플, 문자열 등의 내장 시퀀스 타입뿐만 아니라 이터레이터 프로토콜(iterator protocol, 반복자 동작 방식)을 구현한 객체도 포함된다.

for i in s 문에서 변수 i는 반복 변수(iteration variable)이다. 반복할 때마다 s에서 새로운 값을 받는다. 반복 변수의 유효 범위(scope)는 for 문 내부에만 한정되지 않는다. 즉, for 문을 수행하기 이전에 반복 변수와 동일한 이름을 가진 변수가 정의되어 있다면, 그 값을 덮어쓰게 된다. 또한, 반복 변수는 루프가 종료된 후에도 최종값이 유지된다.

반복으로 만드는 요소가 동일한 크기의 반복 가능 객체라면, 다음 코드와 같이 개별적인 반복 변수로 언패킹할 수 있다.

```
s = [ (1, 2, 3), (4, 5, 6) ]

for x, y, z in s:
    문장들
```

이 예제에서 s는 반드시 3개의 요소로 이루어진 반복 가능한 객체를 포함하거나 생성해야 한다. for 문이 반복될 때마다 변수 x, y, z에 반복 가능한 객체 요소가 할당된다. 이 방식은 s가 튜플로 구성된 시퀀스일 때 주로 사용하지만, s에 들어 있는 항목이 리스트, 제너레이터, 문자열과 같은 반복 가능한 객체일 때도 언패킹할 수 있다.

언패킹하는 동안, _와 같이 사용하지 않는(throw-away) 변수를 지정할 수 있다. 다음 예를 살펴보자.

```
for x, _, z in s:
    문장들
```

이 예제에서 _ 변수는 값이 있지만 더 이상 관심이 없거나 다음 문장에서 사용하지 않는다는 것을 의미한다.

반복으로 만들어지는 항목이 다양한 크기를 가질 때는, 와일드카드(wildcard) 언패킹을 사용해 변수에 여러 크기의 값을 배치할 수 있다. 다음 예를 살펴보자.

```
s = [ (1, 2), (3, 4, 5), (6, 7, 8, 9) ]

for x, y, *extra in s:
    문장들                   # x = 1, y = 2, extra = []
                           # x = 3, y = 4, extra = [5]
                           # x = 6, y = 7, extra = [8, 9]
                           # ...
```

이 예제에서는 최소 두 개의 값 x, y가 필요하지만, *extra 변수는 존재할 수도 있는 여분의 값을 받는다. 이 값은 항상 리스트에 배치된다. 단일 언패킹(a single unpacking)에서는 최대 한 개의 별표 변수만 사용할 수 있지만, 별표 변수의 위치는 어디든 상관없다. 따라서 다음 두 변형은 모두 유효한 문이다.

```
for *first, x, y in s:
    ...

for x, *middle, y in s:
    ...
```

루프를 순회할 때, 데이터의 값뿐만 아니라 숫자 인덱스를 알고 있으면 유용할 때가 있다. 다음은 한 예이다.

```
i = 0
for x in s:
    문장들
    i += 1
```

파이썬은 내장 함수 enumerate()를 제공하므로 이 코드를 다음과 같이 간단히 표현할 수 있다.

```
for i, x in enumerate(s):
    문장들
```

enumerate(s)는 (0, s[0]), (1, s[1]), (2, s[2]) 등과 같은 일련의 튜플을 반환하는 이터레이터(iterator)를 생성한다. enumerate() 함수에 start 키워드 인수를 전달하여 시작값을 다르게 제공할 수 있다.

```
for i, x in enumerate(s, start=100):
    문장들
```

이 경우, enumerate는 (100, s[0]), (101, s[1])과 같은 튜플을 반환하는 이터레이터를 생성한다.

루프를 순회할 때, 종종 2개 이상의 시퀀스를 동시에 반복 수행하는 경우가 있다. 예를 들어, 반복할 때마다 다른 시퀀스에서 항목을 하나씩 가져오는 코드를 다음과 같이 작성할 수 있다.

```
# s와 t는 시퀀스
i = 0
while i < len(s) and i < len(t):
    x = s[i]      # s로부터 항목을 가져옴
    y = t[i]      # t로부터 항목을 가져옴
    문장들
    i += 1
```

이 코드는 zip() 함수를 사용하면, 다음처럼 간단히 표현할 수 있다.

```
# s와 t는 시퀀스
for x, y in zip(s, t):
    문장들
```

zip(s, t) 함수는 반복 가능한 객체 s와 t를 (s[0], t[0]), (s[1], t[1]), (s[2], t[2])
와 같이 반복 가능한 객체 하나로 합친다. 이때 s와 t의 길이(length)가 서로 다
르면, 하나로 합친 반복 가능한 객체의 길이는 s와 t 가운데 길이가 짧은 값으로
설정된다. 함수 zip()의 결과는 반복할 때 결과를 생성하는 이터레이터다. zip()
결과를 리스트로 변환하려면 list(zip(s, t))를 사용하면 된다.

 루프를 빠져나오고 싶을 때는 break 문을 사용하면 된다. 예를 들어, 다음 코드
는 빈 줄을 만날 때까지 파일에서 텍스트를 한 줄씩 읽는다.

```
with open('foo.txt') as file:
    for line in file:
        stripped = line.strip()
        if not stripped:
            break           # 빈 줄임. 읽기를 중단
        # stripped 줄 처리
        ...
```

루프의 다음 반복으로 건너뛰려고 할 때(현재의 루프 본문의 나머지 부분을 생
략)는 continue 문을 사용하면 된다. continue 문은 검사를 거꾸로 수행할 때 그리
고 코드를 한 수준 더 들여쓰기하여 코드가 너무 깊게 중첩되거나 필요 없이 복
잡해질 때 사용하면 유용하다. 예를 들어, 다음 코드는 파일에서 빈 줄을 모두
건너뛰는 루프를 보여준다.

```
with open('foo.txt') as file:
    for line in file:
        stripped = line.strip()
        if not stripped:
            continue        # 빈 줄을 건너뜀
        # stripped 줄 처리
        ...
```

break 문과 continue 문은 실행되고 있는 루프 가운데 가장 안쪽 루프에만 적용된
다. 깊게 중첩된 루프 구조를 벗어나려면 예외(exception)를 사용해야 한다. 파
이썬은 goto 문을 지원하지 않는다. 다음 예와 같이 반복문에 else 문을 추가할
수 있다.

```
# for-else
with open('foo.txt') as file:
    for line in file:
        stripped = line.strip()
        if not stripped:
            break
        # stripped 줄 처리
        ...
    else:
        raise RuntimeError('Missing section separator')
```

루프에서 else 절은 루프가 종료되었을 때만 실행된다. else 절은 루프가 아예 실행되지 않으면 즉각적으로 실행되고, 그렇지 않으면 마지막 반복을 수행한 후에 실행된다. 루프가 break 문으로 일찍 종료하면 else 절은 실행되지 않는다.

 루프에서 else 절은 데이터를 반복 순회하지만 루프가 너무 일찍 종료하는 경우, 일종의 플래그나 조건을 설정하거나 검사할 필요가 있을 때 주로 사용한다. 예를 들어, else 절을 사용하지 않으면, 이 예제 코드는 플래그 변수를 사용해서 다음과 같이 다시 작성할 수 있다.

```
found_separator = False
with open('foo.txt') as file:
    for line in file:
        stripped = line.strip()
        if not stripped:
            found_separator = True
            break
        # stripped 줄 처리
        ...
    if not found_separator:
        raise RuntimeError('Missing section separator')
```

3.4 예외

예외(exception)가 발생하면 에러 메시지를 표시하면서 프로그램이 일반적인 제어 흐름에서 벗어나게 된다. raise 문으로 예외를 일으킬 수 있다. raise 문의 일반적인 형식은 raise Exception([value])이다. 여기서 Exception은 예외 타입을 의미하며, value는 선택할 수 있는 값으로 예외에 대한 자세한 설명을 담는다. 다음은 한 예이다.

```
raise RuntimeError('Unrecoverable Error')
```

예외를 잡으려면(catch), 다음과 같이 try와 except 문을 사용하면 된다.

```
try:
    file = open('foo.txt', 'rt')
except FileNotFoundError as e:
    statements
```

예외가 발생하면 인터프리터는 try 블록의 문장 수행을 중단하고, 발생한 예외와 일치하는 except 절을 찾는다. 해당 except 절을 찾으면, 제어 흐름은 except 절의 첫 문장으로 넘어간다. except 절을 실행한 다음, 제어 흐름은 전체 try-except 블록 다음에 나오는 첫 번째 문장으로 넘어간다.

일어날 가능성이 있는 모든 예외와 try 문이 일치할 필요는 없다. 일치하는 except 절을 찾을 수 없으면 예외는 계속 전파되며, 실질적으로 예외를 제어할 수 있는 다른 try-except 블록에서 처리하게 된다. 프로그래밍 스타일상 코드는 실제로 복구할 수 있는 예외만 잡아야 한다. 복구 불가능한 예외는 전파되도록 두는 게 더 낫다.

예외가 잡히지 않은 채 프로그램의 최상위 수준까지 도달하면, 인터프리터는 에러 메시지를 출력하면서 실행을 중단한다.

raise 문을 단독으로 사용하면, 최근에 생성된 예외가 다시 발생한다. raise 문은 이전에 발생한 예외가 처리되는 동안에만 동작한다. 다음 예를 살펴보자.

```
try:
    file = open('foo.txt', 'rt')
except FileNotFoundError:
    print("Well, that didn't work.")
    raise          # 현재 예외가 다시 발생한다.
```

각각의 except 절은 as var와 같은 형식으로 지정자(modifier)[14] as와 함께 사용할 수 있다. as 지정자는 예외가 발생하면, 예외 타입의 인스턴스가 있는 자리에 변수 이름을 지정해준다. 예외 처리기(exception handlers)는 이 변수를 검사하여, 예외가 발생한 원인에 관한 정보를 얻을 수 있다. 예를 들어, isinstance()를 사용해 예외 타입을 검사할 수 있다.

예외에는 몇 가지 표준 속성이 있는데, 이는 에러에 대한 응답으로 추가 작업이 필요한 코드에서 사용하면 유용하다.

---

14 (옮긴이) as var 형식의 문은 예외 처리에서 널리 쓰이는 표현으로, 특정 예외를 다른 이름으로 간편하게 부를 때 사용한다. 예를 들어 다음 코드 except ValueError as e:는 ValueError 인스턴스를 e로 간주하겠다는 뜻이 된다.

e.args

예외가 발생할 때 전달되는 인수 튜플이다. 대부분 에러를 설명하는 문자열로서, 항목 하나짜리 튜플이다. OSError 예외의 경우에는 정수 오류 번호, 문자열 에러 메시지, 그리고 선택 사항으로 파일 이름을 담은 항목 2개 또는 3개짜리 튜플을 전달한다.

e.__cause__

예외를 처리하는 응답의 용도로 다른 예외를 의도적으로 일으켰을 때 이전 예외를 담고 있는 속성이다. 자세한 것은 다음 절의 연쇄 예외에서 살펴보도록 한다.

e.__context__

다른 예외를 처리하는 동안에 예외가 발생했을 때 이전 예외를 담고 있는 속성이다.

e.__traceback__

예외와 연관된 스택 역추적 객체다.

예윗값을 유지하는 데 사용되는 변수는 해당 except 블록에서만 접근할 수 있다. 제어가 이 블록을 벗어나면 변수는 정의되지 않은 변수가 된다. 다음은 그 예이다.

```
try:
    int('N/A')                # ValueError 발생
except ValueError as e:
    print('Failed:', e)

print(e)                      # 실패. NameError 발생. 'e'가 정의되지 않음
```

다중 예외 처리 블록은 다음 예와 같이 여러 개의 except 절을 사용해 작성한다.

```
try:
    do something
except TypeError as e:
    # Type 에러 처리
    ...
except ValueError as e:
    # Value 에러 처리
    ...
```

하나의 예외 절이 다음과 같이 여러 예외 타입을 처리할 수 있다.

```
try:
    do something
except (TypeError, ValueError) as e:
    # Type, Value 에러를 처리
    ...
```

다음과 같이 pass 문을 사용하여 예외를 무시할 수 있다.

```
try:
    do something
except ValueError:
    pass                    # 아무것도 하지 않음
```

예외를 조용히 무시하는 것은 위험한 일이며, 실수를 찾기 힘들어지는 원인이 된다. 무시하더라도 나중에 검사할 수 있도록 로그나 다른 곳에 에러 이력을 추가로 남기는 게 좋다.

Exception을 사용하면, 프로그램 종료 관련 예외를 빼고는 모든 예외를 잡을 수 있다. 다음은 그 예이다.

```
try:
    do something
except Exception as e:
    print(f'An error occurred : {e!r}')
```

예외를 모두 한번에 잡으려 할 때는 사용자에게 에러에 관한 정확한 정보를 알려주도록 신경 써야 한다. 예를 들어, 이 코드에서는 에러 메시지와 관련된 예욋값을 출력하고 있다. 예외에 관한 정보를 출력에 포함하지 않으면, 예상치 못한 이유로 에러가 발생한 코드를 디버깅하기가 매우 힘들어진다.

try 문 또한 else 절을 지원한다. else 절은 반드시 마지막 except 절 바로 다음에 나와야 한다. else 절은 try 블록에서 예외가 발생하지 않은 경우에 실행된다. 다음은 한 예이다.

```
try:
    file = open('foo.txt', 'rt')
except FileNotFoundError as e:
    print(f'Unable to open foo : {e}')
    data = ''
else:
    data = file.read()
    file.close()
```

finally 문은 try-except 블록에서 일어난 일과 관계없이 꼭 실행해야 할 정리 작업을 정의한다. 다음은 한 예이다.

```python
file = open('foo.txt', 'rt')
try:
    # 작업을 수행
    ...
finally:
    file.close()
    # 무슨 일이 발생했든 파일을 닫음
```

finally 절은 에러를 처리할 목적으로 사용하는 게 아니라, 에러 발생 유무와 상관없이 꼭 실행해야 하는 코드를 작성하려고 사용한다. 예외가 발생하지 않으면, finally 절에 있는 코드는 try 블록의 코드를 모두 실행한 다음에 실행된다. 예외가 발생하면, 일치하는 except 블록이(존재한다면) 먼저 실행되고, 다음으로 제어 흐름이 finally 절의 첫 문장으로 넘어간다. finally 절의 코드가 실행되고 나서도 해당 예외가 여전히 미해결이라면, 또 다른 예외 처리기가 해결할 때까지 예외가 다시 발생한다.

3.4.1 예외 계층 구조

프로그램에서 잠재적으로 발생할 수 있는 수많은 예외를 관리하는 게 예외를 다룰 때의 도전과제다. 예컨대 파이썬에는 내장 예외(built-in exception)만 60개 이상이 있다. 표준 라이브러리의 나머지 양까지 고려하면, 예외는 수백 가지로 불어난다. 게다가 코드의 어떤 부분에서 어떤 종류의 예외가 발생하는지 미리 결정하기 힘든 경우도 있다. 예외는 함수 호출 서명(function's calling signature, 함수 시그니처)[15]의 일부로 기록되지 않으며, 코드에서 제대로 예외를 처리하는지 확인하는 컴파일러도 없다. 그 결과로 예외 처리가 무질서하게 느껴질 때가 있다.

예외는 상속을 통해 계층 구조로 구성된다는 사실을 아는 게 예외 처리에 도움이 된다. 특정 에러를 대상으로 하는 대신, 좀 더 일반적인 오류 범주에 초점을 맞추는 것이 더 쉬울 수 있다. 예를 들어 컨테이너에서 값을 가져올 때 발생할 수 있는 여러 가지 오류를 살펴보자.

---

15 (옮긴이) 함수가 어떻게 사용되는지 정의한 함수의 첫 번째 줄을 의미한다.

```
try:
    item = items[index]
except IndexError:        # items가 시퀀스이면 발생
    ...
except KeyError:          # items가 매핑 객체면 발생
    ...
```

이 코드처럼 구체적으로 두 가지 예외를 처리하는 코드를 작성하는 대신, 다음과 같이 작성하는 것이 더 쉽다.

```
try:
    item = items[index]
except LookupError:
    ...
```

LookupError는 상위 수준의 예외 그룹을 대표하는 클래스다. IndexError와 KeyError는 모두 LookupError에서 상속되므로 except 절에서 두 예외 중 하나를 잡게 된다. 그러나 LookupError는 조회와 관련 없는 예외를 포함할 만큼 광범위하지는 않다.

표 3.1은 내장 예외의 일반 카테고리를 보여준다.

표 3.1 예외 카테고리

예외 클래스	설명
BaseException	예외의 루트 클래스
Exception	모두 프로그램과 관련된 에러를 위한 기본 클래스
ArithmeticError	모두 수학과 관련된 에러를 위한 기본 클래스
ImportError	import 문과 관련된 에러를 위한 기본 클래스
LookupError	모두 컨테이너 참조와 관련된 에러를 위한 기본 클래스
OSError	모두 시스템과 관련된 예외를 위한 기본 클래스. IOError와 EnvironmentError는 별칭(alias)이다.
ValueError	유니코드를 포함한 값 관련 에러를 위한 기본 클래스
UnicodeError	유니코드 문자열 인코딩과 관련된 에러를 위한 기본 클래스

BaseException 클래스는 가능한 모든 예외에 대응되므로, 예외 처리에 직접 사용하는 경우는 드물다. 이 클래스에는 SystemExit, KeyboardInterrupt, StopIteration과 같은 제어 흐름에 영향을 주는 특수 예외를 포함하고 있다. 사용자는 이런

예외를 잡는 걸 바라지 않는다. 대신 프로그램과 관련된 일반 에러는 Exception 에서 모두 상속된다. ArithmeticError는 ZeroDivisionError, FloatingPointError, OverflowError와 같이 모두 수학과 관계있는 에러를 위한 기본 클래스이다. ImportError는 모두 불러오기(import)와 관계있는 에러를 위한 기본 클래스이다. LookupError는 모두 컨테이너 조회와 관계있는 에러를 위한 기본 클래스이다. OSError는 모두 운영체제 및 환경에서 발생하는 에러를 위한 기본 클래스이다. OSError는 파일, 네트워크 연결, 권한, 파이프, 시간 초과 등과 관련된 광범위한 예외를 포함하고 있다. ValueError 예외는 연산에 잘못된 입력값을 제공할 때 발생한다. UnicodeError는 유니코드 관련 인코딩 및 디코딩 오류를 묶은 ValueError 의 부분 클래스이다.

표 3.2는 Exception에서 직접 파생되지만 더 큰 예외 그룹의 일부가 아닌, 몇몇 기본 내장 예외를 보여준다.

표 3.2 기타 내장 예외

예외 클래스	설명
AssertionError	assert 문 실패
AttributeError	객체에 대한 잘못된 속성 조회
EOFError	파일의 끝
MemoryError	회복 가능한 메모리 부족 에러
NameError	지역 또는 전역 네임스페이스에서 이름을 찾을 수 없음
NotImplementedError	구현 안 된 기능
RuntimeError	일반적인 문제가 발생하였을 때의 에러
TypeError	연산이 적절하지 않은 타입 객체에 적용되었을 때 발생
UnboundLocalError	값이 할당도 되기 전에 지역 변수가 사용되었을 때 발생

3.4.2 예외와 제어 흐름

예외는 일반적으로 에러 처리를 위해 예약되어 있다. 하지만 제어 흐름을 변경 하기 위해 사용되는 몇 가지 예외가 있다. 표 3.3에 있는 예외는 BaseException에 서 직접 상속받는다.

표 3.3 제어 흐름에 사용되는 예외

예외 클래스	설명
SystemExit	프로그램 종료를 나타내기 위해 발생
KeyboardInterrupt	Ctrl+C를 통해 프로그램이 중단될 때 발생
StopIteration	반복의 끝을 알려주기 위해 발생

SystemExit 예외는 프로그램을 의도적으로 종료할 때 사용된다. 인수로 정수 종료 코드(exit code) 또는 문자열 메시지를 제공할 수 있다. 문자열이 제공되면 sys.stderr를 통해 그 내용이 출력되고, 프로그램은 종료 코드 1과 함께 종료된다. 다음은 일반적인 예이다.

```
import sys

if len(sys.argv) != 2:
    raise SystemExit(f'Usage: {sys.argv[0]} filename)

filename = sys.argv[1]
```

KeyboardInterrupt 예외는 프로그램이 SIGINT 시그널[16](일반적으로 터미널에서 Ctrl+C를 눌렀을 때 발생)을 받을 때 발생한다. 이 예외는 비동기식(asynchronous)이라는 점에서 약간 특이하다. 즉, 이 예외는 프로그램 내에서 어느 때든 어떤 문장을 실행하든 발생할 수 있다. 이 예외가 일어나면 파이썬의 기본 동작은 단순히 종료하는 것뿐이다. signal 라이브러리를 사용하여 SIGINT 시그널을 제어할 수 있다(자세한 내용은 9장을 참조하자).

StopIteration 예외는 반복 프로토콜의 일부이며 반복의 종료를 알린다.

3.4.3 새로운 예외 정의

내장 예외는 모두 클래스로 정의된다. 새로운 예외를 생성하기 위해서는 다음과 같이 Exception으로부터 상속받아 새로운 클래스를 정의하면 된다.

```
class NetworkError(Exception):
    pass
```

새로 정의한 예외를 사용하기 위해서는 다음과 같이 raise 문을 쓰면 된다.

---

16 (옮긴이) SIGINT는 터미널 인터럽트 문자와 관련된 미리 정의된 신호 가운데 하나다.

```
raise NetworkError('Cannot find host')
```

예외를 일으킬 때 raise 문에 제공한 추가적인 값은 예외 클래스 생성자의 인수로 사용된다. 이 인수는 대부분 어떤 에러 메시지를 담은 문자열이다. 하지만 사용자 정의 예외는 다음과 같이 하나 이상의 예욋값을 받도록 작성할 수 있다.

```
class DeviceError(Exception):
    def __init__(self, errno, msg):
        self.args = (errno, msg)
        self.errno = errno
        self.errmsg = msg

# 예외를 일으킴(다수의 인수)
raise DeviceError(1, 'Not Responding')
```

__init__()을 재정의하는 사용자 정의 예외(custom exception)를 생성할 때, 이 예제처럼 인수를 담는 튜플을 self.args 속성에 저장하는 것이 중요하다. 이 속성은 예외 역추적 메시지를 출력할 때 사용된다. 이 속성을 정의하지 않으면, 사용자는 에러가 발생했을 때 예외와 관련된 유용한 정보를 볼 수 없게 된다.

예외는 상속을 통해 계층적으로 조직할 수 있다. 예를 들어, 앞에서 정의한 NetworkError 예외는 더 구체적인 다양한 에러를 위한 기본 클래스로 쓰일 수 있다. 다음 예를 살펴보자.

```
class HostnameError(NetworkError):
    pass

class TimeoutError(NetworkError):
    pass

def error1():
    raise HostnameError('Unknown host')

def error2():
    raise TimeoutError('Timed out')

try:
    error1()
except NetworkError as e:
    if type(e) is HostnameError:
        # 이 에러에 대해 특별한 작업을 수행함
        ...
```

이 코드에서 except NetworkError 절은 NetworkError에서 파생된 예외를 모두 잡는 다. 발생한 예외의 구체적인 타입을 알아내려면 type()으로 예욋값의 타입을 검 사하면 된다.

3.4.4 연쇄 예외

예외를 처리할 때 종종 다른 예외를 일으키고 싶을 수도 있다. 이를 위해 연쇄 예외(chained exception)를 사용한다.

```
class ApplicationError(Exception):
    pass

def do_something():
    x = int('N/A')          # ValueError 발생

def spam():
    try:
        do_something()
    except Exception as e:
        raise ApplicationError('It failed') from e
```

잡히지 않은 ApplicationError가 발생하면 두 예외를 다 포함하는 메시지를 받게 된다. 다음은 그 예이다.

```
>>> spam()
Traceback (most recent call last):
  File "c.py", line 9, in spam
    do_something()
  File "c.py", line 5, in do_something
    x = int('N/A')
ValueError: invalid literal for int() with base 10: 'N/A'

The above exception was the direct cause of the following exception:

Traceback (most recent call last):
  File "<stdin>", line 1, in <module>
  File "c.py", line 11, in spam
    raise ApplicationError('It failed') from e
__main__.ApplicationError: It failed
>>>
```

ApplicationError를 잡으면, 결과 예외의 __cause__ 속성에 다른 예외가 포함된다. 다음은 그 예이다.

```
try:
    spam()
except ApplicationError as e:
    print('It failed. Reason:', e.__cause__)
```

다른 예외를 연쇄에 포함하지 않고 새 예외를 일으키려면, 다음과 같이 None으로
예외를 일으키면 된다.

```
def spam():
    try:
        do_something()
    except Exception as e:
        raise ApplicationError('It failed') from None
```

except 블록에 나타나는 프로그래밍 실수도 연쇄 예외를 일으키지만, 이것은 약
간 다른 방식으로 동작한다. 예를 들어, 다음과 같이 살짝 버그가 있는 코드를
보자.

```
def spam():
    try:
        do_something()
    except Exception as e:
        print('It failed:', err)    # err가 정의되어 있지 않음(오타)
```

출력되는 예외 추적 메시지는 이전 결과와 다르다는 것을 알 수 있다.

```
>>> spam()
Traceback (most recent call last):
  File "d.py", line 9, in spam
    do_something()
  File "d.py", line 5, in do_something
    x = int('N/A')
ValueError: invalid literal for int() with base 10: 'N/A'

During handling of the above exception, another exception occurred:

Traceback (most recent call last):
  File "<stdin>", line 1, in <module>
  File "d.py", line 11, in spam
    print('It failed. Reason:', err)
NameError: name 'err' is not defined
>>>
```

다른 예외를 처리하는 동안 예기치 않은 예외가 발생하면, __context__ 속성(__cause__ 속성 대신)은 예외가 발생했을 때 처리하고 있던 예외 정보를 유지한다. 다음 예를 보자.

```
try:
    spam()
except Exception as e:
    print('It failed. Reason:', e)
    if e.__context__:
        print('While handling:', e.__context__)
```

연쇄 예외에서 예상되는 예외와 예기치 않은 예외 사이에는 중요한 차이가 있다. 첫 번째 예에서는 예상되는 예외를 고려하여 코드를 작성하였다. 예를 들어, 코드는 명시적으로 try-except 블록에 감싸져 있었다.

```
try:
    do_something()
except Exception as e:
    raise ApplicationError('It failed') from e
```

두 번째 예에서 except 블록에 프로그래밍 실수가 있었다.

```
try:
    do_something()
except Exception as e:
    print('It failed:', err)      # err가 정의되어 있지 않음
```

두 경우의 차이점은 미묘하지만 중요하다. 이는 연쇄 예외 정보가 __cause__ 또는 __context__ 속성에 각각 저장되는 이유이기도 하다. __cause__ 속성은 실패 가능성이 예상되는 경우를 위해 예약되어 있다. __context__ 속성은 두 경우 모두 설정되지만, 다른 예외를 처리하는 동안 발생하는 예기치 못한 예외에 대한 유일한 정보 소스가 된다.

3.4.5 예외 역추적

예외는 오류가 발생한 위치에 대한 정보를 제공하는 스택 역추적(stack traceback)과 관련되어 있다. 역추적은 예외의 __trackback__ 속성에 저장된다. 보고 또는 디버깅을 위해 역추적 메시지를 직접 생성할 수 있다. 다음 예와 같이 trackback 모듈을 사용하여 역추적 메시지를 생성할 수 있다.

```
import traceback

try:
    spam()
except Exception as e:
    tblines = traceback.format_exception(type(e), e, e.__traceback__)
    tbmsg = ''.join(tblines)
    print('It failed:')
    print(tbmsg)
```

이 코드에서 format_exception()은 파이썬이 통상적으로 역추적 메시지로 산출할 출력물을 담는 문자열 리스트를 생성한다. 예외 타입, 값, 역추적이 입력으로 제공된다.

3.4.6 예외 처리에 대한 조언

예외 처리(Exception handling)는 대규모 프로그램에서 적절히 처리하기 어려운 작업 가운데 하나다. 하지만 이를 쉽게 처리할 수 있는 몇 가지 경험 법칙이 있다.

첫 번째 규칙은 코드의 특정 위치에서 처리할 수 없는 예외는 잡지 않는다. 다음 함수를 살펴보자.

```
def read_data(filename):
    with open(filename, 'rt') as file:
        rows = []
        for line in file:
            row = line.split()
            rows.append((row[0], int(row[1]), float(row[2])))
    return rows
```

잘못된 파일 이름으로 open() 함수가 파일을 불러오는 데 실패했다고 하자. 이 오류를 함수 내에서 try-except 문으로 잡아야 할까? 아마도 아닐 것이다. 호출자가 잘못된 파일 이름을 함수로 전달하면 이를 복구할 수 있는 방법이 없다. 파일을 열 수 없고, 읽을 데이터도 없으며, 그 외 수행할 수 있는 다른 작업도 없다. 이런 경우에는 작업이 실패하도록 두고, 예외를 호출자에게 보고하는 게 좋다. read_data()에서 에러 검사를 하지 않는다고, 예외가 어디에서도 처리되지 않는다는 것을 의미하지 않는다. 즉, read_data()의 역할은 예외를 처리하는 것이 아니다. 어쩌면 사용자에게 파일 이름을 생각나게 하는 코드가 이 예외를 처리하는 데 더 도움이 될 것이다.

이 조언은 일부 개발자(특수한 오류 코드나 래퍼로 감싼(wrapped) 결과 타입을 사용하는 언어에 익숙한 개발자)의 경험과는 다소 상반되는 것처럼 보인다. 이러한 언어에서는 작업 전체에서 에러에 대한 반환 코드를 항상 확인하도록 세심한 주의를 기울여야 하지만, 파이썬에서는 이렇게 하지 않도록 하자. 어떤 작업이 실패하고 이를 복구하기 위해 할 수 있는 일이 없으면, 그냥 실패하도록 두는 것이 좋다. 예외는 프로그램의 상위 레벨로 전파되며, 일반적으로 이를 처리하는 것은 다른 코드의 책임이다.

한편 다음 예와 같이 잘못된 데이터로부터 함수를 복구해야 할 수도 있다.

```python
def read_data(filename):
    with open(filename, 'rt') as file:
        rows = []
        for line in file:
            row = line.split()
            try:
                rows.append((row[0], int(row[1]), float(row[2])))
            except ValueError as e:
                print('Bad row:', row)
                print('Reason:', e)
    return rows
```

에러를 잡을 때는 가능한 except 절을 좁은 범위(narrow)로 만들자. 이 코드에서 except ValueError 대신 except Exception을 사용해 오류를 모두 잡도록 작성할 수 있다. 그렇게 하면 무시해도 되는 프로그래밍 에러도 잡게 된다. 코드를 그렇게 작성하지 말자. 이는 디버깅을 어렵게 만든다.

마지막으로, 명시적으로 예외를 일으키는 경우에는 다음과 같이 자기 자신만의 예외 타입을 만드는 것이 좋다.

```python
class ApplicationError(Exception):
    pass

class UnauthorizedUserError(ApplicationError):
    pass

def spam():
    ...
    raise UnauthorizedUserError('Go away')
    ...
```

대규모 코드 기반에서 작업할 때 어려운 문제 하나는 프로그램 실패에 대한 책임을 특정하는 것이다. 자신만의 예외를 만들면 의도적으로 일으킨 에러와 프로그래밍 실수를 더 잘 구별할 수 있다. 프로그램이 여기서 정의한 ApplicationError와 충돌하는 경우, 해당 오류가 왜 발생했는지 즉시 알 수 있다. 왜냐하면 우리가 예외 코드를 작성했기 때문이다. 반면에 프로그램이 TypeError 또는 ValueError와 같이 파이썬 내장 예외 중 하나와 충돌한다면 심각한 문제로 볼 수 있다.

3.5 컨텍스트 관리자와 with 문

예외가 발생한 경우, 파일, 락(lock), 연결 등의 시스템 자원을 적절히 관리하는 일은 쉽지 않다. 예를 들어, 예외 발생 때문에 락과 같은 중요한 자원을 해제하는 기능이 실행되지 않을 수 있다.

with 문을 사용하면, 컨텍스트 관리자 역할의 객체가 제어하는 런타임 컨텍스트 안에서 일련의 문장을 실행할 수 있다. 다음 예를 살펴보자.

```python
with open('debuglog', 'wt') as file:
    file.write('Debugging\n')
    statements
    file.write('Done\n')

import threading
lock = threading.Lock()
with lock:
    # 임계 구역(critical section)
    문장들
    # 임계 구역 종료
```

첫 번째 예에서 with 문은 제어 흐름이 블록을 벗어날 때 열린 파일을 자동으로 닫는다. 두 번째 예에서 with 문은 이어서 나오는 문장 블록에 제어가 진입할 때와 빠져나올 때, 자동으로 락을 획득하고 해제한다.

with obj 문은 제어 흐름이 이어서 나오는 블록에 진입하고 빠져나올 때 일어나는 일을 객체 obj가 관리하게 한다. with obj 문이 실행되면 새로운 컨텍스트에 진입한다는 신호로 obj.__enter__()가 호출된다. 제어 흐름이 컨텍스트를 벗어날 때는 obj.__exit__(type, value, traceback)가 호출된다. 발생한 예외가 없으면, __exit__()의 3개 인수는 모두 None으로 설정된다. 예외가 발생하면, 이 3개의 인수는 제어 흐름을 컨텍스트에서 벗어나게 한 예외 타입, 예욋값, 역추적 정보를 담는다. __exit()__ 메서드가 True를 반환하면 발생한 예외가 처리되었고, 더 이상 컨텍스트 밖으로 전달되지 않는다는 것을 의미한다. False나 None을 반환하면, 발생한 예외가 컨텍스트 밖으로 전달된다.

with obj 문은 추가로 as var 형식으로 지정자를 받아들인다. as 지정자가 있으면, obj.__enter__()에서 반환된 값은 var에 저장된다. 이 값은 일반적으로 obj와 동일한데, 그 이유는 같은 단계에서 객체를 구성하고 컨텍스트 관리자로 사용할 수 있기 때문이다. 예를 들어 다음 클래스를 살펴보자.

```python
class Manager:
    def __init__(self, x):
        self.x = x

    def yow(self):
        pass

    def __enter__(self):
        return self

    def __exit__(self, ty, val, tb):
        pass
```

이 클래스와 함께 인스턴스를 생성하고, 생성한 인스턴스를 컨텍스트 관리자로 사용할 수 있다.

```python
with Manager(42) as m:
    m.yow()
```

다음은 리스트 트랜잭션(transaction)에 대한 재미있는 코드이다.

```python
class ListTransaction:
    def __init__(self,thelist):
        self.thelist = thelist

    def __enter__(self):
        self.workingcopy = list(self.thelist)
        return self.workingcopy

    def __exit__(self, type, value, tb):
        if type is None:
            self.thelist[:] = self.workingcopy
        return False
```

이 클래스는 기존 리스트에 일련의 변경 작업을 수행한다. 하지만 변경된 내용은 예외가 발생하지 않은 경우에만 리스트에 적용된다. 예외가 발생하면 원래의 리스트는 변경되지 않는다. 다음은 이 클래스를 사용한 예이다.

```
items = [1,2,3]

with ListTransaction(items) as working:
    working.append(4)
    working.append(5)
print(items)    # [1,2,3,4,5]를 출력한다.

try:
    with ListTransaction(items) as working:
        working.append(6)
        working.append(7)
        raise RuntimeError("We're hosed!")
except RuntimeError:
    pass

print(items)    # [1,2,3,4,5]를 출력한다.
```

contextlib 표준 라이브러리 모듈은 컨텍스트 관리자의 고급 사용과 관련되어 있다. 정기적으로 컨텍스트 관리자를 생성한다면, 이 라이브러리를 살펴볼 가치가 있다.

3.6 단언과 __debug__

assert 문으로 프로그램에 디버깅 코드를 추가할 수 있다. assert 문의 일반적인 형식은 다음과 같다.

```
assert test [, msg]
```

여기서 test는 True 또는 False로 평가되는 표현식이다. 만약 test가 False로 평가되면 assert 문에 지정한 메시지인 msg와 함께 AssertionError 예외가 발생한다. 다음은 그 예를 보여준다.

```
def write_data(file, data):
    assert file, 'write_data: file not defined!'
    ...
```

프로그램이 올바르게 동작하기 위해, 반드시 수행되어야 할 코드에는 assert 문을 사용하지 않도록 한다. 왜냐하면 파이썬이 최적화 모드(인터프리터에 -O 옵션으로 지정)로 동작할 때는 assert 문이 실행되지 않기 때문이다. 특히 사용자의 입력이나 중요 연산의 성공 여부를 확인하기 위해 assert 문을 쓰면 안 된다. 대신 assert 문은 항상 참이어야 하는 불변성을 검사할 때 사용한다. 만약 불변성을 위반한다면, 이는 사용자의 오류가 아니라 프로그램 버그를 의미하는 것이다.

예를 들어, 이 코드에서 write_data()가 최종 사용자가 사용하도록 의도된 함수라면 assert 문은 일반적인 if 문과 올바른 에러 처리 코드로 대체되어야 한다.

assert 문의 일반적인 용도는 테스트다. 예를 들어, 함수에 대한 최소한의 테스트를 수행할 때 사용할 수 있다.

```
def factorial(n):
    result = 1
    while n > 1:
        result *= n
        n -= 1
    return result

assert factorial(5) == 120
```

이 테스트는 철저한 테스트를 목적으로 하지 않는다. 대신, '스모크 테스트'(smoke test)[17]의 역할만을 수행한다. 함수에서 의심할 필요 없이 정확하게 처리되어야 할 부분이 잘못되면, 실패했다는 단언(assertion)과 함께 코드를 즉시 중단한다.

단언은 예상되는 입력 및 출력을 명시할 때도 유용하다. 다음은 그 예이다.

```
def factorial(n):
    assert n > 0, "must supply a positive value"
    result = 1
    while n > 1:
        result *= n
        n -= 1
    return result
```

다시 말하지만, assert 문은 사용자의 입력을 확인하기 위함이 아니다. 내부 프로그램의 일관성을 확인하려는 것이다. 어떤 코드가 음수 계승(factorial)을 계산하려고 한다면, 단언은 실패할 것이고, 디버깅할 수 있도록 문제가 되는 코드를 가리킬 것이다.

---

17 (옮긴이) 프로그램의 기본적인 기능만을 검증하기 위한 테스트

3.7 파이써닉한 파이썬

파이썬은 함수와 객체를 포함하여 다양한 프로그래밍 스타일을 제공하지만, 프로그램 실행의 기본 모델은 명령형 프로그래밍(imperative programming)이다. 즉, 프로그램은 소스 파일에 나타나는 순서대로 하나씩 실행되는 문장들로 구성된다. 그리고 세 가지 기본 제어 흐름 구조(if 문, while 루프, for 루프)만 있다. 파이썬이 어떻게 프로그램을 실행하는지 이해하는 데 있어 모호함 같은 것은 없다.

가장 복잡하고 잠재적으로 에러가 발생하기 쉬운 기능은 예외다. 사실 이 장의 대부분은 올바르게 예외를 처리하는 방법에 초점을 맞췄다. 이 조언을 따를지라도 예외는 라이브러리, 프레임워크, API를 설계할 때 여전히 미묘한 부분으로 남아있을 것이다. 예외는 자원의 적절한 관리를 엉망으로 만들 수 있다. 이 문제는 컨텍스트 관리자와 with 문을 사용하여 해결해야 한다.

파이썬의 기능, 이를테면 내장 연산자와 제어 흐름을 비롯한 거의 모든 언어적인 기능을 사용자가 원하는 방식으로 바꿀 때 사용할 수 있는 기술은 이 장에서 다루지 않았다. 파이썬 프로그램은 구조적으로 매우 단순해 보일 때가 많지만, 놀랄 만큼 많은 작업이 보이지 않게 내부적으로 이뤄지고 있다. 이에 관한 대부분의 내용은 다음 장에서 설명하겠다.

4장

객체, 타입, 프로토콜

파이썬 프로그램은 다양한 타입의 객체를 조작한다. 숫자, 문자열, 리스트, 집합, 사전과 같은 다양한 내장 타입이 있다. 게다가 클래스를 이용하여 나만의 타입을 만들 수 있다. 이 장에서는 객체를 동작하게 만드는 파이썬 객체 모델과 메커니즘을 설명한다. 다양한 객체의 핵심 동작을 정의하는 '프로토콜'을 특별히 주의해 살펴보겠다.

4.1 필수 개념

프로그램에서 저장되는 데이터는 모두 객체다. 객체는 고윳값(identity), 타입(클래스라고도 함)과 값을 가진다. 예를 들어, a = 42라고 쓰면, 42라는 값을 갖는 정수 객체가 생성된다. 객체의 고윳값은 메모리에 저장된 위치를 가리키는 숫자이다. a는 그 자체로 객체의 일부는 아니며, 메모리의 특정 위치를 가리키는 이름이라고 할 수 있다.

객체의 타입은 객체의 내부 데이터 표현과 객체가 지원하는 복수의 메서드를 정의한다. 특정 타입의 객체가 생성되면 생성된 이 객체는 그 특정 타입의 인스턴스(instance)라 부르기도 한다. 인스턴스가 일단 생성되면 고윳값은 변경할 수 없다. 객체의 값을 변경할 수 있으면 그 객체는 "변경 가능(mutable)하다"라고 하며, 값을 변경할 수 없으면 그 객체는 "변경 불가능(immutable)하다"라고 한다. 다른 객체에 대한 참조를 담는 객체를 컨테이너(container)라고 한다.

객체의 속성(attribute)이 객체를 특징짓는다. 속성은 객체에 연결된 값으로, 속성(.) 연산자를 사용하여 접근할 수 있다. 속성은 숫자와 같이 단순한 데이터

의 값이기도 하다. 하지만 속성은 일부 연산을 수행하기 위해 호출되는 함수일
수도 있다. 이러한 함수를 메서드라 부른다. 다음은 속성에 접근하는 예제이다.

```
a = 34                  # 정수 생성
n = a.numerator         # 분자(속성)를 얻음[18]

b = [1, 2, 3]           # 리스트 생성
b.append(7)             # append 메서드로 새로운 요소를 추가
```

객체는 + 연산자와 같이 다양한 연산자를 지원한다. 다음은 그 예이다.

```
c = a + 10        # c = 34 + 10
d = b + [4, 5]    # d = [1, 2, 3, 7, 4, 5]
```

연산자는 서로 다른 문법이 있지만 궁극적으로 메서드와 매핑된다. 예를 들어,
a + 10은 a.__add__(10) 메서드를 실행한다.

4.2 객체의 고윳값과 타입

내장 함수 id()는 객체의 고윳값을 반환한다. 고윳값은 정수로서, 보통 객체의
메모리 내 위치에 해당한다. is와 is not 연산은 두 객체의 고윳값을 비교한다.
type()은 객체의 타입을 반환한다. 다음 예제는 두 객체를 비교하는 여러 가지
방법을 보여준다.

```
# 두 객체 비교
def compare(a, b):
    if a is b:
        print('same object')
    if a == b:
        print('same value')
    if type(a) is type(b):
        print('same type')
```

다음 예시는 이 함수가 어떻게 동작하는지 보여준다.

```
>>> a = [1, 2, 3]
>>> b = [1, 2, 3]
>>> compare(a, a)
same object
same value
```

---

[18] (옮긴이) numerator는 분자, denominator는 분모이다. 예제 코드에서는 a가 34이므로 a.numerator
는 34, a.denominator는 1이 된다.

```
same type
>>> compare(a, b)
same value
same type
>>> compare(a, [4,5,6])
same type
>>>
```

객체의 타입은 객체의 클래스임과 동시에 그 자체도 객체다.[19] 이 객체는 고유하게 정의되며, 지정된 타입에서 모든 인스턴스는 언제나 동일하다. 클래스는 인스턴스를 생성하고, 타입 검사를 수행하며, 타입 힌트를 제공할 때 사용할 수 있는 이름(list, int, dict 등)이 있다. 다음 예를 살펴보자.

```
items = list()

if isinstance(items, list):
    items.append(item)

def removeall(items: list, item) -> list:
    return [i for i in items if i != item]
```

자식 타입(subtype, 하위 타입)은 상속으로 정의한 타입이다. 이 타입은 원래 타입의 모든 기능은 물론, 추가하거나 새롭게 정의한 메서드도 제공한다. 상속은 7장에서 자세히 살펴본다. 다음은 리스트의 자식 타입을 정의하면서 새로운 메서드를 추가하는 예이다.

```
class mylist(list):
    def removeall(self, val):
        return [i for i in self if i != val]

# 예제
items = mylist([5, 8, 2, 7, 2, 13, 9])
x = items.removeall(2)
print(x)          # [5, 8, 7, 13, 9]
```

isinstance(instance, type) 함수는 자식 타입을 인식하므로, 타입값을 알아볼 때 선호하는 방법이다. 또한 isinstance는 가능한 여러 타입을 확인할 수도 있다. 다음 예를 살펴보자.

```
if isinstance(items, (list, tuple)):
    maxval = max(items)
```

---

19 (옮긴이) 객체의 타입 또한 객체가 될 수 있다. 예컨대 객체의 타입인 str도 결국 객체라는 뜻이다.

프로그램에서 타입 검사를 수행할 수 있지만, 타입 검사는 여러분이 생각하는 것만큼 유용하지는 않다. 일단 과도한 타입 검사는 성능을 크게 떨어뜨린다. 그리고 프로그램에서는 언제나 상속 계층에 꼭 들어맞도록 객체를 정의하지 않는다. 예를 들어, 앞서 나왔던 isinstance(items, list) 문의 목적이 items가 '리스트와 유사한지' 검사하기 위해서라면, 리스트와 동일한 인터페이스를 지니지만 내장 타입 list에서 직접 상속받지 않은 타입은 제대로 동작하지 않을 것이다 (collection 모듈의 deque가 그 예이다).

4.3 참조 횟수와 가비지 컬렉션

파이썬은 자동으로 동작하는 가비지 컬렉션(garbage collection)으로 객체를 관리한다. 객체는 모두 참조 횟수가 계산된다. 객체가 새로운 이름에 할당되거나 리스트, 튜플, 사전 같은 컨테이너에 추가될 때 참조 횟수가 하나 증가한다.

```
a = 37          # 값 37을 가지는 객체 생성
b = a           # 37에 대한 참조 횟수 증가
c = []
c.append(b)     # 37에 대한 참조 횟수 증가
```

이 예에서 값 37을 지닌 객체가 하나 만들어졌다. a는 단순히 새로 생성된 객체를 가리키는 이름일 뿐이다. a를 b에 대입하면 b는 동일한 객체에 대한 새로운 이름이 되고, 객체의 참조 횟수가 하나 증가한다. 비슷하게 b를 리스트에 넣으면 객체의 참조 횟수가 다시 하나 증가한다. 즉, 이 예제에서 오직 하나의 객체만 37을 담고 있는 셈이다. 다른 연산은 모두 단순히 그 객체에 대한 새로운 참조를 생성할 뿐이다.

객체의 참조 횟수는 del 문이 사용되거나 참조가 유효 범위를 벗어나거나 재할당될 경우 감소한다. 다음 예를 살펴보자.

```
del a           # 37에 대한 참조 횟수가 하나 감소
b = 42          # 37에 대한 참조 횟수가 하나 감소
c[0] = 2.0      # 37에 대한 참조 횟수가 하나 감소
```

객체의 현재 참조 횟수는 sys.getrefcount() 함수로 얻을 수 있다. 다음은 그 예이다.

```
>>> a = 37
>>> import sys
```

```
>>> sys.getrefcount(a)
7
>>>
```

참조 횟수는 예상보다 훨씬 큰 경우가 많다. 숫자나 문자열 같은 변경 불가능한 객체는 인터프리터가 메모리를 절약하기 위해 이들을 프로그램의 여러 곳에서 최대한 공유한다. 객체를 변경하는 게 불가능하기 때문에 눈치채지 못할 뿐이다.

객체의 참조 횟수가 0이 되면 가비지 컬렉션(garbage collection)이 수행된다. 그러나 더 이상 사용하지 않는 객체에 순환 의존성(circular dependency)이 존재하는 경우가 있다. 다음은 한 예를 보여준다.

```
a={}
b={}
a['b'] = b       # a는 b에 대한 참조를 담고 있음
b['a'] = a       # b는 a에 대한 참조를 담고 있음
del a
del b
```

이 예에서 del 문은 a와 b의 참조 횟수를 하나씩 줄이고 내부 객체를 가리키는 이름을 파괴한다. 하지만 둘 다 서로를 참조하고 있으므로 참조 횟수가 0이 되지 못하며, 이들은 할당된 채 그대로 남게 된다. 인터프리터는 메모리 누수(memory leak)를 일으키지 않지만, 순환 참조 감지기(cycle detector)가 참조할 수 없는 객체를 찾고 삭제할 때까지 객체의 파괴는 지연된다. 인터프리터가 실행되는 과정에서 메모리를 점점 더 많이 쓰게 되면, 순환 참조 감지 알고리즘이 주기적으로 실행된다. 사용자는 가비지 컬렉션이 동작하는 방식을 gc 표준 라이브러리 함수를 사용해 세세하게 조정, 제어할 수 있다. gc.collect() 함수는 순환 가비지 컬렉터(cyclic garbage collector)를 즉각적으로 호출하려 할 때 사용한다.

대부분의 프로그램에서 가비지 컬렉션은 깊이 생각할 것도 없이 쉽게 일어나는 일이다. 하지만 객체를 수동으로 파괴하는 게 상황에 따라서는 합리적일 수 있다. 이러한 상황의 하나가 거대한 자료구조로 작업할 때이다. 다음 코드를 한번 살펴보자.

```
def some_calculation():
    data = create_giant_data_structure()
    # 계산의 일부에 data를 사용
    ...
    # data 해제
    del data

    # 계산을 이어서 수행
    ...
```

이 코드에서 del data 문은 더 이상 data 변수가 필요 없다는 것을 의미한다. 이에 따라 참조 횟수가 0에 도달하면, 해당 지점에서 객체의 가비지 컬렉션이 시작된다. del 문이 없으면 data 변수가 함수를 벗어날 때까지 data 객체는 지속된다. 이는 프로그램이 예상보다 더 많은 메모리를 사용하는 것을 인지하여 그 원인을 알려고 할 때 비로소 깨닫게 될 것이다.

4.4 참조와 복사

프로그램에서 b = a 같은 할당이 이뤄지면, a에 대한 새로운 참조가 생성된다. 이 할당이 숫자나 문자열 같은 변경 불가능한 객체를 대상으로 수행되면, a에 대한 복사본이 생성되는 것처럼 동작한다. 하지만, 리스트나 사전과 같이 변경 가능한 객체를 대상으로 할당이 이뤄지면 다소 다른 결과를 보여준다. 다음 예를 보자.

```
>>> a = [1, 2, 3, 4]
>>> b = a                  # b는 a에 대한 참조
>>> b is a
True
>>> b[2] = -100            # b에 있는 한 원소를 변경
>>> a                      # a도 변경된 것에 주목
[1, 2, -100, 4]
>>>
```

이 예제에서 a와 b가 동일한 객체를 참조하기 때문에, 두 변수 중 하나에 가해진 변화가 다른 변수에도 반영되는 것을 볼 수 있다. 이를 방지하려면, 객체에 대한 참조가 아닌 복사본을 생성해야 한다.

　리스트나 사전과 같은 컨테이너 객체에 적용되는 복사 연산에는 얕은 복사(shallow copy), 깊은 복사(deep copy) 두 가지가 있다. 얕은 복사는 새로운 객체를 생성하지만, 새 객체 항목을 원 객체 항목의 참조로 채운다. 다음 예를 보자.

```
>>> a = [ 1, 2, [3, 4] ]
>>> b = list(a)            # a에 대한 얕은 복사본 생성
>>> b is a
False
>>> b.append(100)          # b에 요소 추가
>>> b
[1, 2, [3, 4], 100]
>>> a                      # a가 변하지 않는 것에 주목
[1, 2, [3, 4]]
>>> b[2][0] = -100         # b에 들어있는 요소 변경
>>> b
[1, 2, [-100, 4], 100]
>>> a                      # a가 변한 것에 주목
[1, 2, [-100, 4]]
>>>
```

이 예제에서 a와 b는 별개의 리스트 객체지만, 그 안의 요소는 서로 공유된다. 따라서 b의 한 요소가 변경되면, a의 요소도 변경된다.

깊은 복사는 새로운 객체를 생성하고, 원래 담고 있던 객체를 재귀적으로 모두 복사한다. 객체에 대해 깊은 복사본을 만들기 위한 내장 연산자는 없다. 깊은 복사를 수행하기 위해서는 표준 라이브러리에 있는 copy.deepcopy()를 사용하면 된다.

```
>>> import copy
>>> a = [1, 2, [3, 4]]
>>> b = copy.deepcopy(a)
>>> b[2][0] = -100
>>> b
[1, 2, [-100, 4]]
>>> a                      # a가 변하지 않는 것에 주목
[1, 2, [3, 4]]
>>>
```

대부분의 프로그램에서 deepcopy()는 권장하지 않는다. 객체 복사는 느리고 불필요하기 때문이다. 데이터를 변경해야 하는데 원본 객체에 영향을 끼치는 것을 원하지 않아서 복사본이 실제로 필요한 경우에만 deepcopy()를 사용하자. 또한, 시스템 또는 런타임 상태와 관련된 객체(파일 열기, 네트워크 열기, 스레드, 제너레이터 등)에서는 deepcopy()를 시도하면 실패한다는 점에 유념하자.

4.5 객체 표현 및 출력

프로그램은 사용자에게 데이터를 보여주거나 디버깅을 목적으로 출력하는 등 객체를 보여주어야 할 때가 있다. 객체 x를 print(x) 함수에 전달하거나 str(x)를 사용하여 문자열로 변환하면, 일반적으로 사람이 읽기 편한 '좋은' 표현을 얻을 수 있다. 다음과 같이 날짜와 관련된 예제를 살펴보자.

```
>>> from datetime import date
>>> d = date(2012, 12, 21)
>>> print(d)
2012-12-21
>>> str(d)
'2012-12-21'
>>>
```

객체의 '좋은' 표현은 디버깅을 하는 데 충분하지 않을 수 있다. 예를 들어, 이 코드에서 변수 d가 날짜 인스턴스인지 '2012-12-21'을 가진 문자열인지 명확히 알 방법이 없다. 더 자세한 정보를 얻으려면, 사용자가 객체를 생성하기 위해 소스 코드에 입력했던 표현대로 문자열을 생성하는 repr(x) 함수를 사용하자. 다음 예를 보자.

```
>>> d = date(2012, 12, 21)
>>> repr(d)
'datetime.date(2012, 12, 21)'
>>> print(repr(d))
datetime.date(2012, 12, 21)
>>> print(f'The date is: {d!r}')
The date is: datetime.date(2012, 12, 21)
>>>
```

문자열 포맷에서 !r 접미사는 값에 추가되어 일반 문자열 변환 대신 repr() 값을 생성할 수 있게 해준다.

4.6 1급 객체

파이썬에서 객체는 모두 '1급(first-class)'이다. 이름에 할당되는 객체는 모두 데이터로 취급될 수 있다는 뜻이다. 데이터처럼 객체는 변수에 저장되고, 인수로 전달되며, 함수에서 반환되고, 다른 객체와 비교할 수도 있다. 다음 예는 두 개의 값을 담은 간단한 사전을 보여준다.

```
items = {
    'number' : 42,
    'text' : "Hello World"
}
```

객체가 1급이라는 말의 의미는 이 사전에 흔히 볼 수 없는 항목을 추가하면 쉽게 이해할 수 있다.

```
items['func'] = abs                # abs() 함수 추가
import math
items['mod'] = math                # 모듈을 추가
items['error'] = ValueError        # 예외 타입을 추가
nums = [1,2,3,4]
items['append'] = nums.append      # 다른 객체의 메서드를 추가
```

이 예에서 사전 items는 함수, 모듈, 예외, 다른 객체의 메서드를 담는다. 원한다면, 원래의 이름이 나타나야 할 자리에 items의 사전 검색(dictionary lookup)을 대신 사용할 수 있는데, 코드는 문제없이 동작한다. 다음 예를 살펴보자.

```
>>> items['func'](-45)             # abs(-45) 실행
45
>>> items['mod'].sqrt(4)           # math.sqrt(4) 실행
2.0
>>> try:
...         x = int('a lot')
...     except items['error'] as e:    # except ValueError as e와 동일
...         print("Couldn't convert")
...
Couldn't convert
>>> items['append'](100)           # nums.append(100) 실행
>>> nums
[1, 2, 3, 4, 100]
>>>
```

프로그래밍을 처음 시작한 사람들은 파이썬에서는 모든 것이 1급이라는 사실을 올바르게 인식하지 못한다. 하지만 파이썬에서는 모든 것이 1급이기 때문에 매우 간결하고 유연한 코드를 작성할 수 있다.

예를 들어, "ACME, 100, 490.10"이라는 텍스트가 있을 때, 이것을 적절한 타입에 맞게 변환된 리스트 값으로 바꾸고 싶다고 하자. 다음 예제는 리스트 타입(1급 객체)을 생성하고, 몇 가지 간단한 리스트 처리 연산을 수행하여 이전의 문자열을 영리하게 변환하는 법을 보여준다.

```
>>> line = 'ACME,100,490.10'
>>> column_types = [str, int, float]
>>> parts = line.split(',')
>>> row = [ty(val) for ty, val in zip(column_types, parts)]
>>> row
['ACME', 100, 490.1]
>>>
```

사전(dictionary)에 함수나 클래스를 담는 것은 복잡한 if-elif-else 문을 없애려고 흔히 사용하는 방법이다. 예를 들어, 다음과 같은 코드가 있다고 하자.

```
if format == 'text':
    formatter = TextFormatter()
elif format == 'csv':
    formatter = CSVFormatter()
elif format == 'html':
    formatter = HTMLFormatter()
else:
    raise RuntimeError('Bad format')
```

이는 사전을 사용하여 다시 작성할 수 있다.

```
_formats = {
    'text': TextFormatter,
    'csv': CSVFormatter,
    'html': HTMLFormatter
}

if format in _formats:
    formatter = _formats[format]()
else:
    raise RuntimeError('Bad format')
```

후자의 방법은 if-elif-else 문 블록을 수정하지 않고, 사전에 더 많은 항목을 삽입해 새로운 사례를 추가할 수 있으므로 훨씬 유연하다.

4.7 선택 사항 또는 누락된 값에 대한 None 사용

때때로 프로그램은 선택 사항 또는 누락된 값을 표현해야 한다. None은 이러한 목적을 위한 특별한 인스턴스다. 명시적으로 값을 반환하지 않는 함수는 None을 반환한다. None은 또한 선택적인 인수의 기본값으로 자주 사용되므로, 함수는 호출자가 해당 인숫값을 실제로 전달했는지 감지할 수 있다. None은 속성이 없고 불리언 표현식에서 False로 평가된다.

내부적으로 None은 싱글톤(singleton)[20]으로 저장된다. 즉, 인터프리터에는 None 값이 하나만 있다. 따라서 None 값인지 테스트할 때는 다음과 같이 is 연산자를 사용한다.

```
if value is None:
    문장들
    ...
```

== 연산자를 사용해 None을 테스트해도 동작하긴 하지만 권장하지 않으며, 코드 검사 도구에서 스타일 오류로 표시된다.

4.8 객체 프로토콜과 데이터 추상화

파이썬 언어의 특징은 대부분 프로토콜로 정의된다는 데 있다. 다음 함수를 살펴보자.

```python
def compute_cost(unit_price, num_units):
    return unit_price * num_units
```

이제 스스로 질문해보자. 어떤 입력이 허용되는가? 대답은 믿을 수 없을 정도로 간단하다. 언뜻 이 함수는 숫자에만 적용할 수 있는 것처럼 보이지만, 모든 것이 허용된다!

```python
>>> compute_cost(1.25, 50)
62.5
>>>
```

보다시피 예상대로 동작한다. 하지만 이 함수는 훨씬 더 다양하게 동작한다. 분수나 소수 같은 특수한 숫자와 함께 이 함수를 사용할 수 있다.

```python
>>> from fractions import Fraction
>>> compute_cost(Fraction(5, 4), 50)
Fraction(125, 2)
>>> from decimal import Decimal
>>> compute_cost(Decimal('1.25'), Decimal('50'))
Decimal('62.50')
>>>
```

---

20 (옮긴이) 특정한 객체를 여러 곳에서 사용하려면 사용할 때마다 객체를 계속 만들어야 한다. 싱글톤은 하나만 만들어 모든 곳에서 사용할 수 있게 만드는 소프트웨어 기술이다.

그뿐 아니라 이 함수는 numpy 패키지에 포함된 배열 및 복잡한 구조와도 잘 동작한다. 다음은 그 예이다.

```
>>> import numpy as np
>>> prices = np.array([1.25, 2.10, 3.05])
>>> units = np.array([50, 20, 25])
>>> compute_cost(prices, units)
array([62.5 , 42.  , 76.25])
>>>
```

이 함수는 예기치 못한 방식으로 동작할 수도 있다.

```
>>> compute_cost('a lot', 10)
'a lota lota lota lota lota lota lota lota lota lot'
>>>
```

그러나 특정 타입의 조합은 동작하지 않는다.

```
>>> compute_cost(Fraction(5, 4), Decimal('50'))
Traceback (most recent call last):
  File "<stdin>", line 1, in <module>
  File "<stdin>", line 2, in compute_cost
TypeError: unsupported operand type(s) for *: 'Fraction' and 'decimal.Decimal'
>>>
```

정적 언어용 컴파일러와 달리 파이썬은 프로그램이 올바르게 동작할지 사전에 확인하지 않는다. 대신, 객체의 동작 방식은 '스페셜' 또는 '마법'의 메서드라 부르는 디스패치(dispatch, 동적으로 실행되는 메서드)[21]를 포함하는 동적 프로세스가 결정한다. 이러한 스페셜 메서드의 앞뒤에는 언제나 이중 밑줄(__)이 온다. 이 메서드는 인터프리터가 프로그램을 실행할 때, 자동으로 동작한다. 예를 들어, x * y 연산은 x.__mul__(y) 메서드로 수행된다. 이러한 메서드의 이름과 해당 연산자는 정해져 있다. 특정 객체의 동작 방식은 전적으로 객체가 구현한 스페셜 메서드에 따라 다르다.

다음 몇 개 절에서는 다양한 범주의 핵심 인터프리터 기능과 관련된 스페셜 메서드를 설명한다. 이러한 범주를 '프로토콜'이라 한다. 사용자가 정의한 클래스를 포함하여, 객체는 이러한 기능의 조합을 정의하여 객체가 여러 가지 방식으로 동작하도록 만들 수 있다.

---

21 (옮긴이) 디스패치는 실행 과정에서 호출 시 어떤 다형성(polymorphic) 구현을 선택할지 결정하는 프로세스이다. 자세한 내용은 다음에서 찾아볼 수 있다. *https://en.wikipedia.org/wiki/Dynamic_dispatch*

4.9 객체 프로토콜

표 4.1에 나와 있는 메서드는 객체를 전반적으로 관리하는 기능과 관련되어 있다. 이들은 객체 생성, 초기화, 파괴, 표현을 포함한다.

표 4.1 객체 관리를 위한 메서드

메서드	설명
__new__(cls [,*args [,**kwargs]])	새로운 인스턴스를 생성하기 위해 호출되는 정적 메서드
__init__(self [,*args [,**kwargs]])	생성된 후 새로운 인스턴스를 초기화하기 위해 호출됨
__del__(self)	인스턴스가 파괴될 때 호출됨
__repr__(self)	문자열 표현을 생성

__new__()와 __init__() 메서드는 인스턴스를 생성하고 초기화할 때 함께 사용된다. SomeClass(args)를 호출해 객체를 생성하면, 이 객체는 다음과 같은 단계로 변환된다.

```
x = SomeClass.__new__(SomeClass, args)
if isinstance(x, SomeClass):
    x.__init__(args)
```

일반적으로 이 단계들은 사용자가 호출하는 것이 아니라 객체를 생성했을 때 파이썬이 알아서 실행하므로, 사용자가 그런 변환에 대해 걱정할 필요는 없다. 클래스에서 가장 흔히 구현되는 메서드는 __init__()이다. __new__()를 사용하고 있다면 거의 대부분 인스턴스 생성과 관련된 고급 기법이 쓰이고 있음을 나타낸다(예를 들어, __new__()는 __init__()을 우회하려는 클래스 메서드에서 사용되거나 싱글톤 또는 캐싱과 같은 특정 생성 디자인 패턴에서 사용된다). __new__() 구현에서 반드시 해당 클래스의 인스턴스를 반환할 필요는 없다. 반환하지 않으면, 생성할 때 __init__()에 대한 후속 호출을 건너뛴다.

　__del__() 메서드는 인스턴스가 가비지 컬렉션될 때 호출된다. 이 메서드는 객체가 더 이상 사용되지 않을 때만 호출된다. del x 문은 객체의 참조 횟수를 감소시킬 뿐, 반드시 __del__() 함수의 호출로 이어지지 않는다. __del__()은 객체 파괴를 위한 추가적인 자원 관리 작업이 필요한 경우에만 정의된다.

　내장 repr() 함수로 호출되는 __repr__() 메서드는 디버깅과 출력에 유용한 객체의 문자열 표현을 생성한다. 또한 이 메서드는 대화형 인터프리터에서 변수를 살펴볼 때, 표시되는 값의 출력을 생성할 책임이 있다. __repr__()은 eval()을 사용하여 객체를 다시 생성할 수 있는 표현식 문자열을 반환하는 것이 관례다.

```
a = [2, 3, 4, 5]        # 리스트를 생성
s = repr(a)             # s = '[2, 3, 4, 5]'
b = eval(s)             # s를 리스트로 되돌림
```

문자열 표현식을 생성할 수 없다면, 다음과 같이 __repr__()에서 <...메시지...> 형태의 문자열을 반환하는 것이 관례다.

```
f = open('foo.txt')
a = repr(f)
# a = "<_io.TextIOWrapper name='foo.txt' mode='r' encoding='UTF-8'>
```

4.10 숫자 프로토콜

표 4.2는 객체에서 수학 연산을 지원하기 위해 반드시 구현해야 할 스페셜 메서드들이다.

표 4.2 수학 연산을 위한 메서드

메서드	연산
__add__(self, other)	self + other
__sub__(self, other)	self − other
__mul__(self, other)	self * other
__truediv__(self, other)	self / other
__floordiv__(self, other)	self // other
__mod__(self, other)	self % other
__matmul__(self, other)	self @ other
__divmod__(self, other)	divmod(self, other)
__pow__(self, other [, modulo])	self ** other, pow(self, other, modulo)
__lshift__(self, other)	self << other
__rshift__(self, other)	self >> other
__and__(self, other)	self & other
__or__(self, other)	self | other
__xor__(self, other)	self ^ other

__radd__(self, other)	other + self
__rsub__(self, other)	other − self
__rmul__(self, other)	other * self
__rtruediv__(self, other)	other / self
__rfloordiv__(self, other)	other // self
__rmod__(self, other)	other % self
__rmatmul__(self, other)	other @ self
__rdivmod__(self, other)	divmod(other, self)
__rpow__(self, other)	other ** self
__rlshift__(self, other)	other << self
__rrshift__(self, other)	other >> self
__rand__(self, other)	other & self
__ror__(self, other)	other | self
__rxor__(self, other)	other ^ self
__iadd__(self, other)	self += other
__isub__(self, other)	self −= other
__imul__(self, other)	self *= other
__itruediv__(self, other)	self /= other
__ifloordiv__(self, other)	self //= other
__imod__(self, other)	self %= other
__imatmul__(self, other)	self @= other
__ipow__(self, other)	self **= other
__iand__(self, other)	self &= other
__ior__(self, other)	self |= other
__ixor__(self, other)	self ^= other
__ilshift__(self, other)	self <<=other
__irshift__(self, other)	self >>=other
__neg__(self)	−self
__pos__(self)	+self
__invert__(self)	~self
__abs__(self)	abs(self)

(다음 쪽에 이어짐)

`__round__(self, n)`	`round(self, n)`
`__floor__(self)`	`math.floor(self)`
`__ceil__(self)`	`math.ceil(self)`
`__trunc__(self)`	`math.trunc(self)`

x + y와 같은 표현식을 만나면 인터프리터는 이 연산을 수행하기 위해 x.__add__ (y) 또는 y.__radd__(x) 메서드를 호출한다. 처음에는 모든 경우에 x.__add__(y) 를 시도한다. 한 가지 예외는 y가 x의 자식 타입인 특별한 경우다. 이 경우에는 y.__radd__(x)를 먼저 실행한다. 처음 시도한 메서드가 `NotImplemented`를 반환하며 실패하면, y.__radd__(x)와 같이 반대 피연산자를 사용해 연산을 시도한다. 두 번째 시도도 실패하면 전체 연산은 실패한다. 다음 예를 살펴보자.

```
>>> a = 42       # int
>>> b = 3.7      # float
>>> a.__add__(b)
NotImplemented
>>> b.__radd__(a)
45.7
>>>
```

이 예제가 놀랍게 보일 수 있지만 정수는 부동 소수점 수에 대해 아무것도 모른다는 사실을 보여준다. 그러나 부동 소수점 수는 정수에 대해 알고 있다. 정수는 수학적으로 특별한 종류의 부동 소수점 수이기 때문이다. 따라서 반대 피연산자는 올바른 정답을 생성한다.

__iadd__(), __isub__()와 같은 메서드는 a += b나 a -= b와 같은 제자리 산술 연산자(확장 대입(augmented assignment)이라고 부른다)를 지원하는 데 사용된다. 이러한 연산자는 사용자 정의 또는 성능 최적화 등에서 그 구현을 달리하도록 보통의 산술 연산자와 구별하고 있다. 객체가 공유되어 있지 않다면, 결괏값을 할당하기 위해 새 객체를 만들 필요 없이 객체에서 값을 직접 수정할 수 있다. 제자리 연산이 정의되어 있지 않다면, a += b와 같은 연산은 a = a + b로 평가된다.

논리 연산자 and, or, not의 동작 방식을 정의하는 메서드는 없다. and와 or는 최종 결과가 이미 결정되면 평가를 중단하는 단축 평가(short-circuit evaluation)로 구현되어 있다. 다음은 한 예이다.

```
>>> True or 1/0     # 1/0을 평가하지 않음
True
>>>
```

평가되지 않은 하위 표현식(subexpression)을 포함하는 이런 동작 방식은 일반
함수나 메서드의 평가 규칙을 사용하여 표현할 수 없다. 따라서 이를 다시 정의
하기 위한 프로토콜이나 방법은 없다. 대신 파이썬 자체의 구현 안에서 특수한
경우로 처리된다.

4.11 비교 프로토콜

객체는 다양한 방법으로 비교할 수 있다. 가장 기본적인 비교는 a is b와 같이
is 연산자를 사용한 고윳값 확인(identity check)이다. 고윳값 확인은 객체에 저
장된 값을 비교하는 게 아니다. 서로 저장된 값이 같아 보여도 고윳값은 다를 수
있다. 다음 예를 보자.

```
>>> a = [1, 2, 3]
>>> b = a
>>> a is b
True
>>> c = [1, 2, 3]
>>> a is c
False
>>>
```

is 연산자는 재정의할 수 없는 파이썬 언어의 일부분이다. 객체 비교를 위한 다
른 메서드는 표 4.3의 메서드로 모두 구현된다.

표 4.3 인스턴스 비교와 해싱을 위한 메서드

메서드	설명
__bool__(self)	진릿값 검사를 위해 False나 True를 반환
__eq__(self, other)	self == other
__ne__(self, other)	self != other
__lt__(self, other)	self < other
__le__(self, other)	self <= other
__gt__(self, other)	self > other
__ge__(self, other)	self >= other
__hash__(self)	정수 해시 인덱스를 계산

__bool__() 메서드가 정의되어 있다면, 이 메서드는 객체가 조건 또는 조건 표현식의 일부로 테스트될 때 진릿값을 결정하게 된다. 다음은 그 예이다.

```python
if a:              # a.__bool__()을 실행
    ...
else:
    ...
```

__bool__() 메서드가 정의되어 있지 않다면, __len__() 메서드가 대비책으로 사용된다. __bool__()과 __len__() 둘 다 정의되어 있지 않다면, 객체는 True로 간주된다.

　　__eq__() 메서드는 == 및 != 연산자와 함께 기본 동등성(equality)을 결정할 때 사용된다. __eq__()의 기본 구현은 is 연산자를 사용하여 고윳값으로 객체를 비교한다. __ne__ 메서드가 정의되어 있다면 != 를 구현하는 데 사용할 수 있지만, 일반적으로 __eq__()가 정의되어 있다면 필요하지 않다.

　　순서 매기기(ordering)는 __lt__() 및 __gt__()와 같은 메서드에서 사용되는 관계 연산자(<, >, <=, >=)로 결정된다. 다른 수학 연산과 마찬가지로 평가 규칙은 미묘하다. 인터프리터는 a < b를 평가하기 위해 b가 a의 자식 타입인 경우를 제외하고, 먼저 a.__lt__(b) 메서드를 실행한다. 이 메서드가 정의되어 있지 않거나 NotImplemented를 반환한다면, 인터프리터는 b.__gt__(a)를 호출하여 역 비교(reversed comparison)를 시도한다. <= 및 >=와 같은 연산자에도 유사한 규칙이 적용된다. 예를 들어, <= 평가는 먼저 a.__le__(b)를 실행하고, 구현되지 않았으면 b.__ge__(a)를 시도한다.

　　각각의 비교 메서드는 두 개의 인수를 받아, 불리언 값, 리스트 또는 파이썬에서 제공하는 여타 타입을 비롯해 어떤 종류의 값도 반환하는 것이 허용된다. 예를 들어 수치 패키지에서 두 행렬을 요소별로 비교(element-wise comparison)하고 그 결과를 행렬로 반환할 때, 비교 메서드를 사용할 수 있다. 비교할 수 없는 경우, 메서드는 내장 객체 NotImplemented를 반환해야 한다. 이는 NotImplementedError 예외와 동일하지는 않다. 다음 예를 살펴보자.

```python
>>> a = 42        # 정수
>>> b = 52.3      # 부동 소수점 수
>>> a.__lt__(b)
NotImplemented
>>> b.__gt__(a)
True
>>>
```

순서가 있는 객체가 표 4.3의 비교 연산을 모두 구현할 필요는 없다. 객체를 정렬하거나 min() 또는 max()와 같은 함수를 사용하려 한다면, __lt__()를 최소한으로 정의해야 한다. 사용자 정의 클래스에서 비교 연산자를 추가하는 경우, functools 모듈의 @total_ordering 클래스 데코레이터(decorator, 장식자)[22]가 좀 더 유용할 수 있다. 이 데코레이터는 최소한 __eq__()와 다른 비교 메서드 중 하나만 구현해도, 비교 메서드를 모두 생성할 수 있다.

  __hash__() 메서드는 집합에 추가되거나 매핑(사전)에서 키로 사용되는 인스턴스에서 정의된다. 이 함수의 반환값은 정수이며, 같다고 비교되는 두 인스턴스에서는 같은 값이어야 한다. 더욱이 __eq__()는 __hash__()와 함께 정의되어야 하는데, 두 메서드가 함께 동작하기 때문이다. __hash__()에서 반환된 값은 일반적으로 다양한 데이터 구조의 내부 구현 상세 정보로 사용된다. 하지만 서로 다른 객체가 같은 해시값을 가질 수 있다. 그래서 잠재적 충돌(collision)을 해결하기 위해 __eq__() 메서드가 필요하다.

4.12 변환 프로토콜

때로는 객체를 문자열 또는 숫자와 같은 내장 타입으로 변환해야 한다. 표 4.4는 이러한 목적을 위해 정의된 메서드이다.

표 4.4 변환을 위한 메서드

메서드	설명
__str__(self)	문자열로 변환
__bytes__(self)	바이트로 변환
__format__(self, format_spec)	포맷된 표현식을 생성
__bool__(self)	bool(self)
__int__(self)	int(self)
__float__(self)	float(self)
__complex__(self)	complex(self)
__index__(self)	정수 인덱스 [self]로 변환

---

[22] (옮긴이) 데코레이터는 함수를 받아 처리한 후 다른 함수의 형태로 반환하는 함수이다. 데코레이터와 관련된 자세한 내용은 5장 함수에서 설명한다.

__str__() 메서드는 내장 함수 str() 또는 출력과 관련된 함수에서 호출된다. __format__() 메서드는 format() 함수 또는 문자열의 format() 메서드로 호출된다. format_spec 인수는 포맷 지정자(format specification)를 담는 문자열이다. 이 문자열은 format() 함수의 format_spec 인수와 동일하다. 다음은 그 예이다.

```
f'{x:spec}'                    # x.__format__('spec')을 호출
format(x, 'spec')              # x.__format__('spec')을 호출
'x is {0:spec}'.format(x)      # x.__format__('spec')을 호출
```

포맷 지정자 문법은 고정된 것이 아니며 객체마다 다르게 정의할 수 있다. 하지만 내장 타입에 사용되는 표준 변환 규칙이 있다. 지정자(specifier)에 대한 일반 형식을 포함하여, 문자열 포매팅에 대한 자세한 내용은 9장에서 다루도록 한다.

__bytes__() 메서드는 인스턴스가 bytes()에 전달되는 경우, 바이트 표현을 생성할 때 사용된다.

수치 변환 메서드 __bool__(), __int__(), __float__(), __complex__()는 내장 타입과 일치하는 값을 생성할 것으로 예상된다.

파이썬은 이러한 메서드를 이용하여 암묵적인 타입 변환을 수행하지 않는다. 따라서 객체 x가 __int__() 메서드를 구현하더라도, 표현식 3 + x는 여전히 TypeError를 생성한다. __int__()를 실행하는 유일한 방법은 명시적으로 int() 함수를 사용하는 것이다.

__index__() 메서드는 정숫값을 요구하는 연산에서 사용할 때 객체의 정수 변환을 수행한다. 여기에는 시퀀스 연산의 인덱싱이 포함된다. 예를 들어, items가 리스트여서 items[x]와 같은 연산을 수행하는 경우, x가 정수가 아니더라도 items[x.__index__()]를 실행하려 시도할 것이다. __index__()는 oct(x) 및 hex(x)와 같은 다양한 진수 변환에도 사용된다.

4.13 컨테이너 프로토콜

표 4.5에 나와 있는 메서드는 리스트, 사전, 집합 등과 같은 다양한 종류의 컨테이너를 구현하려는 객체에서 사용된다.

표 4.5 컨테이너를 위한 메서드

메서드	설명
__len__(self)	self의 길이를 반환
__getitem__(self, key)	self[key]를 반환
__setitem__(self, key, value)	self[key] = value 설정
__delitem__(self, key)	self[key]를 삭제
__contains__(self, obj)	obj in self

다음은 한 예이다.

```
a = [1,2,3,4,5,6]
len(a)                    # a.__len__()
x = a[2]                  # x = a.__getitem__(2)
a[1] = 7                  # a.__setitem__(1,7)
del a[2]                  # a.__delitem__(2)
5 in a                    # a.__contains__(5)
```

__len__() 메서드는 내장 함수 len()으로 호출되며, 음이 아닌 길이를 반환한다. 이 함수는 __bool__() 함수가 정의되어 있지 않은 경우, 진릿값을 결정하기 위해서도 사용된다.

　개별 항목에 접근할 때, __getitem__() 메서드는 키로 항목을 찾아 반환한다. 키는 어떤 파이썬 객체도 될 수 있지만, 리스트나 배열과 같은 순서가 있는 시퀀스에서는 보통 정수가 쓰인다. __setitems__() 메서드는 요소에 값을 할당한다. __delitem__() 메서드는 단일 요소에 del 연산을 적용할 때마다 호출된다. __contains__() 메서드는 in 연산자를 구현하는 데 사용된다.

　x = s[i:j]와 같은 슬라이스 연산도 __getitem__(), __setitem__(), __delitem__()으로 구현된다. 슬라이스 연산에서는 특수한 슬라이스 인스턴스가 키로 전달된다. 이 인스턴스에는 요청된 슬라이스의 범위를 설명하는 속성이 있다. 다음 예를 보자.

```
a = [1,2,3,4,5,6]
x = a[1:5]                # x = a.__getitem__(slice(1,5,None))
a[1:3] = [10,11,12]       # a.__setitem__(slice(1,3,None), [10,11,12])
del a[1:4]                # a.__delitem__(slice(1,4,None))
```

파이썬의 슬라이스 기능은 실제로 많은 프로그래머가 생각하는 것보다 더 강력하다. 예를 들어 다음에 나오는 다양한 종류의 확장 슬라이스를 모두 지원하며, 행렬이나 배열 같은 다차원 데이터 구조를 다룰 때도 유용하게 쓰인다.

```
a = m[0:100:10]              # 간격 슬라이스(stride=10)
b = m[1:10, 3:20]           # 다차원 슬라이스
c = m[0:100:10, 50:75:5]    # 간격 다차원 슬라이스
m[0:5, 5:10] = n            # 확장 슬라이스 대입
del m[:10, 15:]            # 확장 슬라이스 삭제
```

확장 슬라이스에서 각 차원의 일반적인 형식은 i:j[:stride]이며, stride는 생략할 수 있다. 보통의 슬라이스에서는 슬라이스 각 부분의 시작이나 끝값을 생략할 수 있다.

줄임표(Ellipsis, ...로 씀)는 확장 슬라이스에서 임의의 개수가 앞 또는 뒤 영역에 있다는 것을 표시할 때 사용된다.

```
a = m[..., 10:20]     # Ellipsis를 사용한 확장 슬라이스
m[10:20, ...] = n
```

확장 슬라이스를 사용할 때, __getitem__(), __setitem__(), __delitem__() 메서드는 각각 접근, 수정, 삭제를 구현한다. 그러나 이 메서드에 전달되는 값은 정수가 아니라 슬라이스나 Ellipsis 객체를 조합한 튜플이다. 다음은 그 예이다.

```
a = m[0:10, 0:100:5, ...]
```

이 코드는 다음과 같이 __getitem__()을 호출한다.

```
a = m.__getitem__((slice(0,10,None), slice(0,100,5), Ellipsis))
```

파이썬의 문자열, 튜플, 리스트는 확장 슬라이스의 일부 기능을 지원한다. 파이썬 또는 표준 라이브러리의 어떤 부분도 다차원 슬라이싱(multidimensional slicing) 또는 줄임표를 사용하지 않는다. 이러한 기능은 서드파티 라이브러리와 프레임워크용으로만 사용하도록 되어 있다. numpy와 같은 라이브러리에서 이를 자주 볼 수 있다.

4.14 반복 프로토콜

특정 인스턴스 obj가 반복을 지원하면, obj는 이터레이터(iterator)를 반환하는 obj.__iter__() 메서드를 제공한다. iter 이터레이터는 그다음으로 단일 메서드 iter.__next__()를 구현하는데, 이 메서드는 다음 객체를 반환하거나 반복의 끝을 알리는 StopIteration 예외를 일으킨다.

이 메서드는 for 문의 구현뿐만 아니라 암묵적으로 반복을 수행하는 다른 연산을 구현할 때 사용된다. 예를 들어, for x in s 문은 다음에 나오는 예제와 동일한 단계를 수행한다.

```
_iter = s.__iter__()
while True:
    try:
        x = _iter.__next__()
    except StopIteration:
        break
    # for 루프 본문에 있는 문장들을 실행
    ...
```

객체가 __reversed__() 스페셜 메서드를 구현하는 경우, 선택적으로 역방향 이터레이터(reversed iterator)를 제공할 수 있다. 이 메서드는 일반 이터레이터와 같은 인터페이스(반복이 끝날 때 StopIteration을 일으키는 __next__() 메서드)가 있는 이터레이터 객체를 반환해야 한다. 이 메서드는 내장 reversed() 함수에 의해 사용된다. 다음 예를 살펴보자.

```
>>> for x in reversed([1,2,3]):
...     print(x)
3
2
1
>>>
```

반복을 위한 일반적인 구현 기술은 yield[23]를 포함하는 제너레이터를 사용하는 것이다. 다음은 한 예이다.

---

23 (옮긴이) 제너레이터라 불리는 객체를 정의할 때 사용된다. 제너레이터와 관련된 자세한 내용은 6장을 참조한다.

```
class FRange:
    def __init__(self, start, stop, step):
        self.start = start
        self.stop = stop
        self.step = step

    def __iter__(self):
        x = self.start
        while x < self.stop:
            yield x
            x += self.step

nums = FRange(0.0, 1.0, 0.1)
for x in nums:
    print(x)        # 0.0, 0.1, 0.2, 0.3, ...
```

이 예제 코드는 제너레이터가 반복 프로토콜 자체를 준수하기 때문에 동작한다. 이 방법으로 제너레이터를 구현하는 것이 조금 더 쉬운데, __iter__() 메서드만 고려하면 되기 때문이다. 반복의 나머지 부분은 제너레이터에서 담당한다.

4.15 속성 프로토콜

표 4.6에 나와 있는 메서드는 속성(.) 연산자나 del 연산자를 사용해서 객체의 속성을 읽거나 쓰거나 삭제할 때 사용한다.

표 4.6 속성 접근을 위한 메서드

메서드	설명
__getattribute__(self, name)	self.name 속성을 반환
__getattr__(self, name)	__getattribute__()로 찾을 수 없는 경우, self.name 이 속성을 반환
__setattr__(self, name, value)	self.name = value 속성을 설정
__delattr__(self, name)	del self.name 속성을 삭제

속성에 접근할 때마다 __getattribute__() 메서드가 호출된다. 해당 속성을 찾으면 해당하는 값이 반환된다. 그렇지 않은 경우, __getattr__() 메서드가 호출된다. __getattr__()의 기본 동작 방식은 AttributeError 예외를 일으키는 것이다. __setattr__() 메서드는 속성을 설정할 때마다 항상 호출되고, __delattr__() 메서드는 속성을 삭제할 때마다 항상 호출된다.

이러한 메서드를 사용하면 타입에서 모든 속성에 대한 속성 접근을 완전히 다시 정의할 수 있다는 점에서 상당히 두루뭉술(blunt)하다. 사용자 정의 클래스에서는 속성 접근을 더욱 세밀하게 제어할 수 있는 속성 및 디스크립터 (descriptor, 기술자)[24]를 정의할 수 있다. 이와 관련된 내용은 7장에서 더 다루도록 한다.

4.16 함수 프로토콜

객체는 __call__() 메서드로 함수를 흉내 낼 수 있다. 객체 x가 이 메서드를 제공하면 함수처럼 호출이 가능하다. 즉, x(arg1, arg2, ...)는 x.__call__(arg1, arg2, ...)를 호출한다.

함수 호출을 지원하는 많은 내장 타입이 있다. 예를 들어 타입은 __call__() 을 구현하여 새로운 인스턴스를 생성한다. 바운드 메서드(bound method)[25] 는 __call__()을 구현하여, self 인수를 인스턴스 메서드에 전달한다. functools. partial()과 같은 라이브러리 함수 또한 함수를 흉내 내는 객체를 생성한다.

4.17 컨텍스트 관리자 프로토콜

with 문은 컨텍스트 관리자(context manager)로 알려진 인스턴스의 제어 안에서 일련의 문장을 실행할 때 사용한다. 일반적인 문법은 다음과 같다.

```
with context [ as 변수 ]:
    문장들
```

이 예제의 context 객체는 표 4.7에 나와 있는 메서드를 구현해야 한다.

표 4.7 컨텍스트 관리자를 위한 메서드

메서드	설명
__enter__(self)	새로운 컨텍스트에 진입할 때 호출됨. 반환값은 with 문에서 'as' 지정자로 나열된 변수에 배치됨
__exit__(self, type, value, tb)	컨텍스트를 종료할 때 호출됨. 예외가 발생하면 type, value, tb에는 각각 예외 타입, 예욋값, 역추적 정보가 포함됨

24 (옮긴이) 디스크립터는 속성 접근을 관리하는 클래스 수준 객체이다. 디스크립터에 대한 자세한 내용은 7장에서 설명한다.
25 (옮긴이) 바운드 메서드는 'self'를 첫 번째 입력 인수로 구현한 메서드이다. 바운드 메서드에 대한 자세한 설명은 7장에서 설명한다.

__enter__() 메서드는 with 문을 실행할 때 호출된다. 이 메서드에서 반환하는 값은 선택적으로 as var 형식으로 지정된 변수에 담긴다. __exit__() 메서드는 제어 흐름이 with 문과 연관된 문장 블록을 벗어날 때 호출된다. __exit__()는 예외가 발생하게 되면, 현재의 예외 타입, 값, 역추적 정보를 인수로 넘겨받는다. 만약 어떠한 에러도 발생하지 않는다면, 세 값 모두 None으로 설정된다. __exit__() 메서드는 발생한 예외가 처리되었는지 아닌지 알려주기 위해 True 혹은 False를 반환해야 한다. True를 반환하면 보류 중인 예외가 삭제되고, 프로그램 실행이 with 블록 다음의 첫 번째 문장에서 정상적으로 계속된다.

컨텍스트 관리 인터페이스의 주된 용도는 열린 파일, 네트워크 연결 및 락(lock)과 같은 시스템 상태와 관련된 객체에게 단순한 자원 제어(resource control) 기능을 제공하기 위해서다. 이 인터페이스를 구현하면, 사용하고 있는 컨텍스트에서 실행을 종료할 때 객체는 안전하게 자원을 정리할 수 있다. 자세한 내용은 3장에서 살펴볼 수 있다.

4.18 파이써닉한 파이썬

흔히 인용되는 설계 목표는 '파이썬답게(Pythonic)' 코드를 작성하는 것이다. 이는 여러 가지 뜻으로 쓰일 수 있지만, 기본적으로 파이썬에서 널리 사용되는 파이썬의 관용 표현을 따르도록 권장하는 것이다. 이는 컨테이너, 반복 가능한 객체, 자원 관리 등과 같은 파이썬 프로토콜을 알고 있다는 것을 의미한다. 파이썬에서 널리 사용되는 프레임워크가 이러한 프로토콜을 사용하여 사용자에게 좋은 경험을 제공해준다. 여러분도 이를 사용하기 위해 노력해야 한다.

여러 프로토콜 중 세 가지 프로토콜은 널리 사용되기 때문에 특별히 주목해야 한다. 첫째, __repr__() 메서드를 사용하여 적절한 객체 표현을 만드는 것이다. 파이썬 프로그램은 종종 대화형 REPL에서 디버깅되고 실험된다. 또한 print() 또는 로깅 라이브러리[26]를 사용하여 객체를 출력하는 것이 일반적이다. 객체의 상태를 쉽게 관찰할 수 있으면 모든 것이 쉬워진다.

둘째, 데이터 반복은 가장 일반적인 프로그래밍 작업 중 하나다. 반복을 수행하려면 파이썬의 for 문과 함께 작성해야 한다. 파이썬의 많은 핵심 부분과 표준 라이브러리는 반복 가능한 객체와 함께 동작하도록 설계되어 있다. 일반적인 방

---

26 (옮긴이) 대표적으로 표준 라이브러리인 logging이 있다.

식으로 반복을 지원하면 상당한 양의 추가 기능을 자동으로 얻게 되고, 다른 프로그래머도 쉽게 알아볼 수 있다.

마지막으로 컨텍스트 관리자와 with 문을 일종의 시작과 해제 단계(예를 들어, 자원을 열거나 닫을 때, 락을 획득하거나 해제할 때, 구독(subscribe) 및 구독 취소 등과 같이) 사이에 끼워 넣는 프로그래밍 패턴으로 자주 사용하자.

5장

PYTHON DISTILLED

함수

함수는 파이썬 프로그램에서 기본 빌딩 블록이다. 이 장에서는 함수 정의, 함수 응용 프로그램, 유효 범위 규칙(scoping rule), 클로저(closure), 데코레이터 (decorator), 기타 함수형 프로그래밍의 기능을 설명한다. 함수와 관련된 다양한 프로그래밍 관용 표현(programming idioms), 평가 모델, 패턴 등에 특히 주의를 기울여 설명하려 한다.

5.1 함수 정의

함수는 def 문으로 정의한다.

```
def add(x, y):
    return x + y
```

함수 정의에서 첫 번째 부분은 함수 이름과 입력값을 표현하는 매개변수 이름들을 지정한다. 함수의 본문은 함수가 호출되거나 적용될 때 실행되는 일련의 문장이다. a = add(3, 4)와 같이 함수 이름 뒤에 괄호로 둘러싸인 인수를 작성하여 함수를 사용한다. 인수는 함수 본문을 실행하기 전에 왼쪽에서 오른쪽으로 완전하게 평가된다. 예를 들어, add(1+1, 2+2)는 함수를 호출하기 전에 먼저 add(2, 4)로 변경된다. 이를 적용 평가 순서(applicative evaluation order)라 한다. 인수의 순서와 개수는 함수에서 정의한 매개변수와 반드시 일치해야 한다. 일치하지 않을 경우, TypeError 예외가 발생한다. 함수를 호출하는 구조(예: 필요한 인수의 개수)를 함수의 호출 서명(function's call signature)이라 한다.

5.2 기본 인수

다음 예와 같이 함수 정의에서 값을 할당하여 함수 매개변수에 기본값(default value)을 지정할 수 있다.

```python
def split(line, delimiter=','):
    문장들
```

함수에서 기본값을 지니는 매개변수를 정의하면, 그 매개변수와 뒤에 따라오는 매개변수는 모두 생략할 수 있다. 기본값이 있는 매개변수 다음에 기본값이 없는 매개변수를 지정할 수 없다.

기본 매개변수 값은 매번 함수를 호출할 때마다 평가되는 게 아니라, 함수를 처음 정의할 때 한 번만 평가된다. 변경 가능한 객체를 기본값으로 지정할 경우 의도치 않은 결과를 얻을 수 있다.

```python
def func(x, items=[]):
    items.append(x)
    return items

func(1)      # [1] 반환
func(2)      # [1, 2] 반환
func(3)      # [1, 2, 3] 반환
```

이 코드에서 기본 인수가 이전 호출에서 변경한 내용을 유지하는 데 주목하자. 이를 방지하려면, 기본값을 None으로 지정하고 다음과 같이 검사를 덧붙이는 것이 좋다.

```python
def func(x, items=None):
    if items is None:
        items = []
    items.append(x)
    return items
```

일반적으로 이러한 문제를 피하기 위해서는 변경 불가능한 객체를 기본 인숫값 (숫자, 문자열, 불리언, None 등)으로 사용하는 게 좋다.

5.3 가변 길이 인수

다음 예와 같이 마지막 매개변수 이름 앞에 별표(*)를 추가하면 함수는 여러 개의 인수를 받을 수 있다.

```
def product(first, *args):
    result = first
    for x in args:
        result = result * x
    return result

product(10, 20)      # -> 200
product(2, 3, 4, 5)  # -> 120
```

이 코드에서, 남아 있는 인수는 모두 튜플 형태로 args 변수에 저장되고, 표준 시퀀스 연산(반복, 슬라이스, 언패킹 등)을 사용하여 인수와 함께 작업할 수 있다.

5.4 키워드 인수

함수 인수를 전달할 때 각 매개변수의 이름과 값을 직접 지정할 수 있다. 이러한 인수를 키워드 인수(keyword argument)라 한다. 다음 예를 살펴보자.

```
def func(w, x, y, z):
    문장들

# 키워드 인수 호출
func(x=3, y=22, w='hello', z=[1, 2])
```

각각의 필수 매개변수들이 하나의 값을 갖고 있다면, 키워드 인수에서 인수의 순서는 중요하지 않다. 필수 매개변수가 누락되거나 키워드의 이름이 함수에서 정의한 매개변수의 이름 그 어느 것과도 일치하지 않을 경우에 TypeError 예외가 발생한다. 키워드 인수는 함수 호출에서 지정한 순서대로 평가된다.

위치 인수(positional argument)와 키워드 인수는 동일한 함수 호출에서 함께 사용할 수 있는데, 단, 위치 인수가 먼저 나와야 한다. 그리고 생략이 불가능한 인수는 값을 지정해야 하며, 두 개 이상의 값을 받는 인수 또한 없어야 한다. 다음 예를 보자.

```
func('hello', 3, z=[1, 2], y=22)
func(3, 22, w='hello', z=[1, 2])    # TypeError. w에 여러 값을 지정함
```

특정 상황에서 키워드 인수 사용을 강제할 수 있다. 이 작업은 별표(*) 인수 뒤에 매개변수를 나열하거나 함수 정의에서 단일 별표(*)를 포함하여 수행하면 된다. 다음은 그 예이다.

```python
def read_data(filename, *, debug=False):
    ...

def product(first, *values, scale=1):
    result = first * scale
    for val in values:
        result = result * val
    return result
```

이 예에서 read_data() 함수의 debug 인수는 키워드로만 지정할 수 있다. 이 제약은 코드 가독성(code readability)을 높인다.

```python
data = read_data('Data.csv', True)          # 실패. TypeError
data = read_data('Data.csv', debug=True)    # 성공.
```

product() 함수는 임의 개수의 위치 인수와 생략 가능한 키워드 전용 인수를 받아들인다. 다음은 그 예이다.

```python
result = product(2,3,4)                       # result = 24
result = product(2,3,4, scale=10)            # result = 240
```

5.5 가변 길이 키워드 인수

함수 정의에서 마지막 인수의 이름이 **로 시작할 경우, 추가 키워드 인수(다른 매개변수의 이름과 일치하지 않는 인수)는 모두 사전(dictionary)에 저장되어 함수로 전달된다. 이 사전의 항목 순서는 제공된 키워드 인수의 순서와 동일하다.

가변 길이 키워드 인수는 매개변수로 모두 나열하기 어려운 많은 수의 개방형 구성 옵션(configuration option), 인수의 개수가 정의되지 않은 상황을 허용하는 함수를 정의할 때 유용할 수 있다. 다음 예제를 보자.

```python
def make_table(data, **parms):
    # parms(사전 타입)로부터 구성 옵션을 가져옴
    fgcolor = parms.pop('fgcolor', 'black')
    bgcolor = parms.pop('bgcolor', 'white')
    width = parms.pop('width', None)
    ...
    # 옵션이 더 존재하지 않음
```

```
    if parms:
        raise TypeError(f'Unsupported configuration options {list(parms)}')

make_table(items, fgcolor='black', bgcolor='white', border=1,
               borderstyle='grooved', cellpadding=10,
               width=400)
```

사전의 pop() 메서드는 사전에서 항목을 제거하며, 값이 정의되어 있지 않으면 기본값을 반환한다. 이 코드에서 사용된 parms.pop('fgcolor', 'black') 표현식은 기본값이 지정된 키워드 인수의 동작 방식을 흉내 낸다.

5.6 인수를 모두 받아들이는 함수

*와 **를 둘 다 사용하여 인수의 조합을 모두 받아들이는 함수를 작성할 수 있다. 위치 인수는 튜플로, 키워드 인수는 사전으로 전달된다. 다음 예를 살펴보자.

```
# 가변 길이를 가진 위치 또는 키워드 인수를 받아들임
def func(*args, **kwargs):
    # args는 위치 인수 튜플
    # kwargs는 키워드 인수 사전
    ...
```

*args와 **kwargs의 조합은 일반적으로 래퍼(wrappers), 데코레이터(decorators), 프록시(proxies) 및 유사 함수를 작성할 때 주로 사용된다. 다음 코드와 같이 반복 가능한 객체에서 가져온 텍스트 줄을 분석하는 함수가 있다고 하자.

```
def parse_lines(lines, separator=',', types=(), debug=False):
    for line in lines:
        ...
        문장들
        ...
```

이제 filename으로 지정된 파일에서 데이터를 분석하는 특수한 목적의 함수를 작성한다고 하자. 이를 위해 다음과 같이 작성할 수 있다.

```
def parse_file(filename, *args, **kwargs):
    with open(filename, 'rt') as file:
        return parse_lines(file, *args, **kwargs)
```

이 접근 방식의 장점은 parse_file() 함수가 parse_lines()의 인수에 관해 알 필요가 없다는 점이다. 호출자가 제공하는 추가 인수를 받아들이고, 차례로 넘겨주면 된다. 또한 이런 접근 방식은 parse_file() 함수의 유지보수를 단순하게 해준다. 예를 들어, 새 인수가 parse_line()에 추가되면, 해당 인수는 parse_file() 함수에도 마법과 같이 자연스럽게 적용된다.

5.7 위치 전용 인수

다수의 파이썬 내장 함수가 위치 인수만 받아들인다. 다양한 도움말 유틸리티나 IDE에서 표시되는 함수 호출 서명에 슬래시(/)가 있는 것을 볼 수 있을 것이다. 예를 들면, func(x, y, /)와 같은 것이다. 이는 슬래시 앞에 있는 인수는 모두 위치로만 지정되어야 한다는 것을 의미한다. 따라서, func(2, 3)으로는 호출할 수 있지만, func(x=2, y=3)으로는 호출할 수 없다. 함수를 정의할 때 작성자의 의도를 명확히 하기 위해 이러한 문법을 사용한다. 예를 들어 다음 코드와 같이 작성할 수 있다.

```python
def func(x, y, /):
    pass

func(1, 2)      # 성공
func(1, y=2)    # 실패(에러)
```

이러한 함수 정의 형식은 파이썬 3.8에서 처음 지원되었으므로 많이 볼 수 없었을 것이다. 하지만 인수 간의 잠재적인 이름 충돌을 방지하는 데 유용한 방법이 된다. 다음 코드를 살펴보자.

```python
import time

def after(seconds, func, /, *args, **kwargs):
    time.sleep(seconds)
    return func(*args, **kwargs)

def duration(*, seconds, minutes, hours):
    return seconds + 60 * minutes + 3600 * hours

after(5, duration, seconds=20, minutes=3, hours=2)
```

이 코드에서는 seconds가 키워드 인수로 전달되지만, after()로 전달되는 duration 함수와 함께 사용하려는 의도가 있다. after()에서 위치 전용 인수를 사용하면, 처음 나타나는 seconds 인수와 이름이 충돌되는 것을 방지할 수 있다.

5.8 함수 이름, 문서화 문자열, 타입 힌트

함수의 이름을 정하는 규칙, 즉 이름 규약(name convention)은 소문자로 작성함과 동시에 밑줄(_)을 단어 구분 기호로 사용하는 것이다. 예를 들면 readData()가 아닌 read_data()로 작성한다. 함수가 내부적으로 도움 역할을 할 뿐 외부에서 직접 사용되지 않을 경우, 하나의 밑줄로 시작한다. 예를 들어 _helper()와 같이 작성한다. 하지만 이는 관례적일 뿐 유효한 식별자(identifier)로 작성하는 한, 이름은 마음대로 지정할 수 있다.

함수 이름은 __name__ 속성을 통해 얻을 수 있으며 디버깅할 때 유용하다.

```
>>> def square(x):
...     return x * x
...
>>> square.__name__
'square'
>>>
```

함수의 첫 번째 문장은 주로 함수의 사용법을 설명하는 문서화 문자열(documentation string)인 경우가 많다. 다음 예를 보자.

```
def factorial(n):
    '''
    n 계승(factorial)을 계산.
    >>> factorial(6)
    720
    >>>
    '''
    if n <= 1:
        return 1
    else:
        return n*factorial(n-1)
```

문서화 문자열은 함수의 __doc__ 속성에 저장되고, IDE에서 대화식 도움말을 제공하는 데 주로 사용된다.

함수는 타입 힌트(type hint)로 주석을 달 수 있다. 다음 예를 살펴보자.

```
def factorial(n: int) -> int:
    if n <= 1:
        return 1
    else:
        return n * factorial(n - 1)
```

타입 힌트는 함수가 평가될 때 아무것도 변경하지 않는다. 즉, 힌트는 성능상
의 이점을 제공하거나 추가 런타임 오류를 검사하지 않는다. 힌트는 함수의 __
annotations__ 속성에 저장되며, 이 속성은 제공된 힌트에 인수 이름을 매핑하는
사전이다. IDE 및 코드 검사와 같은 서드파티 도구에서 다양한 목적으로 힌트를
사용할 수 있다.

때로는 함수 내에서 지역 변수에 붙은 타입 힌트를 볼 수 있다. 다음 코드를
살펴보자.

```python
def factorial(n:int) -> int:
    result: int = 1        # 타입 힌트가 붙은 지역 변수
    while n > 1:
        result *= n
        n -= 1
    return result
```

이 힌트는 인터프리터가 완전히 무시한다. 이들은 확인, 저장, 평가되지 않는다.
다시 말해 힌트의 목적은 서드파티 코드 검사 도구를 돕는 것이다. 타입 힌트를
사용하는 코드 검사 도구를 적극적으로 사용하지 않는 한, 함수에 타입 힌트를
추가하는 것은 권장되지 않는다. 타입 힌트는 잘못 지정하기 쉽다. 그래서 사용
자가 힌트를 검사하는 도구를 사용하지 않을 경우, 다른 사용자가 사용자의 코
드에서 타입 검사 도구를 실행하기 전까지 오류를 발견하지 못할 수 있다.

5.9 함수 적용과 매개변수 전달

함수가 호출되면 함수의 매개변수는 전달된 입력 객체에 묶이는 지역 이름(local
names)이 된다. 파이썬은 함수를 전달할 때, 추가 복사 없이 제공된 객체를 '있
는 그대로' 전달한다. 리스트 또는 사전과 같이 변경 가능한 객체를 전달할 때는
주의해야 한다. 전달된 객체가 수정되면, 수정 내역이 원래 객체에도 반영되기
때문이다. 다음 코드를 살펴보자.

```python
def square(items):
    for i, x in enumerate(items):
        items[i] = x * x        # items를 제자리에서 수정

a = [1, 2, 3, 4, 5]
square(a)                       # a를 [1, 4, 9, 16, 25]로 변경
```

입력값을 변경하거나 프로그램의 다른 일부의 상태를 배후에서 변경하는 함수는 '부작용(side effect)'이 있다고 한다. 일반적으로 부작용은 피하는 것이 가장 좋다. 프로그램이 점차 커지고 복잡성이 증가함에 따라 미묘한 프로그래밍 오류의 원인이 될 수 있기 때문이다. 그리고 함수 호출만으로 함수에 부작용이 있는지 없는지 명확히 알 수 없기도 하다. 그런 함수는 일반적으로 잠금으로 보호되는 경우가 있기에, 스레드 및 동시성을 포함하는 프로그램과 제대로 상호작용하지도 않는다.

객체 수정과 변수 이름 재할당을 구분하는 게 중요하다. 다음 함수를 살펴보자.

```python
def sum_squares(items):
    items = [x*x for x in items]   # 'items' 이름 재할당
    return sum(items)

a = [1, 2, 3, 4, 5]
result = sum_squares(a)
print(a)                          # [1, 2, 3, 4, 5](변경되지 않음)
```

이 코드에서는 sum_squares() 함수가 전달받은 변수 items를 덮어쓰는 것처럼 보인다. 그렇다. 지역 변수 items가 새로운 값으로 재할당되었다. 하지만 원래 입력값 (a)는 해당 연산으로 변경되지 않는다. 대신 지역 변수 이름 items는 완전히 다른 객체(내부 리스트 컴프리헨션의 결과)에 묶인다. 변수 이름 할당은 객체 수정과 다르다. 이름에 값을 할당할 때 이미 있던 객체를 덮어쓰지 않고 다른 객체에 다시 할당하는 것이다.

스타일상 부작용이 있는 함수는 결과로 None을 반환하는 것이 일반적이다. 다음 리스트의 sort() 메서드를 살펴보자.

```python
>>> items = [10, 3, 2, 9, 5]
>>> items.sort()                  # 반환값 없음
>>> items
[2, 3, 5, 9, 10]
>>>
```

sort() 메서드는 리스트 항목에 대한 제자리 정렬(in-place sort)을 수행한다. 따라서 결과를 반환하지 않는다. 결과가 없다는 것은 부작용을 나타내는 강력한 지표다. 이 경우 리스트의 항목들이 재정렬되었다.

때로는 함수에 전달하려는 데이터가 시퀀스 또는 매핑 타입일 때가 있다. 이들을 전달할 때는 함수 호출에서 *와 **을 사용하면 된다. 다음은 그 예이다.

```python
def func(x, y, z):
    ...

s = (1, 2, 3)

# 시퀀스를 인수로 전달
result = func(*s)

# 매핑을 키워드 인수로 전달
d = { 'x':1, 'y':2, 'z':3 }
result = func(**d)
```

여러 소스에서 데이터를 가져오거나 일부 인수를 명시적으로 제공할 수도 있다. 함수가 인수를 모두 가져오고 중복이 없는 한, 그리고 호출 서명의 모든 것이 올바르게 정렬되는 한 모든 것이 동작한다. 같은 함수 호출 내에서 * 및 **를 한 번 이상 사용할 수도 있다. 인수를 누락하거나 중복값을 지정하면 오류가 발생한다. 파이썬은 함수 서명에 만족하지 않는 인수로 함수를 호출하도록 절대 허용하지 않는다.

5.10 반환값

return 문은 함수에서 값을 반환한다. 반환할 값을 지정하지 않거나 return 문을 생략하면 None이 반환된다. 여러 값을 반환하려면 다음과 같이 튜플에 넣어서 반환하면 된다.

```python
def parse_value(text):
    '''
    name=val 형태의 텍스트를 (name, val)로 분할
    '''
    parts = text.split('=', 1)
    return (parts[0].strip(), parts[1].strip())
```

튜플로 반환되는 반환값은 개별 변수로 언패킹할 수 있다.

```python
name, value = parse_value('url=http://www.python.org')
```

종종 이름이 있는 튜플(named tuple)을 반환값으로 사용할 수 있다.

```
from typing import NamedTuple

class ParseResult(NamedTuple):
    name: str
    value: str

def parse_value(text):
    '''
    name=val 형태의 텍스트를 (name, val)로 분할
    '''
    parts = text.split('=', 1)
    return ParseResult(parts[0].strip(), parts[1].strip())
```

이름이 있는 튜플은 일반 튜플과 동일하게 연산을 수행하거나 언패킹할 수 있지만, 다음과 같이 이름이 있는 속성(named attribute)을 사용하여 반환값을 참조할 수도 있다.

```
r = parse_value('url=http://www.python.org')
print(r.name, r.value)
```

5.11 에러 처리

이전 절에서 살펴본 parse_value() 함수는 오류 처리와 관련하여 한 가지 문제점이 있다. 만일 입력 텍스트 형식이 잘못되어 올바른 결과가 반환되지 않는다면 어떤 조치를 해야 할까?

한 가지 방법은 결과를 선택 사항으로 다루는 것이다. 즉, 함수가 올바른 결과를 반환하거나 일반적으로 값이 없다는 것을 나타내는 None을 반환하도록 하는 것이다. 이전 함수는 다음과 같이 수정할 수 있다.

```
def parse_value(text):
    parts = text.split('=', 1)
    if len(parts) == 2:
        return ParseResult(parts[0].strip(), parts[1].strip())
    else:
        return None
```

이러한 방식을 사용하면, 함수를 호출하는 곳에서 결과를 확인하는 추가 작업이 필요하다.

```
result = parse_value(text)
if result:
    name, value = result
```

파이썬 3.8 이상에서는 다음과 같이 간결하게 작성할 수 있다.

```python
if result := parse_value(text):
    name, value = result
```

None을 반환하는 대신 다음 예제와 같이 예외를 일으켜 잘못된 형식의 텍스트를 오류로 처리할 수 있다.

```python
def parse_value(text):
    parts = text.split('=', 1)
    if len(parts) == 2:
        return ParseResult(parts[0].strip(), parts[1].strip())
    else:
        raise ValueError('Bad value')
```

이 경우 다음과 같이 호출하는 곳에서 try-except를 사용하여 잘못된 값을 처리하게 된다.

```python
try:
    name, value = parse_value(text)
    ...
except ValueError:
    ...
```

예외 사용 여부에 대한 선택이 언제나 명확하지는 않다. 보통 예외는 비정상적인 결과를 처리할 때 사용하는 방법이다. 하지만 예외가 자주 발생하게 되면, 이들을 처리하는 비용이 많이 든다. 성능이 중요한 곳에서 코드를 작성할 때는 예외로 처리하는 대신 실패를 나타내는 None, False, -1 또는 기타 특수한 값을 반환하는 것이 더 나은 선택이다.

5.12 유효 범위 규칙

함수를 실행할 때마다 새로운 지역 네임스페이스가 생성된다. 이 네임스페이스는 매개변수의 이름과 값뿐만 아니라 함수 본문 안에서 할당된 변수 일체를 담는 환경이다. 이름 바인딩은 함수가 정의되고, 함수 본문에서 할당된 모든 이름이 지역 환경에 묶일 때 결정된다. 함수 본문에서 할당되지 않았지만 사용되는 이름(자유 변수(free variable))은 모두 전역 네임스페이스에서 찾을 수 있는데, 전역 네임스페이스는 언제나 함수를 정의하는 모듈을 에워싼다.

　함수를 실행하는 동안 발생할 수 있는 이름 관련 오류에는 두 가지 유형이 있다. 전역 환경에서 정의되지 않은 자유 변수 이름에 접근하면 NameError 예외가 발생한다. 아직 값이 할당되지 않은 지역 변수에 접근하면 UnboundLocalError 예외가 발생한다. 후자의 오류는 제어 흐름을 잘못 설정했을 때 흔히 발생한다. 다음은 그 예이다.

```
def func(x):
    if x > 0:
        y = 42
    return x + y # if 조건이 거짓이면 y는 할당되지 않음

func(10)        # 52를 반환
func(-10)       # UnboundLocalError: y가 할당되기 전에 참조
```

UnboundLocalError는 제자리 대입 연산자의 부주의한 사용으로도 발생한다. 다음 코드를 살펴보면 문장 n += 1은 n = n + 1이다. 초깃값을 할당하기 전에 n을 사용하면 에러가 발생한다.

```
def func():
    n += 1      # 에러: UnboundLocalError
```

변수 이름은 전역 변수 아니면 지역 변수이고, 유효 범위가 변경되지 않는다는 점이 중요하다. 유효 범위는 함수를 정의할 때 결정된다. 다음은 그 예를 보여준다.

```
x = 42
def func():
    print(x)    # 실패. UnboundLocalError
    x = 13

func()
```

이 예제에서 print() 함수는 전역 변수 x의 값을 출력하는 것처럼 보일 수 있다. 하지만 이후 문장에서 나타나는 x의 할당은 x를 지역 변수로 처리한다. 값이 할당되지 않은 지역 변수에 접근하였으므로 오류가 발생한 것이다.

이전 코드에서 print() 함수를 제거하면 전역 변숫값을 재할당하는 것처럼 보인다. 다음 코드를 살펴보자.

```
x = 42
def func():
    x = 13
func()
# x는 여전히 42임
```

이 코드를 실행하면 func 함수 안에서 전역 변수 x를 변경하는 것처럼 보이지만, x는 여전히 42이다. 함수 안에서 변수에 값을 할당하면, 그 변수는 지역 변수에 묶인다. 그 결과 함수 본문에 있는 변수 x는 밖에 있는 변수 x가 아닌 13을 가지는 새로운 객체를 가리키게 된다. 이러한 동작 방식을 변경하려면 global 문을 사용한다. global 문은 어떤 이름이 전역 네임스페이스에 속한다는 것을 선언하며, 전역 변수를 수정하려고 할 때 꼭 필요하다. 다음 예를 살펴보자.

```python
x = 42
y = 37
def func():
    global x        # 'x'는 전역 네임스페이스의 'x'를 의미함
    x = 13
    y = 0
func()
# x는 13이 되지만 y는 여전히 37임
```

그러나 global 문의 사용은 일반적으로 좋지 못한 파이썬 스타일로 여겨진다는 점에 유의하기 바란다. 함수가 함수 밖의 상태를 변경할 필요가 있는 코드를 작성할 때는, 그 대신 클래스를 정의하고, 인스턴스 또는 클래스 변수를 수정함으로써 상태를 변경하도록 하자. 다음 예를 살펴보자.

```python
class Config:
    x = 42

def func():
    Config.x = 13
```

파이썬은 중첩 함수 선언을 지원한다. 다음은 그 예이다.

```python
def countdown(start):
    n = start
    def display():          # 중첩 함수 선언
        print('T-minus', n)
    while n > 0:
        display()
        n -= 1
```

중첩 함수 내의 변수 이름은 어휘 유효 범위(lexical scoping)에 따라 묶인다. 즉, 지역 유효 범위에서 먼저 찾고, 그러고 나서 가장 안쪽부터 가장 바깥쪽에 이르기까지 연속으로 둘러싸인 유효 범위에서 찾는다. 다시 말해 이는 호출될 때마다 달라지는 동적인 과정이 아니다. 이름 바인딩은 구문에 따라 함수를 선언할 때 결정

된다. 전역 변수를 처리할 때와 마찬가지로 내부 함수는 바깥쪽 함수에서 정의한 지역 변숫값을 재할당할 수 없다. 다음 예제 코드는 제대로 동작하지 않는다.

```python
def countdown(start):
    n = start
    def display():
        print('T-minus', n)
    def decrement():
        n -= 1              # 실패: UnboundLocalError
    while n > 0:
        display()
        decrement()
```

이 문제를 해결하기 위해서는 다음과 같이 n을 nonlocal로 선언하면 된다.

```python
def countdown(start):
    n = start
    def display():
        print('T-minus', n)
    def decrement():
        nonlocal n
        n -= 1              # 바깥쪽 n을 수정
    while n > 0:
        display()
        decrement()
```

nonlocal은 전역 변수를 참조하기 위해서는 사용할 수 없다. 반드시 외부 범위에 있는 지역 변수를 참조해야 한다. 따라서 함수가 전역에 할당하려 한다면, 앞서 설명한 대로 global 문을 선언해 사용해야 한다.

중첩 함수 및 nonlocal 선언문을 사용하는 것은 일반적으로 흔치 않다. 예를 들어 내부 함수는 외부를 볼 수 없으므로 테스트와 디버깅을 복잡하게 만든다. 그렇지만 중첩 함수는 복잡한 계산을 더 작은 부분으로 나누어 처리하거나 내부 구현 세부 정보를 숨길 때 유용하다.

5.13 재귀 함수

파이썬은 다음 예처럼 재귀 함수를 지원한다.

```python
def sumn(n):
    if n == 0:
        return 0
    else:
        return n + sumn(n-1)
```

하지만 재귀 함수 호출에는 깊이 제한이 있다는 점을 유의해야 한다. 함수 sys.getrecursionlimit()는 현재의 최대 재귀 깊이를 반환하고, 함수 sys.setrecursionlimit()는 이 값을 변경할 때 사용한다. 기본값은 1000이다. 이 값을 늘릴 수 있지만 재귀 깊이는 운영 체제에서 설정한 스택 크기로 인해 제한된다. 재귀 깊이를 초과하면 RuntimeError 예외가 발생한다. 깊이 제한을 너무 높이면 파이썬이 세그먼테이션 결함(segmentation fault) 또는 다른 운영체제 오류와 함께 충돌할 수 있다.

실제로 재귀 제한 문제는 트리 및 그래프와 같이 깊게 중첩된 재귀 자료구조와 함께 작업할 때 주로 발생한다. 트리를 포함하는 많은 알고리즘은 재귀 호출을 수행하는 것이 자연스러운데, 자료구조가 너무 크면 스택 제한을 넘어갈 수 있다. 하지만 몇 가지 똑똑한 해결 방법이 있으며 이와 관련한 예제는 6장 제너레이터를 참조하자.

5.14 lambda 표현식

다음과 같이 lambda 표현식을 사용하여 익명 함수를 작성할 수 있다.

```
lambda args: expression
```

args는 콤마로 분리된 인수 목록이며, expression은 인수와 관련된 표현식이다. 다음 예를 살펴보자.

```
a = lambda x, y: x + y
r = a(2, 3)              # r은 5임
```

lambda와 함께 사용하는 코드는 반드시 유효한 표현식이어야 한다. 여러 문장 또는 try, while 문과 같이 표현식이 아닌 문장은 lambda 표현식에서 사용할 수 없다. lambda 표현식의 유효 범위 규칙은 함수와 동일하다.

lambda 표현식은 간단한 콜백 함수[27]를 구현할 때 주로 사용된다. 다음과 같이, sorted()와 같은 내장 연산과 함께 사용하는 것을 볼 수 있다

```
# 단어 리스트를 고유 문자수로 정렬
result = sorted(words, key=lambda word: len(set(word)))
```

---

27 (옮긴이) 직접 호출하는 것이 아닌 다른 함수에 의해 호출되는 함수이다.

lambda 표현식에 자유 변수(매개변수로 지정되지 않음)가 있으면 주의해야 한다. 다음 예를 살펴보자.

```
x = 2
f = lambda y: x * y
x = 3
g = lambda y: x * y
print(f(10))                # --> 30을 출력
print(g(10))                # --> 30을 출력
```

이 예제에서 f(10)을 호출하면 람다가 정의될 당시 x가 2였으므로 20이 출력될 것이라 예상할 수 있다. 하지만 그렇지 않다. f(10)의 평가는 평가 시점에 변수 x가 갖는 값을 사용한다. 따라서 lambda 함수가 정의되었을 때의 값과 다를 수 있다. 이러한 동작 방식을 늦은 바인딩(late binding)이라 한다.

람다 함수를 정의할 당시의 변숫값을 담고 있으려면, 기본 인수(default argument)를 사용하자.

```
x = 2
f = lambda y, x=x: x * y
x = 3
g = lambda y, x=x: x * y
print(f(10))                # --> 20을 출력
print(g(10))                # --> 30을 출력
```

기본 인숫값은 함수를 정의할 때 평가되므로, 함수가 정의될 당시의 x값을 담고 있어 이 코드는 의도대로 동작한다.

5.15 고차 함수

파이썬은 고차 함수(higher-order function) 개념을 지원한다. 이 말은 함수를 다른 함수의 인수로 전달할 수 있고, 자료구조 안에 넣을 수 있으며, 함수의 결과로 반환할 수도 있다는 뜻이다. 함수는 1급 객체라고 부르는데, 이는 함수와 다른 종류의 데이터를 처리하는 방법에서 차이가 없다는 것을 의미한다. 다음은 클라우드에서 실행되는 마이크로서비스의 성능을 흉내 내기 위해 다른 함수를 입력으로 받아 일정 시간 지연 후 호출하는 예제이다.

```
import time

def after(seconds, func):
    time.sleep(seconds)
```

```
    func()
```

```
# 사용 예제
def greeting():
    print('Hello World')
```

```
after(10, greeting)        # 10초 후에 'Hello World'가 출력
```

이 예제에서 after()의 func 인수는 콜백 함수(callback function)로 알려져 있다. 이는 after() 함수가 인수로 제공된 함수를 '콜백'한다는 사실을 나타낸다.

함수를 데이터로 전달하면 함수를 정의한 환경과 관련 정보를 암묵적으로 전달한다. 다음 코드와 같이 greeting() 함수가 변수를 하나 사용한다고 하자.

```
def main():
    name = 'Guido'
    def greeting():
        print('Hello', name)
    after(10, greeting)                # 'Hello Guido' 생성
```

```
main()
```

이 예제에서 변수 name이 greeting()에서 사용되지만, 이는 외부 main() 함수의 지역 변수이다. greeting이 after()에 전달되면, 함수는 환경을 기억하고 필요한 변수 name의 값을 사용한다. 이는 클로저(closure)라 부르는 기능이다. 클로저는 함수 본문을 실행하기 위해 필요한 변수를 모두 환경에 묶는 함수다.

클로저와 중첩 함수는 게으른 평가(lazy evaluation) 또는 지연 평가(delayed evaluation) 개념에 기초하여 코드를 작성할 때 유용하다. 이 개념은 방금 살펴본 예제 코드의 after() 함수에서 볼 수 있다. 즉, 함수를 받지만 지금 평가하지 않고, 이후 특정 시점에 평가한다. 이는 다른 컨텍스트에서 발생한 무언가를 다루는 일반적인 프로그래밍 패턴이다. 예를 들어 어떤 프로그램에는 키 누름, 마우스 이동, 네트워크 패킷의 도착과 같은 이벤트에 응답할 때만 실행하는 함수가 있을 수 있다. 이 경우 함수는 이벤트가 발생하기 전까지 평가되지 않는다. 함수가 최종적으로 실행될 때, 클로저는 함수에 필요한 모든 것을 얻을 수 있도록 보장한다.

다른 함수를 만들고 반환하는 함수 역시 작성할 수 있다. 다음 예를 살펴보자.

```
def make_greeting(name):
    def greeting():
        print('Hello', name)
```

```
    return greeting

f = make_greeting('Guido')
g = make_greeting('Ada')

f()        # 'Hello Guido' 출력
g()        # 'Hello Ada' 출력
```

이 코드에서 make_greeting() 함수는 흥미로운 연산을 수행하지 않는다. 대신 실제 작업을 수행하는 greeting() 함수를 생성하고 반환한다. 이 함수는 오직 해당 함수를 평가할 때 실행된다.

이 예제에서 두 변수 f와 g는 서로 다른 버전의 greeting() 함수이다. 해당 함수를 생성한 make_greeting() 함수가 더 이상 실행되지 않더라도, greeting() 함수는 정의된 변수 name을 여전히 기억한다. 이는 각각 함수 클로저의 일부이다.

클로저에서 한 가지 주의할 점은 변수 이름 바인딩은 '스냅숏(snapshot)'[28]이 아니라 동적 프로세스라는 것이다. 이는 클로저가 변수 name과 이 변수에 할당된 가장 최근의 값을 가리킨다는 것을 뜻한다. 다음은 이 현상이 발생할 수 있는 코드를 보여준다.

```
def make_greetings(names):
    funcs = []
    for name in names:
        funcs.append(lambda: print('Hello', name))
    return funcs

# 시도해보자.
a, b, c = make_greetings(['Guido', 'Ada', 'Margaret'])
a()    # 'Hello Margaret' 출력
b()    # 'Hello Margaret' 출력
c()    # 'Hello Margaret' 출력
```

이 코드에서는 서로 다른 함수가 lambda를 사용하여 만들어진다. for 루프가 반복될 때마다 변경되기 때문에, 모두 고유한 name 값을 사용하는 것처럼 보일 수 있다. 하지만 그렇지 않다. 함수는 모두 외부 make_greeting() 함수가 반환하는 시점에 갖고 있던 값, 즉 결국 동일한 name 값을 사용한다.

이는 아마 예상치 못한 일이며, 원하는 상황도 아니다. 변수의 복사본을 담고 싶다면, 이전에 설명한 것처럼 기본 인수에 담자.

---

28 (옮긴이) 특정 시점에 고정되지 않는다는 뜻이다.

```
def make_greetings(names):
    funcs = []
    for name in names:
        funcs.append(lambda name=name: print('Hello', name))
    return funcs

# 시도하자
a, b, c = make_greetings(['Guido', 'Ada', 'Margaret'])
a()      # 'Hello Guido' 출력
b()      # 'Hello Ada' 출력
c()      # 'Hello Margaret' 출력
```

마지막 두 예시에서 함수는 lambda를 사용하여 정의하였다. 람다는 작은 콜백 함수를 생성하기 위한 손쉬운 방법(shortcut)이다. 하지만 엄격한 요구 사항은 아니며, 다음과 같이 작성할 수도 있다.

```
def make_greetings(names):
    funcs = []
    for name in names:
        def greeting(name=name):
            print('Hello', name)
        funcs.append(greeting)
    return funcs
```

언제 어디서 lambda를 사용할지는 개인의 취향과 코드의 명확성 문제에 따라 달라질 수 있다. lambda가 코드를 읽기 어렵게 만든다면 이를 피하는 게 좋다.

5.16 콜백 함수에서 인수 전달

콜백 함수에서 한 가지 어려운 점은 제공된 함수에 인수를 전달하는 것이다. 앞서 살펴본 after() 함수를 다시 보자.

```
import time

def after(seconds, func):
    time.sleep(seconds)
    func()
```

이 코드에서 func()은 인수 없이 호출하도록 작성되었다. 추가 인수를 전달하려고 해도, 안타깝게도 운이 따라주지 않는다. 다음 코드와 같이 추가 인수를 전달해볼 수는 있다.

```
def add(x, y):
    print(f'{x} + {y} -> {x+y}')
    return x + y
```

```
after(10, add(2, 3))      # 실패: add()가 즉시 호출됨
```

이 예에서 add(2, 3) 함수는 즉시 실행되어 5를 반환한다. 그런 다음 after() 함수는 10초 후 5()를 실행할 때 오류를 일으킨다. 우리가 원하는 결과가 아니다. 하지만 add()를 원하는 인수와 함께 호출하더라도, 이를 동작하게 만드는 확실한 방법은 없는 것 같다.

이 문제는 일반적으로 함수와 함수형 프로그래밍 사용에 관한 더 큰 설계 이슈(함수 합성(function composition))라는 것을 넌지시 알려준다. 함수를 다양한 방법으로 결합할 때, 함수의 입력과 출력이 함께 연결되는 방법을 생각해볼 필요가 있다. 이 문제는 언제나 단순하지 않다.

이 경우 한 가지 해결책은 lambda를 사용하여 인수가 없는 함수로 계산을 패키지화하는 것이다. 다음은 이전 예시의 마지막 문장을 고친 것이다.

```
after(10, lambda: add(2, 3))
```

이처럼 인수가 없는 함수를 썽크(thunk)라 한다. 썽크는 기본적으로 인수가 없는 함수로 호출될 때 나중에 평가되는 표현식이다. 이는 표현식의 평가를 다음에 하도록 지연하는 범용적인 방법이다. lambda에 표현식을 넣고, 실제로 값이 필요할 때 함수를 호출한다.

lambda를 사용하는 대신 functools.partial()을 사용하여 다음과 같이 부분적으로 평가되는 함수를 생성할 수도 있다.

```
from functools import partial
```

```
after(10, partial(add, 2, 3))
```

partial()은 이미 지정했거나 캐시된 하나 이상의 인수를 호출할 수 있는 객체를 생성한다. 콜백 및 기타 응용 프로그램에서 예상되는 호출 서명과 일치하지 않는 함수를 만들 때 유용한 방법이 될 수 있을 것이다. 다음은 partial()을 사용한 예제이다.

```
def func(a, b, c, d):
    print(a, b, c, d)

f = partial(func, 1, 2)          # a = 1, b = 2로 고정
f(3, 4)                          # func(1, 2, 3, 4)
f(10, 20)                        # func(1, 2, 10, 20)

g = partial(func, 1, 2, d = 4)   # a = 1, b = 2, d = 4로 고정
g(3)                             # func(1, 2, 3, 4)
g(10)                            # func(1, 2, 10, 4)
```

partial()과 lambda는 비슷한 목적으로 사용할 수 있지만, 두 기술 사이에는 의미적으로 중요한 차이가 있다. partial()을 사용하면 partial 함수를 처음 정의할 때, 인수가 평가되고 묶이게 된다. 인수가 없는 lambda를 사용하면, lambda 함수가 다음에 실제로 실행될 때 인수가 평가되고 묶인다(평가는 모두 지연된다). 다음 코드를 살펴보자.

```
>>> def func(x, y):
        return x + y
...
>>> a = 2
>>> b = 3
>>> f = lambda: func(a, b)
>>> g = partial(func, a, b)
>>> a = 10
>>> b = 20
>>> f()                   # 현재 a, b의 값을 사용
30
>>> g()                   # 초기 a, b의 값을 사용
5
>>>
```

partial은 완전히 평가되기 때문에, partial()로 생성한 호출 가능한 객체는 바이트로 직렬화되어 파일에 저장되고 네트워크 연결을 통해 전송할 수 있다(예를 들어 pickle 표준 라이브러리 모듈을 사용). 이는 lambda 함수에서는 불가능하다. 따라서 다른 프로세스나 장치에서 실행되는 파이썬 인터프리터에 함수를 전달하는 응용 프로그램에서는 partial()이 더 적합하다는 것을 알 수 있다.

partial 함수 응용 프로그램은 커링(currying)이라 알려진 개념과 밀접하게 관련되어 있다. 커링은 다중 인수 함수를 중첩된 단일 인수 함수의 연쇄(chain)로 표현하는 함수형 프로그래밍(functional programming) 기술이다. 다음은 그 예이다.

```
# 인수가 3개인 함수
def f(x, y, z):
    return x + y + z

# 커링된(curried) 버전
def fc(x):
    return lambda y: (lambda z: x + y + z)

# 사용 예제
a = f(2, 3, 4)              # 인수가 3개인 함수
b = fc(2)(3)(4)            # 커링된 버전
```

이는 일반적인 파이썬 프로그래밍 스타일은 아니며, 이렇게 해야 할 실용적인 이유가 거의 없다. 하지만 람다 대수(lambda calculus)를 이해하느라 많은 시간을 쓴 개발자와 대화할 때 '커링'이라는 단어를 종종 들을 수 있다. 여러 인수를 처리하는 이 기술은 유명한 논리학자 해스컬 커리(Haskell Curry)의 이름을 따서 명명되었다. 이 내용을 알면 함수형 프로그래머 그룹과 얘기할 때 유용할 수 있다.

다시 인수 전달 문제로 돌아가서, 콜백 함수에 인수를 전달하는 또 다른 방법은 외부 호출 함수에 별도의 인수로 전달하는 것이다. 다음 after() 함수를 살펴보자.

```
def after(seconds, func, *args):
    time.sleep(seconds)
    func(*args)

after(10, add, 2, 3)    # 10초 후 add(2, 3)를 호출
```

키워드 인수를 func()에 전달하는 것은 지원하지 않는다. 이는 원래 의도된 것이다. 키워드 인수와 관련하여 한 가지 문제는 주어진 함수의 인수 이름이 이미 사용 중인 인수 이름(이 예제에서는 seconds, func)과 충돌할 수 있다는 것이다. 키워드 인수는 after() 함수 자체에서 옵션으로 지정하기 위해 예약되었을 수도 있다. 다음 예를 살펴보자.

```
def after(seconds, func, /, *args, **kwargs):
    time.sleep(seconds)
    func(*args, **kwargs)
```

하지만 방법이 아예 없는 건 아니다. func()에 키워드 인수 지정이 필요하다면 partial()을 사용하면 여전히 가능하다. 다음 예를 살펴보자.

```
after(10, partial(add, y=3), 2)
```

after() 함수가 키워드 인수를 허용하도록 하려면, 위치 전용 인수를 사용하는 것이 안전하다. 다음은 그 예이다.

```
def after(seconds, func, /, *args, **kwargs):
    time.sleep(seconds)
    func(*args, **kwargs)
```

```
after(10, add, 2, y=3)
```

또 다른 불안 요소는 after()가 실제로 서로 병합된 두 개의 다른 함수 호출을 표현할 때이다. 인수 전달 문제는 다음과 같이 두 개의 함수로 분해될 수 있다.

```
def after(seconds, func, debug=False):
    def call(*args, **kwargs):
        time.sleep(seconds)
        if debug:
            print('About to call', func, args, kwargs)
        func(*args, **kwargs)
    return call
```

```
after(10, add)(2, y=3)
```

이제 after()와 func 인수 사이의 충돌은 없다. 하지만 이렇게 할 경우 같이 작업하는 동료와 갈등이 생길 수도 있다.

5.17 콜백에서 결과를 반환

이전 절에서는 계산 결과 반환이라는 또다른 문제를 다루지 않았다. 다음과 같이 수정된 after() 함수를 살펴보자.

```
def after(seconds, func, *args):
    time.sleep(seconds)
    return func(*args)
```

이 코드는 정상적으로 동작하지만 두 개의 개별 함수, 즉 after() 함수 자체와 제공된 콜백 함수 func이 관련되어 있다는 사실로부터 발생하는 몇 가지 특이한 사례가 있다.

한 가지는 예외 처리와 관련되어 있다. 다음 두 코드를 시도해보자.

```python
after("1", add, 2, 3)      # 실패: TypeError(정수를 입력해야 함)
after(1, add, "2", 3)      # 실패: TypeError(정수를 문자열에 연결할 수 없음)
```

두 경우 모두 TypeError가 발생하지만, 이는 서로 다른 이유와 다른 함수로 인해 발생한다. 첫 번째 에러는 after() 함수 자체의 문제이다. time.sleep()에 잘못된 인수가 지정되었기 때문이다. 두 번째 에러는 콜백 함수 func(*args)의 실행 문제 때문이다.

이 두 경우를 구별하는 게 중요하다면 몇 가지 방법이 있다. 첫 번째 방법은 연결 예외에 의존하는 것이다. 이 방법의 아이디어는 콜백 오류를 다른 에러와 구분지어 처리하도록 다른 방식으로 패키징하는 것이다. 다음 예를 살펴보자.

```python
class CallbackError(Exception):
    pass

def after(seconds, func, *args):
    time.sleep(seconds)
    try:
        return func(*args)
    except Exception as err:
        raise CallbackError('Callback function failed') from err
```

이 수정 코드에서는 제공된 콜백 오류를 자체 예외 범주로 분리한다. 다음 코드와 같이 사용하면 된다.

```python
try:
    r = after(delay, add, x, y)
except CallbackError as err:
    print("It failed. Reason", err.__cause__)
```

after() 자체를 실행하는 데 문제가 있다면, 해당 예외는 잡히지 않고 전파된다. 반면 제공된 콜백 함수 실행과 관련된 문제는 잡혀서 CallbackError로 보고된다. 이 모든 상황이 아주 미묘하지만, 실제로 에러를 관리하는 것은 어렵다. 이 방식은 책임 소재를 명확히 하며, after()의 동작 방식을 더 쉽게 문서화할 수 있게 만든다. 특히 콜백에 문제가 있으면 항상 CallbackError로 보고된다.

또 다른 방법은 콜백 함수의 결과를 값과 오류를 모두 포함하는 일종의 결과 인스턴스로 패키징하는 것이다. 예를 들어 다음과 같은 클래스를 정의한다.

```python
class Result:
    def __init__(self, value=None, exc=None):
        self._value = value
        self._exc = exc
    def result(self):
        if self._exc:
            raise self._exc
        else:
            return self._value
```

그런 다음 이 클래스를 사용하여 after() 함수의 결과를 반환한다.

```python
def after(seconds, func, *args):
    time.sleep(seconds)
    try:
        return Result(value=func(*args))
    except Exception as err:
        return Result(exc=err)

# 사용 예제
r = after(1, add, 2, 3)
print(r.result())            # 5를 출력

s = after("1", add, 2, 3)    # 잘못된 sleep() 인수로 TypeError가 즉시 발생함.

t = after(1, add, "2", 3)    # "Result"를 반환
print(t.result())            # TypeError 발생
```

두 번째 방식은 콜백 함수의 결과를 별도의 단계로 지연시켜 동작한다. after()에 문제가 발생하면, 즉시 보고된다. 콜백 func()에 문제가 발생하면, 사용자가 result() 메서드를 호출하여 결과를 얻으려고 할 때 보고된다.

결과를 특수한 인스턴스로 감쌌다가 나중에 푸는 방식은 현대 프로그래밍 언어에서 자주 사용하는 패턴이다. 이를 사용하는 이유는 타입 검사가 용이하기 때문이다. 예를 들어 after()에 타입 힌트를 추가하면, 함수의 동작 방식이 완전히 정의된다. 즉, 항상 Result를 반환하고 그 외는 반환하지 않는다.

```python
def after(seconds, func, *args) -> Result:
    ...
```

이러한 패턴은 파이썬 코드에서 흔히 볼 수 없지만, 스레드(thread) 및 프로세스와 같은 동시성 기본 연산을 수행할 때 살펴볼 수 있다. 예를 들어 Future라 불리는 인스턴스는 스레드 풀(thread pools)과 함께 작업할 때 다음과 같이 동작한다. 다음은 한 예이다.

```python
from concurrent.futures import ThreadPoolExecutor

pool = ThreadPoolExecutor(16)
r = pool.submit(add, 2, 3)          # Future를 반환
print(r.result())                   # Future의 결과를 살펴봄
```

5.18 데코레이터

데코레이터(decorator, 장식자)는 다른 함수를 포장하는 래퍼(wrapper)를 생성하는 함수를 말한다. 데코레이터를 사용해 래핑(wrapping)하는 주된 목적은 객체의 동작 방식을 변경하거나 보강하기 위해서다. 문법적으로 데코레이터는 다음과 같이 특수문자 @를 사용하여 표시한다.

```python
@decorate
def func(x):
    ...
```

이 코드는 다음 코드를 간단히 작성한 것이다.

```python
def func(x):
    ...
func = decorate(func)
```

이 예에서 함수 func()이 정의되었다. 그러나 함수가 정의되자마자, 함수 객체는 함수 decorate()에 전달되어 원래의 함수를 대체하는 객체를 반환한다.

　다음은 구체적인 구현 예시이다. 여기서는 데코레이터 @trace가 디버깅 메시지를 함수에 추가한다.

```python
def trace(func):
    def call(*args, **kwargs):
        print('Calling', func.__name__)
        return func(*args, **kwargs)
    return call

# 사용 예제
@trace
```

```
def square(x):
    return x * x
```

이 코드에서 trace()는 래퍼 함수를 생성하는데, 이 함수는 디버깅 메시지를 출력한 다음, 원래의 함수 객체를 호출한다. 즉, square()를 호출하면 래퍼 안에 있는 print() 함수가 출력되는 것을 볼 수 있다.

  정말 쉽다! 실제로 함수는 함수 이름, 문서화 문자열, 타입 힌트와 같은 메타데이터를 포함한다. 함수에 래퍼를 추가하면 이 정보들은 숨는다. 데코레이터를 작성할 땐 다음 예제와 같이 @wraps() 데코레이터를 사용하는 것이 모범적인 예이다.

```
from functools import wraps

def trace(func):
    @wraps(func)
    def call(*args, **kwargs):
        print('Calling', func.__name__)
        return func(*args, **kwargs)
    return call
```

@wraps() 데코레이터는 다양한 함수 메타 데이터를 대체 함수(replacement function)에 복사한다. 이 경우, 제공된 함수 func()의 메타 데이터는 반환된 래퍼 함수 call()에 복사된다.

  데코레이터는 반드시 함수 바로 앞에 별개의 줄로 작성해야 한다. 하나 이상의 데코레이터를 사용할 수도 있다. 다음 예를 보자.

```
@decorator1
@decorator2
def func(x):
    pass
```

이 경우 데코레이터는 다음과 같이 적용된다.

```
def func(x):
    pass

func = decorator1(decorator2(func))
```

데코레이터의 나열 순서가 중요하다. 예를 들어 클래스 정의에서 @classmethod, @staticmethod와 같은 데코레이터는 가장 바깥쪽에 위치해야 한다. 다음은 그 예이다.

```
class SomeClass(object):
    @classmethod          # 가능
    @trace
    def a(cls):
        pass

    @trace                # 불가능. 실패
    @classmethod
    def b(cls):
        pass
```

순서를 제한하는 이유는 @classmethod에서 반환하는 값과 관련 있다. 데코레이터는 때때로 일반 함수와 다른 객체를 반환한다. 가장 바깥쪽 데코레이터가 이를 예상하지 못한다면, 문제가 발생할 수 있다. 이 경우, @classmethod는 classmethod 디스크립터 객체(descriptor object)를 생성한다(7장 참고). 이를 고려하도록 @trace 데코레이터를 작성하지 않는 한, 데코레이터가 잘못된 순서로 나열되면 실패한다.

데코레이터 또한 인수를 받을 수 있다. 다음과 같이 사용자 정의 메시지를 허용하도록 @trace 데코레이터를 변경하고 싶다고 하자.

```
@trace("You called {func.__name__}")
def func():
    pass
```

인수가 제공되면 데코레이터의 동작 방식은 다음과 같다.

```
def func():
    pass

# 데코레이터 함수 생성
temp = trace("You called {func.__name__}")

# 데코레이터를 func에 적용
func = temp(func)
```

이 경우, 인수를 받는 가장 바깥쪽 함수는 데코레이터를 생성하는 역할을 한다. 그러고 나서 그 함수는 최종 결과를 얻기 위해 데코레이트할 함수와 함께 호출된다. 데코레이터 구현은 다음과 같다.

```
from functools import wraps

def trace(message):
    def decorate(func):
```

```
        @wraps(func)
        def wrapper(*args, **kwargs):
            print(message.format(func=func))
            return func(*args, **kwargs)
        return wrapper
    return decorate
```

이 구현에서 흥미로운 점은 외부 함수가 일종의 '데코레이터 팩토리'라는 것이다. 다음과 같은 코드를 작성한다고 하자.

```
@trace('You called {func.__name__}')
def func1():
    pass

@trace('You called {func.__name__}')
def func2():
    pass
```

이렇게 작업하면 매우 따분할 것이다. 이는 외부 데코레이터 함수를 한 번 호출하고 결과를 재사용하여 단순화할 수 있다. 다음 예를 보자.

```
logged = trace('You called {func.__name__}')

@logged
def func1():
    pass

@logged
def func2():
    pass
```

데코레이터가 원 함수를 반드시 변경할 필요는 없다. 때때로 데코레이터는 등록과 같은 작업만 수행한다. 예를 들어 이벤트 처리기의 레지스트리를 구축한다면, 다음과 같이 동작하는 데코레이터를 정의할 수 있다.

```
@eventhandler('BUTTON')
def handle_button(msg):
    ...
@eventhandler('RESET')
def handle_reset(msg):
    ...
```

이를 관리하는 데코레이터는 다음과 같다.

```
# 이벤트 처리기 데코레이터
_event_handlers = { }
def eventhandler(event):
    def register_function(func):
        _event_handlers[event] = func
        return func
    return register_function
```

5.19 Map, Filter, Reduce

함수형 언어(functional language)에 익숙한 프로그래머들이 map, filter, reduce 와 같은 일반적인 리스트 연산에 대해 물어볼 때가 있다. 이 기능은 대부분 리스트 컴프리헨션과 제너레이터 표현식에서 제공된다. 다음은 한 예이다.

```
def square(x):
    return x * x

nums = [1, 2, 3, 4, 5]
squares = [square(x) for x in nums]   # [1, 4, 9, 16, 25]
```

정확하게는 한 줄짜리 짧은 함수조차 필요하지 않은데, 다음과 같이 작성할 수 있다.

```
squares = [x * x for x in nums]
```

리스트 컴프리헨션과 함께 필터링을 수행할 수 있다.

```
a = [x for x in nums if x > 2]    # [3, 4, 5]
```

제너레이터 표현식을 사용하면, 반복을 통해 점진적으로 결과를 만드는 제너레이터를 얻을 수 있다. 다음은 그 예이다.

```
squares = (x*x for x in nums)     # 제너레이터 생성
for n in squares:
    print(n)
```

파이썬은 내장 함수 map()을 제공하는데, 이 함수는 제너레이터 표현식으로 함수를 매핑하는 것과 같은 기능을 지닌다. 예를 들어 이 예제는 다음과 같이 작성할 수 있다.

```
squares = map(lambda x: x*x, nums)
for n in squares:
    print(n)
```

내장 함수 filter()는 값을 거르는 제너레이터를 만든다.

```
for n in filter(lambda x: x > 2, nums):
    print(n)
```

functools.reduce()를 사용하면, 값을 누적하거나 줄일 수 있다. 다음은 한 예이다.

```
from functools import reduce
total = reduce(lambda x, y: x + y, nums)
```

reduce()는 일반 형식에서 두 개의 인수를 받아들이는 함수, 즉 반복 가능하며 초기화되어 있는 객체를 받아들인다. 다음 예를 살펴보자.

```
nums = [1, 2, 3, 4, 5]
total = reduce(lambda x, y: x + y, nums)          # 15
product = reduce(lambda x, y: x * y, nums, 1)      # 120

pairs = reduce(lambda x, y: (x, y), nums, None)
# (((((None, 1), 2), 3), 4), 5)
```

reduce()는 반복 가능한 객체에서 값을 왼쪽에서 오른쪽으로 누적한다. 이는 왼쪽 접기(left-fold) 연산이라 한다. 다음은 reduce(func, items, initial)에 대한 의사코드(pseudocode)이다.

```
def reduce(func, items, initial):
    result = initial
    for item in items:
        result = func(result, item)
    return result
```

실제로 reduce()를 사용하면 혼란스러울 때가 있다. 게다가 sum(), min(), max()와 같은 일반적인 단축 연산들이 내장 함수로 제공되고 있다. reduce()를 사용해 일반적인 연산을 구현하는 대신, 단축 연산 중 하나를 사용하면 코드를 쉽게 이해할 수 있으며 아마도 더 빠르게 실행될 것이다.

5.20 함수 조사, 속성 및 서약

함수는 이미 보았듯이 객체다. 이는 함수가 변수에 할당되고 자료구조에 보관될 수 있으며, 프로그램에서 다른 데이터와 동일한 방식으로 사용될 수 있다는 것을 의미한다. 또한 함수는 다양한 방법으로 검사할 수 있다. 표 5.1은 함수의 몇 가지 속성을 보여준다. 대부분의 속성은 디버깅, 로깅 그리고 함수와 관련된 다른 작업에 유용하게 쓰인다.

표 5.1 함수 속성

속성	설명
f.__name__	함수 이름
f.__qualname__	정규화된 이름(중첩된 경우)
f.__module__	함수가 정의되어 있는 모듈의 이름
f.__doc__	문서화 문자열
f.__annotations__	타입 힌트
f.__globals__	전역 네임스페이스 사전
f.__closure__	클로저 변수(존재한다면)
f.__code__	기본 코드 객체

f.__name__ 속성은 함수를 정의할 때 사용된 이름을 담고 있다. f.__qualname__은 함수를 감싸고 있는 정의 환경 정보가 추가된 긴 이름이다.

f.__module__ 속성은 함수가 정의되어 있는 모듈의 이름을 담고 있는 문자열이다. f.__globals__ 속성은 함수의 전역 네임스페이스 역할을 하는 사전이다. 일반적으로 해당 모듈 객체에 연결된 사전과 동일하다.

f.__doc__ 속성은 함수 문서화 문자열을 담고 있다. f.__annotations__ 속성은 타입 힌트가 있는 경우, 이를 담고 있는 사전이다.

f.__closure__ 속성은 중첩 함수에 대한 클로저 변숫값의 참조를 담고 있다. 숨어 있지만, 다음 예제는 이 값을 보는 법을 보여준다.

```
def add(x, y):
    def do_add():
        return x + y
    return do_add

>>> a = add(2, 3)
>>> a.__closure__
(<cell at 0x10edf1e20: int object at 0x10ecc1950>,
 <cell at 0x10edf1d90: int object at 0x10ecc1970>)
>>> a.__closure__[0].cell_contents
2
>>>
```

f.__code__ 객체는 함수 본문을 컴파일한 인터프리터 바이트코드를 보여준다.

함수는 임의의 속성을 붙일 수 있다. 다음은 그 예이다.

```
def func():
    문장들

func.secure = 1
func.private = 1
```

속성은 함수 본문에서 볼 수 없다. 속성은 지역 변수가 아니며 실행 환경에서 이름으로 표시되지 않는다. 함수 속성의 주요 용도는 추가 메타 데이터를 저장하는 것이다. 때때로 프레임워크 또는 다양한 메타 프로그래밍 기술은 함수 태깅(function tagging, 함수에 속성을 첨부하는 것)을 활용한다. 함수 태깅의 한 예는 추상 기본 클래스 내의 메서드에서 사용되는 @abstractmethod 데코레이터다. 데코레이터가 하는 일은 속성을 첨부하는 것이다.

```
def abstractmethod(func):
    func.__isabstractmethod__ = True
    return func
```

일부 다른 코드 비트(이 경우, 메타 클래스)는 이 속성을 찾고, 속성을 사용하여 인스턴스 생성을 위한 추가 검사를 더한다.

함수 매개변수에 대해 더 알고 싶으면, inspect.signature() 함수를 사용하여 함수의 서명(signature)을 얻으면 된다.

```
import inspect

def func(x: int, y:float, debug=False) -> float:
    pass

sig = inspect.signature(func)
```

서명 객체는 매개변수에 대한 상세한 정보를 출력하거나 가져오는 편리한 기능을 제공한다. 다음 예를 살펴보자.

```
# 세련된 형태로 서명을 출력
print(sig)                      # (x: int, y: float, debug=False) -> float 출력

# 인수 이름 리스트를 가져옴
print(list(sig.parameters))  # [ 'x', 'y', 'debug'] 출력

# 매개변수를 반복하고 다양한 메타 데이터를 출력
```

```
for p in sig.parameters.values():
    print('name', p.name)
    print('annotation', p.annotation)
    print('kind', p.kind)
    print('default', p.default)
```

서명은 함수의 특성(함수 호출 방법, 타입 힌트 등)을 설명하는 메타 데이터다. 서명으로 할 수 있는 다양한 작업이 있으며 그중 하나는 비교. 예를 들어, 두 함수가 동일한 서명을 가지는지 확인하는 방법은 다음과 같다.

```
def func1(x, y):
    pass

def func2(x, y):
    pass

assert inspect.signature(func1) == inspect.signature(func2)
```

이러한 종류의 비교는 프레임워크 내에서 유용하다. 예를 들어 프레임워크는 서명을 비교하여 함수나 메서드가 예상 프로토타입을 준수하는지 확인할 수 있다.

 함수의 __signature__ 속성이 저장되어 있다면, 서명은 도움말 메시지에 표시되고 inspect.signature()를 사용할 때 반환된다. 다음 예를 살펴보자.

```
def func(x, y, z=None):
    ...

func.__signature__ = inspect.signature(lambda x,y: None)
```

이 예에서 추가 인수 z는 func의 추가 검사에서는 숨는다. 대신 첨부된 서명은 inspect.signature()로 반환된다.

5.21 실행 환경 조사

함수는 내부 함수 globals()와 locals()를 사용하여 실행 환경을 살펴볼 수 있다. globals()는 전역 네임스페이스 역할을 하는 사전을 반환한다. 이는 func.__globals__ 속성과 같으며, 일반적으로 둘러싸고 있는 모듈의 내용을 담고 있는 사전과 같다. locals()는 지역 및 클로저 변수의 값을 모두 지닌 사전을 반환한다. 이 사전은 이러한 변수를 보관할 때 사용되는 실제 자료구조가 아니다. 지역 변수는 클로저를 통해 외부 함수에서 가져오거나 내부적으로 정의될 수 있다.

locals()는 이러한 변수를 모두 수집하고 사전에 넣는다. locals() 사전에서 항목을 변경해도 기본 변수에는 영향을 주지 않는다. 다음 예를 살펴보자.

```python
def func():
    y = 20
    locs = locals()
    locs['y'] = 30              # y 변경 시도
    print(locs['y'])            # 30 출력
    print(y)                    # 20 출력
```

변경 사항을 적용하려면, 일반적인 할당 방법으로 지역 변수에 다시 복사해야 한다.

```python
def func():
    y = 20
    locs = locals()
    locs['y'] = 30
    y = locs['y']
```

함수는 inspect.currentframe()을 사용하여 자신의 스택 프레임을 얻을 수 있다. 함수는 프레임의 f.f_back 속성으로 스택의 흔적을 따라가면서 호출자의 스택 프레임도 얻을 수 있다.

```python
import inspect

def spam(x, y):
    z = x + y
    grok(z)

def grok(a):
    b = a * 10

    # 출력: {'a':5, 'b':50 }
    print(inspect.currentframe().f_locals)

    # 출력: {'x':2, 'y':3, 'z':5 }
    print(inspect.currentframe().f_back.f_locals)

spam(2, 3)
```

때때로 inspect.currentframe() 대신 sys._getframe() 함수를 사용해, 얻은 스택 프레임을 살펴볼 수 있다. 다음 예를 보자.

```
import sys

def grok(a):
    b = a * 10
    print(sys._getframe(0).f_locals)        # 자기 자신
    print(sys._getframe(1).f_locals)        # 호출자
```

표 5.2는 프레임 검사에 유용한 속성이다.

표 5.2 프레임 속성

프레임	설명
f.f_back	이전 스택 프레임(호출자 쪽)
f.f_code	실행 중인 코드 객체
f.f_locals	지역 변수를 위한 사전(locals())
f.f_globals	전역 변수를 위한 사전(globals())
f.f_builtins	내장 이름을 사용하는 사전
f.f_lineno	줄 번호
f.f_lasti	현재 명령어. f_code에 들어 있는 바이트코드 문자열에 대한 인덱스
f.f_trace	각 소스 코드 줄의 시작 지점에서 호출된 함수

디버깅과 코드 검사 시 스택 프레임을 살펴보는 것이 유용하다. 다음 코드는 호출자가 선택한 변숫값을 볼 수 있는 흥미로운 디버그 함수이다.

```
import inspect
from collections import ChainMap

def debug(*varnames):
    f = inspect.currentframe().f_back
    vars = ChainMap(f.f_locals, f.f_globals)
    print(f'{f.f_code.co_filename}:{f.f_lineno}')
    for name in varnames:
        print(f'{name} = {vars[name]!r}')

# 사용 예제
def func(x, y):
    z = x + y
    debug('x','y')  # 파일/줄과 함께 x, y를 보여줌
    return z
```

5.22 동적 코드 실행과 생성

exec(str [, globals [, locals]]) 함수는 임의의 파이썬 코드를 가진 문자열을 실행한다. exec()에 제공된 코드는 마치 코드가 exec 연산을 대신하는 것처럼 실행된다. 다음은 한 예이다.

```python
a = [3, 5, 10, 13]
exec('for i in a: print(i)')
```

exec()에 입력된 코드는 호출자의 지역 및 전역 네임스페이스 내에서 실행된다. 하지만 지역 변수를 변경하더라도 영향을 끼치지 않는다. 다음 예를 살펴보자.

```python
def func():
    x = 10
    exec("x = 20")
    print(x)          # 10 출력
```

그 이유는 지역 변수가 실제 지역 변수가 아닌 수집된 지역 변수의 사전이기 때문이다. 자세한 내용은 이전 절을 참고하자.

exec()는 실행할 코드에 대한 전역과 지역 네임스페이스 역할을 하는 하나 또는 두 개의 사전 객체를 선택적으로 받아들인다. 다음은 그 예이다.

```python
globs = {'x': 7,
         'y': 10,
         'birds': ['Parrot', 'Swallow', 'Albatross']
         }

locs = { }

# 이 사전들을 전역과 지역 네임스페이스로 사용하여 실행
exec('z = 3 * x + 4 * y', globs, locs)
exec('for b in birds: print(b)', globs, locs)
```

네임스페이스 중 하나 또는 둘 다 생략하면, 현재의 전역과 지역 네임스페이스 값이 사용된다. 전역 네임스페이스 사전만 제공하면, 이 사전이 모든 전역과 지역에서 사용된다.

동적 코드 실행의 일반적인 용도는 함수와 메서드를 생성하는 것이다. 다음은 이름이 제공된 클래스에서 __init__() 메서드를 생성하는 함수이다.

```python
def make_init(*names):
    parms = ','.join(names)
```

```
    code = f'def __init__(self, {parms}):\n'
    for name in names:
        code += f' self.{name} = {name}\n'
    d={}
    exec(code, d)
    return d['__init__']

# 사용 예제
class Vector:
    __init__ = make_init('x','y','z')
```

이 기술은 표준 라이브러리의 다양한 곳에서 사용된다. 예를 들어 nametuple(), @dataclass 및 유사한 기능들이 exec()를 사용하여 동적 코드를 생성한다.

5.23 비동기 함수와 await

파이썬은 코드의 비동기 실행(asynchronous execution)과 관련하여 다양한 언어 기능을 제공한다. 여기에는 async 함수(또는 코루틴)와 awaitable이 있다. 이들 대부분은 동시성과 asyncio 모듈을 포함한 프로그램에서 사용된다. 하지만 다른 라이브러리도 이를 기반으로 구축할 수 있다.

비동기 함수 또는 코루틴 함수는 함수 정의 앞에 async 추가 키워드를 사용하여 정의한다. 다음은 그 예이다.

```
async def greeting(name):
    print(f'Hello {name}')
```

이 함수를 호출하면 일반적인 방식으로 실행되지 않는다는 사실을 알게 될 것이다. 실제로 이 함수는 전혀 실행되지 않는다. 대신에 코루틴 객체의 인스턴스를 얻는다. 다음 예를 보자.

```
>>> greeting('Guido')
<coroutine object greeting at 0x104176dc8>
>>>
```

함수를 실행하려면, 다른 코드의 감독하에 실행해야 한다. 일반적으로 asyncio를 사용하며, 다음은 그 예이다.

```
>>> import asyncio
>>> asyncio.run(greeting('Guido'))
Hello Guido
>>>
```

이 예제는 스스로 실행되지 않는 비동기 함수의 중요한 특징을 보여준다. 함수 실행을 위해서는 항상 일종의 관리자 또는 라이브러리 코드가 필요하다. 이 코드처럼 반드시 asyncio가 필요한 것은 아니지만, 비동기 함수를 실행하기 위해서는 항상 무언가가 필요하다.

관리된다는 것을 제외하면, 비동기 함수는 다른 파이썬 함수와 동일한 방식으로 평가된다. 문장들은 순서대로 실행되고, 제어 흐름 기능 역시 모두 동작한다. 결과를 반환하려면 return 문을 사용한다. 다음 예를 살펴보자.

```
async def make_greeting(name):
    return f'Hello {name}'
```

return 값은 비동기 함수를 실행할 때 사용되는 외부 run() 함수로 반환된다.

```
>>> import asyncio
>>> a = asyncio.run(make_greeting('Paula'))
>>> a
'Hello Paula'
>>>
```

비동기 함수는 다음과 같이 await 표현식을 사용하여 다른 비동기 함수를 호출할 수 있다.

```
async def make_greeting(name):
    return f'Hello {name}'

async def main():
    for name in ['Paula', 'Thomas', 'Lewis']:
        a = await make_greeting(name)
        print(a)

# 실행. Paula, Thomas, Lewis를 위한 인사를 출력
asyncio.run(main())
```

await는 감싸고 있는 비동기 함수의 정의 내에서만 유효하게 사용할 수 있다. 또한 이 표현식은 async 함수를 실행하기 위해 필요한 요소이기도 하다. await를 중단하면, 코드가 멈춘다는 것을 알 수 있다.

await 사용을 요구하는 것은 비동기 함수가 가진 일반적인 사용 문제를 암시한다. 즉, 비동기 함수의 서로 다른 평가 모델로 인해, 비동기 함수는 파이썬의 다른 부분과 함께 사용되지 못한다. 특히 비동기가 아닌 함수에서 비동기 함수를 호출하는 코드를 작성하는 것은 불가능하다.

```
async def twice(x):
    return 2 * x

def main():
    print(twice(2))              # 에러. 함수를 실행하지 않음
    print(await twice(2))        # 에러. 여기서 await를 사용할 수 없음
```

같은 응용 프로그램에서 비동기와 비동기가 아닌 기능을 결합하는 것은 복잡한 주제이다. 특히 고차 함수, 콜백, 데코레이터와 관계된 프로그래밍 기술을 고려할 때는 더욱 복잡하다. 대부분의 경우, 비동기 함수를 지원하는 일은 특별한 경우로 한정해야 한다.

파이썬은 이터레이터와 컨텍스트 관리자 프로토콜에서 이 작업을 정확하게 수행한다. 예를 들어, 비동기 컨텍스트 관리자는 다음과 같이 __aenter__()와 __aexit__() 메서드를 사용하여 정의할 수 있다.

```
class AsyncManager(object):
    def __init__(self, x):
        self.x = x

    async def yow(self):
        pass

    async def __aenter__(self):
        return self

    async def __aexit__(self, ty, val, tb):
        pass
```

이 메서드들은 비동기 함수이므로, await를 사용하여 다른 비동기 함수를 실행할 수 있다. 이 관리자를 사용하려면, async 함수에서만 유효한 특수 async with 문법을 사용해야 한다.

```
# 사용 예제
async def main():
    async with AsyncManager(42) as m:
        await m.yow()

asyncio.run(main())
```

클래스는 __aiter__()와 __anext__() 메서드를 정의하여 비동기 이터레이터를 유사하게 정의할 수 있다. 이들은 비동기 함수에서만 나오는 async for 문에서 사용된다.

실제로 async 함수는 일반 함수와 동일하게 동작한다. 다른 점은 asyncio와 같은 관리 환경에서 실행해야 한다는 것뿐이다. 비동기 처리를 다루지 않는 환경이라면 비동기 함수를 사용하지 않는 편이 좋다. 훨씬 더 행복해질 것이다.

5.24 파이써닉한 파이썬: 함수와 조합에 대한 생각

시스템은 모두 구성 요소의 조합으로 구축된다. 파이썬에서는 다양한 종류의 라이브러리와 객체가 이러한 구성 요소에 포함된다. 하지만 모든 것의 근본은 함수다. 함수는 시스템을 구성하기 위한 연결고리이자 데이터를 이동시키는 기본 메커니즘이다.

이 장 대부분의 내용은 함수와 해당 인터페이스의 특성에 초점을 맞췄다. 함수의 입력은 어떻게 되는가? 출력은 어떻게 처리되는가? 에러는 어떻게 보고되는가? 이 모든 것을 어떻게 컨트롤하고 더 잘 이해할 수 있을까?

대규모 프로젝트에서 작업할 때는 복잡성의 잠재적 원인으로 함수의 상호작용을 생각해볼 가치가 있다. 직관적으로 사용하기 쉬운 API와 사용하기 복잡한 API 사이의 차이는 함수의 상호작용 방식으로 설명할 수 있는 경우가 많다.

6장

제너레이터

제너레이터(generator)는 파이썬에서 매우 흥미로우면서도 강력한 기능의 하나다. 제너레이터는 새로운 형태의 반복 패턴을 정의하는 편리한 방법으로 소개되고 있지만, 그것보다 훨씬 더 많은 기능들이 있다. 제너레이터는 함수의 전체 실행 모델(execution model)을 근본적으로 변경할 수 있다. 이 장에서는 제너레이터와 제너레이터 위임(generator delegation), 제너레이터 기반 코루틴(coroutine), 제너레이터의 응용에 대해 논의하겠다.

6.1 제너레이터와 yield

함수에서 yield 키워드를 사용하면 제너레이터(generator)라는 객체를 정의하게 된다. 제너레이터의 주된 기능은 반복에 사용할 값을 생성하는 것이다. 다음 예를 살펴보자.

```python
def countdown(n):
    print('Counting down from', n)
    while n > 0:
        yield n
        n -= 1

# 사용 예제
for x in countdown(10):
    print('T-minus', x)
```

이 함수를 호출하면, 아무런 코드도 실행하지 않는다. 다음 예를 보자.

```
>>> c = countdown(10)
>>> c
<generator object countdown at 0x105f73740>
>>>
```

그 대신 제너레이터 객체를 반환한다. 제너레이터 객체는 반복을 시작할 때만 함수를 실행한다. 제너레이터 객체를 수행하는 방법은 다음과 같이 next()를 호출하는 것이다.

```
>>> next(c)
Counting down from 10
10
>>> next(c)
9
```

next()를 호출하면 제너레이터 함수는 yield 문까지 문장을 실행한다. yield 문은 결과를 반환하며, next()가 다시 호출되기 전까지 함수 실행을 일시적으로 중단한다. 중단되는 동안 함수는 지역 변수와 실행 환경을 모두 유지한다. 함수가 재개되면, yield 다음에 오는 문장에서 실행을 계속한다.

next()는 제너레이터의 __next__() 메서드를 호출하는 약어다. 다음과 같이 수행할 수도 있다.

```
>>> c.__next__()
8
>>> c.__next__()
7
>>>
```

보통 제너레이터에서 next()를 직접 호출할 일은 없고, 항목을 처리하는 for 문 또는 특정 연산에서 사용한다. 다음 예를 살펴보자.

```
for n in countdown(10):
    문장들

a = sum(countdown(10))
```

제너레이터 함수는 함수의 끝에 도달하거나 return 문으로 반환되기 전까지 항목을 생성한다. for 루프가 종료되면 StopIteration 예외가 발생한다. 제너레이터 함수가 None이 아닌 값을 반환하면 StopIteration 예외와 함께 반환된다. 다음 예제 코드에서 제너레이터는 yield와 return을 모두 사용한다.

```
def func():
    yield 37
    return 42
```

이 예제 코드가 어떻게 실행되는지 살펴보자.

```
>>> f = func()
>>> f
<generator object func at 0x10b7cd480>
>>> next(f)
37
>>> next(f)
Traceback (most recent call last):
  File "<stdin>", line 1, in <module>
StopIteration: 42
>>>
```

반환값이 StopIteration과 함께 있는 것을 볼 수 있다. 이 값을 얻기 위해서는 명시적으로 StopIteration을 포착해 값을 추출해야 한다.

```
try:
    next(f)
except StopIteration as e:
    value = e.value
```

제너레이터 함수는 일반적으로 값을 반환하지 않는다. 제너레이터는 예욋값 (exception value)을 얻을 방법이 없는 for 루프에서 대부분 처리된다. 이것은 값을 얻는 유일한 방법이 명시적으로 next()를 호출하여 수동으로 제너레이터를 실행하는 것뿐임을 의미한다. 제너레이터와 관련된 대부분의 코드가 꼭 이렇게 하진 않는다.

제너레이터가 부분적으로만 실행되는 경우, 제너레이터에서 미묘한 문제가 발생한다. 예를 들어 다음 예시는 반복에서 일찍 빠져나오는 코드이다.

```
for n in countdown(10):
    if n == 2:
        break
    문장들
```

이 예에서 break가 호출되면, for 루프가 중단되고 제너레이터는 끝까지 실행되지 않는다. 제너레이터에서 일종의 정리 작업을 수행하는 게 중요하다면, try-finally 또는 컨텍스트 관리자를 사용해야 한다. 다음 예를 살펴보자.

```
def countdown(n):
    print('Counting down from', n)
    try:
        while n > 0:
            yield n
            n=n-1
    finally:
        print('Only made it to', n)
```

이 코드에서 제너레이터가 모두 실행되지 않아도 finally 블록 코드는 실행이 보장된다. 버려진 제너레이터는 가비지 컬렉션될 때 실행된다. 마찬가지로 컨텍스트 관리자와 관련된 정리 작업 코드도 제너레이터가 종료될 때 실행을 보장한다.

```
def func(filename):
    with open(filename) as file:
        ...
        yield data
        ...
    # 제너레이터가 버려져도 파일은 여기서 닫힘
```

자원을 적절히 정리하는 것은 까다로운 문제다. try-finally 또는 컨텍스트 관리자와 함께 제너레이터를 사용하는 한, 제너레이터는 일찍 종료되더라도 올바른 작업을 수행한다.

6.2 다시 시작할 수 있는 제너레이터

일반적으로 제너레이터는 다음과 같이 한 번만 실행된다.

```
>>> c = countdown(3)
>>> for n in c:
...     print('T-minus', n)
...
T-minus 3
T-minus 2
T-minus 1
>>> for n in c:
...     print('T-minus', n)
...
>>>
```

여러 번 반복할 수 있는 객체가 필요하다면, 이를 클래스로 정의하고 __iter__()
메서드를 제너레이터로 만들면 된다.

```
class countdown:
    def __init__(self, start):
        self.start = start
    def __iter__(self):
        n = self.start
        while n > 0:
            yield n
            n -= 1
```

이 코드는 반복할 때마다 __iter__()가 새로운 제너레이터를 생성하므로 여러 번 반복할 수 있다.

6.3 제너레이터 위임

yield를 포함하는 함수는 스스로 실행되지 않는다는 점이 제너레이터의 중요한 특징이다. 제너레이터는 항상 for 루프 또는 명시적으로 next()를 호출하는 다른 코드가 있어야 실행된다. 호출만으로 제너레이터를 실행하는 게 충분하지 않기 때문에, yield를 포함하는 라이브러리 함수는 작성하기가 다소 까다롭다. 이를 해결하기 위해 yield from 문을 사용할 수 있다. 다음 예를 살펴보자.

```
def countup(stop):
    n=1
    while n <= stop:
        yield n
        n += 1

def countdown(start):
    n = start
    while n > 0:
        yield n
        n -= 1

def up_and_down(n):
    yield from countup(n)
    yield from countdown(n)
```

yield from은 반복 프로세스를 외부 반복 객체에 효과적으로 위임한다. 예를 들어, 반복을 실행하기 위해 다음과 같은 코드를 작성할 수 있다.

```
>>> for x in up_and_down(5):
        print(x, end=' ')
...
1 2 3 4 5 5 4 3 2 1
>>>
```

yield from은 반복 작업을 직접 수행하지 않도록 해준다. 이 기능이 없으면 up_and_down(n)은 다음과 같이 작성해야 한다.

```
def up_and_down(n):
    for x in countup(n):
        yield x
    for x in countdown(n):
        yield x
```

yield from은 중첩된 반복 가능 객체를 재귀적으로 반복해야 하는 코드를 작성할 때 특히 유용하다. 다음은 리스트를 중첩 없이 평평하게 하는(flatten) 코드다.

```
def flatten(items):
    for i in items:
        if isinstance(i, list):
            yield from flatten(i)
        else:
            yield i
```

다음은 동작 예이다.

```
>>> a = [1, 2, [3, [4, 5], 6, 7], 8]
>>> for x in flatten(a):
        print(x, end=' ')
...
1 2 3 4 5 6 7 8
>>>
```

이 구현의 한 가지 제약 사항은 여전히 파이썬의 재귀 제한(recursion limit)이 적용되므로, 깊이 중첩된 구조는 처리할 수 없다는 점이다. 이에 대한 해결책은 다음 절에서 다룬다.

6.4 실전에서 제너레이터 사용하기

처음에는 이터레이터를 단순히 정의하는 것을 넘어, 실전에서 어떻게 제너레이터를 사용할지 분명하지 않을 수 있다. 하지만 제너레이터는 파이프라인 및 워크플로와 관련해서 다양한 데이터 처리 문제를 구조화할 때 매우 효과적이다.

깊이 중첩된 for 루프와 조건문으로 구성된 코드를 재구성할 때, 제너레이터를 활용할 수 있다. 다음은 현재 디렉터리로부터 파이썬 파일(*.py)을 찾은 다음, 단어 'spam'을 포함한 주석(comment)을 모두 찾아 이를 출력하는 코드이다.

```
import pathlib
import re

for path in pathlib.Path('.').rglob('*.py'):
    if path.exists():
        with path.open('rt', encoding='latin-1') as file:
            for line in file:
                m = re.match('.*(#.*)$', line)
                if m:
                    comment = m.group(1)
                    if 'spam' in comment:
                        print(comment)
```

이 코드에서 중첩된 제어 흐름의 레벨 수를 확인하기 바란다. 코드를 보면, 벌써
눈이 아플 것이다. 이제 제너레이터를 사용하여 수정한 코드를 살펴보자.

```
import pathlib
import re

def get_paths(topdir, pattern):
    for path in pathlib.Path(topdir).rglob(pattern):
        if path.exists():
            yield path

def get_files(paths):
    for path in paths:
        with path.open('rt', encoding='latin-1') as file:
            yield file

def get_lines(files):
    for file in files:
        yield from file

def get_comments(lines):
    for line in lines:
        m = re.match('.*(#.*)$', line)
        if m:
            yield m.group(1)

def print_matching(lines, substring):
    for line in lines:
        if substring in line:
            print(substring)

paths = get_paths('.', '*.py')
files = get_files(paths)
lines = get_lines(files)
comments = get_comments(lines)
print_matching(comments, 'spam')
```

앞서 살펴본 눈이 아픈 코드가 작은 구성 요소로 나뉘어 작성된 것을 볼 수 있다. 각각의 구성 요소는 특정 작업에만 관여한다. 예를 들어, get_paths() 제너레이터는 경로 이름에, get_files() 제너레이터는 파일 열기에만 관여한다. 여러 제너레이터를 하나의 작업(workflow)으로 함께 연결하는 것은 마지막에 하면 된다.

구성 요소를 작게 만들어 서로 분리하는 것은 좋은 추상화 기술이다. 예를 들어, get_comments() 제너레이터를 살펴보자. 이 제너레이터는 반복 가능한 텍스트 줄을 입력으로 받는다. 이때 텍스트는 파일, 리스트, 제너레이터 등 거의 모든 곳에서 올 수 있다. 결과적으로 이 기능은 파일과 관련해 깊이 중첩된 for 루프에 있을 때보다 훨씬 강력하고 응용력이 뛰어나다. 따라서 제너레이터는 문제를 잘 정의된 작은 작업으로 분할해서 재사용하려는 코드에 권장한다. 작업 단위가 작을수록 디버그, 테스트에 대한 판단이 더 쉽다.

제너레이터는 함수 적용의 일반적인 평가 규칙을 변경할 때도 유용하다. 일반적으로 함수를 적용하면, 즉시 실행되고 결과를 생성한다. 하지만 제너레이터는 그렇지 않다. 제너레이터를 적용하면 다른 코드가 next()를 호출(명시적인 호출 또는 for 루프에 의한 호출)할 때까지 실행이 지연된다.

중첩 리스트를 평면화하기 위해 사용한 제너레이터를 다시 살펴보자.

```
def flatten(items):
    for i in items:
        if isinstance(i, list):
            yield from flatten(i)
        else:
            yield i
```

이 구현의 한 가지 문제점은 파이썬의 재귀 제한으로 인해 깊이 중첩된 구조에서는 동작하지 않는다는 점이다. 이는 스택을 사용해 다른 방식으로 반복하도록 수정할 수 있다. 다음 코드를 살펴보자.

```
def flatten(items):
    stack = [ iter(items) ]
    while stack:
        try:
            item = next(stack[-1])
            if isinstance(item, list):
                stack.append(iter(item))
            else:
                yield item
```

```
    except StopIteration:
        stack.pop()
```

이 구현은 이터레이터의 내부 스택을 구축한다. 내부 인터프리터 스택에 구축하는 것과 달리 내부 리스트에 데이터를 저장하기 때문에 파이썬의 재귀 제한이 적용되지 않는다. 따라서 흔치 않게 수백만 개의 깊이를 갖는 중첩 자료구조를 평면화하는 경우에도 이 코드는 잘 동작한다.

이 코드를 보면 제너레이터 패턴으로 코드를 모두 다시 작성해야 할 것처럼 보인다. 실상은 그렇지 않다. 핵심은 제너레이터의 지연 평가(delayed evaluation)가 일반 함수의 평가 시점과 지점을 변경할 수 있다는 점이다. 이러한 기술이 예상치 못한 방법으로 유용하게 쓰일 수 있다는 실제 시나리오들이 다양하게 있다.

6.5 향상된 제너레이터와 yield 표현식

제너레이터 내의 yield 문은 대입 연산자의 오른쪽 표현식에도 사용할 수 있다. 다음 코드를 살펴보자.

```
def receiver():
    print('Ready to receive')
    while True:
        n = yield
        print('Got', n)
```

이 방법으로 yield를 사용하는 함수를 '향상된 제너레이터' 또는 '제너레이터 기반 코루틴(generator-based coroutine)'이라 한다. 안타깝게도 '코루틴(coroutine)'이라는 용어는 약간 부정확하고 혼란스러워졌는데, 이 용어가 최근 비동기 함수와 더 연관되고 있기 때문이다. 이러한 혼란을 피하고자 이 책에서는 '향상된 제너레이터(enhanced generator)'라는 용어를 사용하여, 여전히 yield를 사용하는 표준 함수에 관해 이야기한다는 점을 분명히 밝힌다.

yield를 표현식으로 사용하는 함수는 여전히 제너레이터이지만 사용법은 다르다. 값을 생성하는 대신 전달한 값에 대한 응답으로 실행된다. 다음 코드를 살펴보자.

```
>>> r = receiver()
>>> r.send(None)            # 첫 번째 yield로 진행
Ready to receive
>>> r.send(1)
```

```
Got 1
>>> r.send(2)
Got 2
>>> r.send('Hello')
Got Hello
>>>
```

이 코드에서 제너레이터가 첫 번째 yield 표현식을 이끄는 문장을 실행하기 위해서는 r.send(None)이라는 초기 호출이 필요하다. 이 시점에서 제너레이터는 일시 중지되고, 연결된 제너레이터 객체 r이 send() 메서드를 사용해 값을 전달할 때까지 기다린다. send()로 전달한 값은 제너레이터에서 yield 표현식으로 반환된다. 값이 반환되면, 제너레이터는 다음 yield를 만날 때까지 문장을 실행한다.

작성한 대로 함수는 무한히 실행된다. close() 메서드는 다음과 같이 제너레이터를 종료할 때 사용할 수 있다.

```
>>> r.close()
>>> r.send(4)
Traceback (most recent call last):
  File "<stdin>", line 1, in <module>
StopIteration
>>>
```

close() 연산은 현재 yield에서 제너레이터 내부에 있는 GeneratorExit 예외를 일으킨다. 이 경우 제너레이터는 통상적으로 조용히 종료된다. 원한다면, 예외를 포착해 정리 작업을 수행할 수 있다. close() 메서드가 수행된 후에, 추가로 값을 제너레이터로 전달하면 StopIteration 예외가 발생한다.

throw(ty [,val [,tb]]) 메서드를 사용해 제너레이터 내부에서 예외를 일으킬 수 있다. 여기서 ty는 예외 타입을, val은 예외 인수(또는 인수 튜플), tb는 선택적인 역추적(trackback)이다. 다음은 한 예이다.

```
>>> r = receiver()
...
Ready to receive
>>> r.throw(RuntimeError, "Dead")
Traceback (most recent call last):
  File "<stdin>", line 1, in <module>
  File "receiver.py", line 14, in receiver
    n = yield
RuntimeError: Dead
>>>
```

어떤 식으로 일어나든 예외는 제너레이터에서 현재 실행 중인 yield 문에서 전파된다. 제너레이터는 예외를 잡고 적절히 제어할 수 있도록 선택할 수 있다. 제너레이터가 예외를 처리하지 못하면, 제너레이터 밖으로 전파되어 더 높은 레벨에서 처리된다.

6.6 향상된 제너레이터의 응용

향상된 제너레이터는 특이한 프로그래밍 구조물이다. for 루프와 자연스럽게 동작하는 단순한 제너레이터와 달리 향상된 제너레이터를 이끄는 핵심 언어 기능은 없다. 그렇다면, 왜 값을 제너레이터로 보낼 필요가 있는 함수를 원하는 걸까? 순전히 학문적인 필요에서일까?

향상된 제너레이터는 역사적으로 동시성 라이브러리, 특히 비동기 I/O 기반 컨텍스트에서 사용되어 왔다. 이러한 맥락에서 이들을 '코루틴' 또는 '제너레이터 기반 코루틴'이라 불렀다. 하지만 해당 기능의 대부분은 파이썬의 async와 await에 포함되었다. yield를 사용하는 경우는 드물지만, 여전히 몇몇 응용 프로그램에서 필요한 경우가 있다.

제너레이터와 마찬가지로 향상된 제너레이터는 다양한 종류의 평가와 제어 흐름을 구현할 때 사용할 수 있다. 한 가지 예로 contextlib 모듈에는 @context manager 데코레이터가 있다. 다음 코드를 살펴보자.

```python
from contextlib import contextmanager

@contextmanager
def manager():
    print("Entering")
    try:
        yield 'somevalue'
    except Exception as e:
        print("An error occurred", e)
    finally:
        print("Leaving")
```

이 코드에서 제너레이터는 컨텍스트 관리자의 두 부분을 결합하는 데 사용된다. 컨텍스트 관리자는 다음과 같이 프로토콜을 구현하는 객체로 정의된다는 것을 기억하자.

```python
class Manager:
    def __enter__(self):
        return somevalue
```

```
        def __exit__(self, ty, val, tb):
            if ty:
                # 예외 발생
                ...
                # 처리되면 True 반환. 그렇지 않으면 False 반환
```

@contextmanager 제너레이터를 사용해 컨텍스트 관리자에 진입하면 __enter__() 메서드를 통해 yield 문 이전의 모든 것이 실행된다. yield 이후의 모든 것은 컨텍스트 관리자가 __exit__() 메서드를 통해 종료될 때 실행된다. 오류가 발생하면 yield 문에 예외가 보고된다. 다음은 그 예이다.

```
>>> with manager() as val:
...     print(val)
...
Entering
somevalue
Leaving
>>> with manager() as val:
...     print(int(val))
...
Entering
An error occurred invalid literal for int() with base 10: 'somevalue'
Leaving
>>>
```

이를 구현하기 위해 래퍼 클래스를 사용한다. 다음 코드는 기본 아이디어를 단순하게 구현한 것이다.

```
class Manager:
    def __init__(self, gen):
        self.gen = gen
    def __enter__(self):
        # yield로 실행
        return self.gen.send(None)
    def __exit__(self, ty, val, tb):
        # 예외가 있다면 전파됨
        try:
            if ty:
                try:
                    self.gen.throw(ty, val, tb)
                except ty:
                    return False
            else:
                self.gen.send(None)
        except StopIteration:
            return True
```

함수를 사용해 '작업자(worker)'의 일을 캡슐화하는 게 확장된 제너레이터의 또 다른 응용 사례다. 함수 호출의 핵심 기능 중 하나는 지역 변수 환경을 설정하는 것이다. 이런 변수에의 접근은 매우 최적화되어 있는데, 클래스와 인스턴스 속성에 접근하는 것보다 훨씬 빠르다. 제너레이터는 명시적으로 닫히거나 소멸하기 전까지 살아 있으므로, 제너레이터를 사용하여 수명이 긴 작업을 설정할 수 있다. 다음 코드는 바이트 조각을 받아 줄(line)로 조합하는 제너레이터 예시이다.

```python
def line_receiver():
    data = bytearray()
    line = None
    linecount = 0
    while True:
        part = yield line
        linecount += part.count(b'\n')
        data.extend(part)
        if linecount > 0:
            index = data.index(b'\n')
            line = bytes(data[:index+1])
            data = data[index+1:]
            linecount -= 1
        else:
            line = None
```

이 코드에서 제너레이터는 바이트 배열로 저장된 바이트 조각을 받는다. 배열에 줄바꿈 문자가 포함되어 있으면 줄이 추출되어 반환된다. 그렇지 않으면 아무것도 반환되지 않는다. 다음은 이 코드가 어떻게 동작하는지 보여준다.

```python
>>> r = line_receiver()
>>> r.send(None)        # 제너레이터를 준비한다.
>>> r.send(b'hello')
>>> r.send(b'world\nit ')
b'hello world\n'
>>> r.send(b'works!')
>>> r.send(b'\n')
b'it works!\n''
>>>
```

다음과 같이 클래스를 사용하여 비슷한 코드를 작성할 수 있다.

```python
class LineReceiver:
    def __init__(self):
        self.data = bytearray()
        self.linecount = 0
```

```python
def send(self, part):
    self.linecount += part.count(b'\n')
    self.data.extend(part)
    if self.linecount > 0:
        index = self.data.index(b'\n')
        line = bytes(self.data[:index+1])
        self.data = self.data[index+1:]
        self.linecount -= 1
        return line
    else:
        return None
```

클래스를 작성하는 것이 더 익숙할 수 있지만, 코드는 더 복잡하고 느리다. 필자의 컴퓨터에서 테스트해 본 결과, 제너레이터를 사용하여 대량의 청크를 수신자에게 전달하면 클래스를 사용할 때보다 약 40~50% 더 빠르다는 사실을 확인할 수 있었다. 이는 인스턴스 속성을 조회하는 과정이 생략되기 때문이다. 즉, 지역변수에 접근하는 것이 훨씬 더 빠르다.

잠재적인 많은 응용이 있지만, 명심해야 할 점은 반복을 포함하지 않는 컨텍스트에서 yield가 쓰이는 것을 본다면, 아마도 send()나 throw()와 같이 향상된 기능을 사용한다고 추측할 수 있다는 것이다.

6.7 제너레이터와 await의 연결

제너레이터는 전형적으로 표준 asyncio 모듈과 같은 비동기 I/O 관련 라이브러리에서 사용되어 왔다. 하지만 파이썬 3.5 이후부터 이 기능의 대부분이 async 함수와 await 문과 연관되어 다른 언어 기능으로 이동되었다(5장 마지막 부분을 참조).

await 문은 제너레이터와 상호작용하며, 이는 가려져 있다. 다음 코드는 await에서 사용되는 기본 프로토콜을 보여준다.

```python
class Awaitable:
    def __await__(self):
        print('About to await')
        yield    #제너레이터여야 함
        print('Resuming')

# await와 상호작용하는 함수. 'Awaitable'을 반환
def function():
    return Awaitable()

async def main():
    await function()
```

다음은 asyncio를 사용하여 코드를 작성한 것이다.

```
>>> import asyncio
>>> asyncio.run(main())
About to await
Resuming
>>>
```

이 코드가 어떻게 동작하는지 꼭 알아야만 할까? 아마도 그렇지 않을 것이다. 자세한 내용은 가려져 있다. 하지만 비동기 함수를 사용하고 있다면, 내부 어딘가에 제너레이터가 숨어 있다는 것만은 알아두자. 기술 부채(debt)의 빈자리를 깊게 깊게 파다보면 결국 확인하게 될 것이다.

6.8 파이써닉한 파이썬: 제너레이터의 역사와 미래

제너레이터는 파이썬의 흥미로운 성공 사례 중 하나이며, 반복과 관련된 위대한 사례의 일부이기도 하다. 반복은 일반적인 프로그래밍 작업의 하나다. 파이썬 초기 버전에서 반복은 시퀀스 인덱스와 __getitem__() 메서드로 구현되어 있었다. 이것은 __iter__()와 __next__() 메서드를 기반으로 하는 현재의 반복 프로토콜로 발전했다. 그 후 얼마 지나지 않아 이터레이터를 손쉽게 구현하는 방법으로 제너레이터가 등장했다. 현대 파이썬에서는 제너레이터 이외의 것을 사용해 이터레이터를 구현할 이유가 거의 없다. 심지어 사용자 스스로 정의하는 반복 가능 객체에서, __iter__() 메서드 그 자체는 이러한 방식으로 편리하게 구현된다.

이후 버전의 파이썬에서 제너레이터는 코루틴과 관련된 향상된 기능으로 send() 및 throw() 메서드를 발전시키며 새로운 역할을 맡고 있다. 이렇게 되면서 제너레이터는 이제 반복에 한정되지 않고, 다른 컨텍스트에서도 사용될 가능성이 열렸다. 가장 주목할 만한 점은 이것이 네트워크 프로그래밍과 동시성에서 사용되는, 소위 '비동기' 프레임워크의 기반을 만들어 냈다는 것이다. 그러나 비동기 프로그래밍이 발전함에 따라, 이들 대부분이 async/await 구문을 사용하는 기능으로 바뀌었다. 따라서 원래의 목적인 반복 컨텍스트 이외에서 사용되는 제너레이터를 보는 것은 흔치 않다. 사실 제너레이터 함수를 정의하고 반복을 수행하지 않는다면 작성한 방법을 재고해볼 필요가 있다. 아마 지금 작성한 방법보다 더 낫고 현대적인 방식이 있을 것이다.

7장

클래스와 객체지향 프로그래밍

클래스는 새로운 종류의 객체를 생성할 때 사용한다. 이 장에서는 클래스를 자세히 다룬다. 단, 객체지향 프로그래밍과 객체지향 설계의 심층적인 내용은 다루지 않으려 한다. 이 장에서는 파이썬에서 자주 쓰이는 몇 가지 프로그래밍 패턴을 논의하고, 클래스가 흥미로운 방식으로 동작하도록 사용자가 정의하는 방법을 설명한다. 이 장의 전체 구조는 하향식(top-down)으로 구성되어 있다. 전반부는 클래스를 사용하는 고수준(high-level) 개념과 기법을, 후반부는 더욱 기술적인 내용과 내부 구현에 관해 설명한다.

7.1 객체

파이썬의 거의 모든 코드는 객체를 만들고, 동작하게 하는 내용이다. 다음 코드와 같이 문자열 객체를 만들고, 만든 객체를 조작할 수 있다.

```
>>> s = "Hello World"
>>> s.upper()
'HELLO WORLD'
>>> s.replace('Hello', 'Hello Cruel')
'Hello Cruel World'
>>> s.split()
['Hello', 'World']
>>>
```

또는 리스트 객체도 만들고 조작할 수 있다.

```
>>> names = ['Paula', 'Thomas']
>>> names.append('Lewis')
>>> names
['Paula', 'Thomas', 'Lewis']
>>> names[1] = 'Tom'
>>>
```

객체의 본질적인 특징은 보통 문자열의 문자, 리스트의 요소와 같은 상태뿐만 아니라 해당 상태에서 동작하는 메서드를 가지고 있다는 것이다. 메서드는 속성 (.) 연산자를 통해 객체에 연결된 함수처럼 호출된다.

객체는 항상 연결된 타입이 있다. 연결된 타입은 type()을 사용하여 살펴볼 수 있다.

```
>>> type(names)
<class 'list'>
>>>
```

객체는 해당 타입의 인스턴스(instance)라 부른다. 예를 들어 names는 list의 인스턴스이다.

7.2 class 문

class 문을 사용하여 새로운 객체를 정의한다. 클래스는 보통 메서드를 만드는 함수의 모음으로 구성된다. 다음 예를 보자.

```python
class Account:
    def __init__(self, owner, balance):
        self.owner = owner
        self.balance = balance

    def __repr__(self):
        return f'Account({self.owner!r}, {self.balance!r})'

    def deposit(self, amount):
        self.balance += amount

    def withdraw(self, amount):
        self.balance -= amount

    def inquiry(self):
        return self.balance
```

class 문 자체는 클래스의 어떤 인스턴스도 생성하지 않는다는 것에 주목할 필요가 있다. 예를 들어, 이 예에서 Account 클래스의 인스턴스는 실제로 생성되지 않는다. 오히려 클래스는 나중에 생성될 인스턴스들이 사용할 메서드만 가지고 있다. 어떻게 보면 클래스는 청사진과도 같다.

클래스 안에서 정의되는 함수를 메서드(method)라고 한다. 인스턴스 메서드는 클래스의 인스턴스에서 동작하는 함수인데, 첫 번째 인수로 클래스의 인스턴스가 전달된다. 첫 번째 인수는 관례적으로 self라고 쓴다. 이 예제에서 deposit(), withdraw(), inquiry()는 모두 인스턴스 메서드의 예이다.

이 예제에서 클래스의 __init__()과 __repr__() 메서드는 소위 스페셜 메서드 (special method) 또는 매직 메서드(magic method)의 예이다. 이 메서드들은 인터프리터 런타임에서 특별한 의미가 있다. __init__() 메서드는 새 인스턴스를 생성할 때 상태를 초기화한다. __repr__() 메서드는 객체를 살펴보기 위한 문자열을 반환한다. __repr__() 메서드를 반드시 정의할 필요는 없지만, 정의한다면 대화식 프롬프트에서 디버깅이 간편해지고 객체를 쉽게 알아볼 수 있다.

클래스 정의에서는 문서화 문자열과 타입 힌트를 추가로 작성할 수 있다. 다음 예를 살펴보자.

```python
class Account:
    '''
    간단한 은행 계좌
    '''
    owner: str
    balance: float

    def __init__(self, owner, balance):
        self.owner = owner
        self.balance = balance

    def __repr__(self):
        return f'Account({self.owner!r}, {self.balance!r})'

    def deposit(self, amount):
        self.balance += amount

    def withdraw(self, amount):
        self.balance -= amount

    def inquiry(self):
        return self.balance
```

타입 힌트는 클래스 동작과 관련하여 어떤 것도 변경하지 않는다. 즉, 타입 힌트로 추가 검사 또는 유효성 검사를 수행하지 않는다. 타입 힌트는 서드파티 도구나 IDE에서 유용하게 쓰이고, 특정 고급 프로그래밍 기법에서도 사용하는 순수 메타데이터(metadata)로 필수적인 것은 아니므로, 앞으로 나올 대부분의 예제에서는 사용하지 않았다.

7.3 인스턴스

클래스의 인스턴스는 클래스 객체를 함수처럼 호출하여 생성한다. 그러면 새로운 인스턴스가 생성되고, 클래스의 __init__() 메서드에 이 인스턴스를 전달한다. __init__()에는 새롭게 생성된 인스턴스 self와 클래스 객체를 호출할 때 함께 제공한 인수가 전달된다. 다음 예를 보자.

```
# 계좌 몇 개를 생성
a = Account('Guido', 1000.0)    # Account.__init__(a, 'Guido', 1000.0)을 호출
b = Account('Eva', 10.0)        # Account.__init__(b, 'Eva', 10.0)을 호출
```

__init__() 안에서 속성은 self에 할당되어 인스턴스에 추가된다. 예를 들어, self.owner = owner는 owner 속성을 인스턴스에 추가한다. 일단 새로 만든 인스턴스가 반환되면, 속성(.) 연산자를 사용하여 클래스의 속성과 메서드에 접근할 수 있다.

```
a.deposit(100.0)      # Account.deposit(a, 100.0)을 호출
b.withdraw(50.00)     # Account.withdraw(b, 50.0)을 호출
owner = a.owner       # 예금주를 가져옴
```

인스턴스는 자신의 상태를 가지고 있다는 것을 알 필요가 있다. vars() 함수를 사용하여 인스턴스의 변수를 볼 수 있다. 다음 예를 보자.

```
>>> a = Account('Guido', 1000.0)
>>> b = Account('Eva', 10.0)
>>> vars(a)
{'owner': 'Guido', 'balance': 1000.0}
>>> vars(b)
{'owner': 'Eva', 'balance': 10.0}
>>>
```

여기에서 메서드를 표시하지 않는다는 점에 주목하자. 대신, 메서드는 클래스에서 살펴볼 수 있다. 인스턴스는 모두 연결된 타입을 통해 클래스와 링크되어 있다. 다음은 그 예이다.

```
>>> type(a)
<class 'Account'>
>>> type(b)
<class 'Account'>
>>> type(a).deposit
<function Account.deposit at 0x10a032158>
>>> type(a).inquiry
<function Account.inquiry at 0x10a032268>
>>>
```

이 장 후반부에서 속성 바인딩에 대한 상세 구현과 인스턴스와 클래스 간의 관계를 설명한다.

7.4 속성 접근

인스턴스에서 수행할 수 있는 기본 작업은 속성 가져오기, 설정하기, 삭제하기 총 3개이다. 다음 예를 살펴보자.

```
>>> a = Account('Guido', 1000.0)
>>> a.owner              # 가져오기
'Guido'
>>> a.balance = 750.0    # 설정하기
>>> del a.balance        # 삭제하기
>>> a.balance
Traceback (most recent call last):
  File "<stdin>", line 1, in <module>
AttributeError: 'Account' object has no attribute 'balance'
>>>
```

파이썬의 모든 것은 제한이 거의 없는 동적 프로세스이다. 객체가 생성된 후 생성된 객체에 새로운 속성을 자유로이 추가할 수 있다. 다음은 새로운 속성을 추가하는 예를 보여준다.

```
>>> a = Account('Guido', 1000.0)
>>> a.creation_date = '2019-02-14'
>>> a.nickname = 'Former BDFL'
>>> a.creation_date
'2019-02-14'
>>>
```

속성(.) 연산자를 사용하는 대신 getattr(), setattr(), delattr() 함수에 문자열 속성 이름을 제공하여 속성 가져오기, 설정하기, 삭제하기를 수행할 수 있다. hasattr() 함수는 속성이 존재하는지 테스트한다. 다음 예를 살펴보자.

```
>>> a = Account('Guido', 1000.0)
>>> getattr(a, 'owner')
'Guido'
>>> setattr(a, 'balance', 750.0)
>>> delattr(a, 'balance')
>>> hasattr(a, 'balance')
False
>>> getattr(a, 'withdraw')(100)     # 메서드 호출
>>> a
Account('Guido', 650.0)
>>>
```

a.attr와 getattr(a, 'attr')은 서로 바꿔 쓸 수 있으므로, getattr(a, 'withdraw')(100)은 a.withdraw(100)과 같다. withdraw()가 메서드인 것은 중요치 않다.

getattr() 함수는 추가로 기본값(default value)을 가질 수 있다. 존재하거나 존재하지 않는 속성을 조회하려면 다음과 같이 작성하면 된다.

```
>>> a = Account('Guido', 1000.0)
>>> getattr(a, 'balance', 'unknown')
1000.0
>>> getattr(a, 'creation_date', 'unknown')
'unknown'
>>>
```

메서드를 속성처럼 접근하면, 다음과 같이 바운드 메서드(bound method)로 알려진 객체를 얻을 수 있다.

```
>>> a = Account('Guido', 1000.0)
>>> w = a.withdraw
>>> w
<bound method Account.withdraw of Account('Guido', 1000.0)>
>>> w(100)
>>> a
Account('Guido', 900.0)
>>>
```

바운드 메서드는 인스턴스(self)와 메서드를 구현하는 함수, 둘 다 포함하는 객체이다. 괄호와 인수를 추가하여 바운드 메서드를 호출하면, 딸려 있는 인스턴스를 첫 번째 인수로 전달하면서 메서드가 실행된다. 예를 들어, 이 예제에서 w(100)을 호출하면, Account.withdraw(a, 100)을 호출하는 것으로 변환된다.

7.5 유효 범위 규칙

클래스가 메서드를 위한 독립된 네임스페이스를 정의하더라도, 해당 네임스페이스는 메서드 안에서 참조하는 이름에 대한 유효 범위(scoping rule) 역할을 하지 않는다. 따라서 클래스를 작성할 때, 속성이나 메서드에 대한 참조는 항상 완전히 한정되어야(fully qualified) 한다. 예를 들어, 메서드에서는 언제나 self를 통해 인스턴스 속성을 참조한다. 그렇기 때문에 앞에서 살펴본 예에서 balance라고 쓰지 않고 self.balance를 사용했었다. 이는 어떤 메서드에서 다른 메서드를 호출할 때도 동일하게 적용된다. 예를 들어, 금액을 차감하는 withdraw()를 구현한다고 하자.

```python
class Account:
    def __init__(self, owner, balance):
        self.owner = owner
        self.balance = balance

    def __repr__(self):
        return f'Account({self.owner!r}, {self.balance!r})'

    def deposit(self, amount):
        self.balance += amount

    def withdraw(self, amount):
        self.deposit(-amount)        # 반드시 self.deposit()를 사용해야 함

    def inquiry(self):
        return self.balance
```

클래스 수준 유효 범위를 생성하지 않는 것이 파이썬이 C++나 자바와 다른 점이다. C++나 자바를 사용해본 적이 있다면, 파이썬의 self 매개변수는 this 포인터와 같다고 생각하면 된다. 단 파이썬은 언제나 이를 명시적으로 사용해야 한다.

7.6 연산자 오버로딩[29]과 프로토콜

4장에서 파이썬의 데이터 모델을 살펴본 적이 있다. 파이썬 연산자와 프로토콜을 구현하는 스페셜 메서드를 자세히 살펴봤었다. 예를 들어 len(obj) 함수는 obj.__len__()을 호출하고, obj[n]은 obj.__getitem__(n)을 호출한다.

새로운 클래스를 정의할 때, 일반적으로 스페셜 메서드의 일부를 정의한다. Account 클래스 내에 있는 __repr__() 메서드는 디버깅 출력을 보강하기 위해 사용하는 메서드이다. 사용자 정의 컨테이너와 같이 더 복잡한 클래스를 생성하는 경우, 스페셜 메서드를 더 많이 정의할 수 있다. 다음과 같이 계좌 포트폴리오를 구축한다고 하자.

```python
class AccountPortfolio:
    def __init__(self):
        self.accounts = []

    def add_account(self, account):
        self.accounts.append(account)

    def total_funds(self):
        return sum(account.inquiry() for account in self)

    def __len__(self):
        return len(self.accounts)

    def __getitem__(self, index):
        return self.accounts[index]

    def __iter__(self):
        return iter(self.accounts)

# 예제
port = AccountPortfolio()
port.add_account(Account('Guido', 1000.0))
port.add_account(Account('Eva', 50.0))
print(port.total_funds())        # -> 1050.0
len(port)                        # -> 2

# 계좌 모두 출력
for account in port:
    print(account)
```

---

29 (옮긴이) 파이썬에서 오버로딩은 함수나 연산자들을 사용되는 매개변수나 연산자에 따라 다르게 동작하도록 정의하는 방법이다.

```
# 인덱스로 개별 계좌 접근
port[1].inquiry()                        # -> 50.0
```

`__len__()`, `__getitem__()`, `__iter__()` 메서드와 같이 이 예제의 마지막에 나타난 스페셜 메서드들은 AccountPortfolio 클래스를 인덱스와 반복 같은 파이썬 연산자와 함께 동작하도록 만든다.

"이 코드는 파이써닉(Pythonic)하다"라는 말과 같이 '파이써닉'이라는 단어를 자주 들을 것이다. 이 용어는 비공식적이지만, 일반적으로 객체가 파이썬 환경과 잘 어울리는지 표현하는 말이다. 이는 반복, 인덱스 및 기타 작업 같은 파이썬의 핵심 기능을 합리적인 범위 내에서 지원한다는 것을 뜻한다. 4장에서 설명한 것처럼 사용자 클래스에서 파이썬 연산을 수행할 때는 언제나 미리 정의된 스페셜 메서드를 사용하도록 하자.

7.7 상속

상속(inheritance)이란 기존 클래스의 동작을 특수화하거나 변경해 새 클래스를 만드는 메커니즘(mechanism)이다. 원본 클래스는 기본 클래스(base class), 상위 클래스(superclass) 또는 부모 클래스(parent class)라 부른다. 새로운 클래스는 파생 클래스(derived class), 자식 클래스(child class), 하위 클래스(subclass) 또는 서브 타입(subtype)이라 부른다. 클래스가 상속으로 생성될 때, 클래스는 기본 클래스가 정의한 속성을 상속받는다. 하지만 파생 클래스는 상속받은 속성을 재정의하고, 자신만의 새로운 속성을 가질 수 있다.

상속 관계를 지정하려면 class 문에 기본 클래스의 이름을 콤마로 구분하여 써주면 된다.[30] 특별한 기본 클래스가 없으면, object에서 상속받는다. object는 모든 파이썬 객체의 조상 클래스이다. 이 클래스는 `__str__()`과 `__repr__()` 메서드와 같은 일반 메서드의 기본 구현을 제공한다.

상속의 한 가지 용도는 새로운 메서드를 사용하여 기존 클래스를 확장하는 것이다. 다음 예는 잔고를 모두 인출하는 panic() 메서드를 Account 클래스에 추가한 코드이다.

---

30 (옮긴이) class MyAccount(Account)에서 다음과 같이 class MyAccount(Account,)로 표현해도 정상적으로 동작한다.

```
class MyAccount(Account):
    def panic(self):
        self.withdraw(self.balance)

# 예제
a = MyAccount('Guido', 1000.0)
a.withdraw(23.0)                    # a.balance = 977.0
a.panic()                          # a.balance = 0
```

상속은 또한 기존 메서드의 동작 방식을 재정의할 때도 사용될 수 있다. 예를 들어, 다음 코드는 inquiry() 메서드를 재정의하는 Account의 특수 버전을 보여준다. inquiry() 메서드는 주기적으로 사용자의 잔고를 부풀려서 보고한다. 이는 자신의 잔고에 관심이 없는 사용자가 자기 계좌에서 돈을 초과 인출하도록 유도하여, 추후에 문제를 일으키도록 만들 수 있다.

```
import random

class EvilAccount(Account):
    def inquiry(self):
        if random.randint(0,4) == 1:
            return self.balance * 1.10
        else:
            return self.balance

a = EvilAccount('Guido', 1000.0)
a.deposit(10.0)                    # Account.deposit(a, 10.0)을 호출
available = a.inquiry()            # EvilAccount.inquiry(a)를 호출
```

이 예에서 EvilAccount의 인스턴스는 inquiry() 메서드를 다시 정의한 것 말고는 Account의 인스턴스와 같다.

파생 클래스는 메서드를 다시 구현할 수 있지만, 때에 따라서는 원래(original) 메서드를 호출할 필요가 있다. 원래 메서드는 super()를 사용하여 명시적으로 호출할 수 있다.

```
class EvilAccount(Account):
    def inquiry(self):
        if random.randint(0,4) == 1:
            return 1.10 * super().inquiry()
        else:
            return super().inquiry()
```

이 예에서 super()를 사용하면 이전에 정의한 메서드에 접근할 수 있다. super().
inquiry()로 호출하면 EvilAccount에서 재정의하기 이전의 정의, 즉 원래의 정의
인 inquiry()를 사용한다.

혼치 않지만, 상속을 사용하여 인스턴스에서 새로운 속성을 추가할 수도 있
다. 이 예제의 인자 1.10을 조정할 수 있는 인스턴스 수준의 속성을 만드는 방법
은 다음과 같다.

```python
class EvilAccount(Account):
    def __init__(self, owner, balance, factor):
        super().__init__(owner, balance)
        self.factor = factor

    def inquiry(self):
        if random.randint(0,4) == 1:
            return self.factor * super().inquiry()
        else:
            return super().inquiry()
```

속성을 추가할 때 기존 __init__() 메서드를 다루는 것은 까다롭다. 이 예제에서
는 추가 인스턴스 변수인 factor를 포함해서 새로운 버전의 __init__()을 정의한
다. 하지만 코드에서 보듯이 __init__()을 재정의할 때, super().__init__()을 사용
하여 부모를 초기화하는 것은 자식의 역할이다. 이 작업을 잊어버리면, 객체는
반만 초기화되고 모든 것이 잘못될 것이다. 부모 초기화에는 추가 인수가 필요
하므로, 이러한 인수는 자식 __init__() 메서드에서 전달해야 한다.

상속은 미묘한 방법으로 코드를 망칠 수 있다. Account 클래스의 __repr__() 메
서드를 살펴보자.

```python
class Account:
    def __init__(self, owner, balance):
        self.owner = owner
        self.balance = balance

    def __repr__(self):
        return f'Account({self.owner!r}, {self.balance!r})'
```

이 메서드의 목적은 디버깅을 돕기 위해 멋진 출력을 만드는 것이다. 하지만 이
메서드는 Account 이름을 사용하도록 하드코딩되어 있다. 상속을 사용하게 된다
면 출력이 잘못되었음을 알 수 있을 것이다.

```
>>> class EvilAccount(Account):
...     pass
...
>>> a = EvilAccount('Eva', 10.0)
>>> a
Account('Eva', 10.0)      # 잘못된 출력이므로 주의
>>> type(a)
<class 'EvilAccount'>
>>>
```

이를 고치려면 적절한 타입 이름을 사용할 수 있도록 __repr__() 메서드를 수정
해야 한다. 다음 예를 살펴보자.

```
class Account:
    ...
    def __repr__(self):
        return f'{type(self).__name__}({self.owner!r}, {self.balance!r})'
```

이제 좀 더 정확한 출력을 볼 수 있다. 상속이 모든 클래스에서 사용되는 것은
아니지만, 작성하고 있는 클래스에서 상속을 사용할 예정이라면, 이 예처럼 세
세한 부분까지 주의를 기울일 필요가 있다. 일반적으로 클래스 이름을 하드코딩
하는 것은 피하도록 하자.

상속은 자식 클래스가 부모 클래스로 타입 검사를 수행하는 타입 시스템에서
관계를 설정한다. 다음 예를 보자.

```
>>> a = EvilAccount('Eva', 10)
>>> type(a)
<class 'EvilAccount'>
>>> isinstance(a, Account)
True
>>>
```

이는 "is a" 관계이다. 즉, EvilAccount는 Account이다. "is a" 상속 관계는 객체 타
입 온톨로지(ontology)[31]나 분류 체계(taxonomy)를 정의할 때 사용하기도 한
다. 다음 예를 보자.

```
class Food:
    pass

class Sandwich(Food):
    pass
```

---

31 (옮긴이) 사람의 지식을 컴퓨터가 이해할 수 있도록 표현한 모델을 말한다.

```
class RoastBeef(Sandwich):
    pass

class GrilledCheese(Sandwich):
    pass

class Taco(Food):
    pass
```

실제로 이 방식으로 객체를 구성하는 것은 매우 어렵고 위험 부담이 크다. 예를 들어 이 계층 구조에서 HotDog 클래스를 추가한다고 하자. 어디에 위치하는 것이 좋을까? 핫도그에 빵(bun)이 있으면, Sandwich의 하위 클래스로 만들 수 있다. 하지만 빵이 곡선 모양이고 안에 맛있는 속이 채워져 있으면, 핫도그는 Taco에 더 가까울 것이다. 이를 바탕으로 다음과 같이 핫도그를 Sandwich와 Taco 양쪽의 하위 클래스로 만들 수 있다.

```
class HotDog(Sandwich, Taco):
    pass
```

이쯤 되면 모든 사람의 머리가 폭발하고 사무실은 열띤 논쟁에 휩싸일 것이다. 이는 파이썬이 다중 상속을 지원한다는 점을 언급하기에 좋은 예제이다. 다중 상속하려면, 하나 이상의 클래스를 부모로 나열하자. 그 결과 자식 클래스는 두 부모의 기능을 모두 상속받는다. 다중 상속에 대해서는 7.19 절을 살펴보자.

7.8 컴포지션을 통한 상속 피하기

상속에는 구현 상속(implementation inheritance)이라고 알려진 문제가 있다. 이를 설명하기 위해 푸시(push)와 팝(pop) 연산을 수행하는 자료구조인 스택을 만들고자 한다. 이를 빠르게 구현하는 방법은 리스트로부터 상속받아 새로운 메서드를 추가하는 것이다.

```
class Stack(list):
    def push(self, item):
        self.append(item)

# 예제
s = Stack()
s.push(1)
s.push(2)
s.push(3)
s.pop()  # -> 3
s.pop()  # -> 2
```

물론 이 자료구조는 스택처럼 동작함과 동시에 삽입, 정렬, 슬라이스 재할당 등 리스트의 다른 기능도 모두 갖추고 있다. 이를 구현 상속이라 한다. 상속을 이용하여 다른 기능이 구현된 코드를 재사용할 수 있지만, 실제로 풀고자 하는 문제와 관련 없는 기능도 많이 있다. 사용자는 그 객체를 이상하게 생각할 것이다. 스택에 정렬 메서드가 있는 이유가 무엇일까?

더 나은 방법은 컴포지션(composition, 조합)이다. 리스트에서 상속받아 스택을 만드는 대신, 리스트를 내부에 포함하는 독립 클래스로 스택을 만들어야 한다. 내부에 리스트가 있다는 것은 구현 세부 사항이다. 다음 예를 보자.

```python
class Stack:
    def __init__(self):
        self._items = list()

    def push(self, item):
        self._items.append(item)

    def pop(self):
        return self._items.pop()

    def __len__(self):
        return len(self._items)

# 사용 예제
s = Stack()
s.push(1)
s.push(2)
s.push(3)
s.pop()    # -> 3
s.pop()    # -> 2
```

이 객체는 이전에 본 것과 동일하게 동작하지만, 스택에만 초점을 맞춘다. 관련 없는 리스트 메서드나 스택 기능이 아닌 것들은 없다. 풀고자 하는 문제의 목적에 훨씬 부합한다.

이 구현을 약간 확장하여 내부 list 클래스를 추가 인수로 받을 수 있다.

```python
class Stack:
    def __init__(self, *, container=None):
        if container is None:
            container = list()
        self._items = container

    def push(self, item):
        self._items.append(item)
```

```
    def pop(self):
        return self._items.pop()

    def __len__(self):
        return len(self._items)
```

이 방식의 한 가지 이점은 구성 요소들의 느슨한 결합(loosely coupling)을 촉진한다는 것이다. 예를 들어, 리스트 대신 타입 배열(typed array)로 항목을 저장하는 스택을 만들고 싶다고 하자. 다음 코드와 같이 작성하면 된다.

```
import array

s = Stack(container=array.array('i'))
s.push(42)
s.push(23)
s.push('a lot')        # TypeError 발생
```

이는 의존성 주입(dependency injection)[32]으로 알려진 예이다. Stack이 list를 사용하도록 직접 코드를 작성하는 대신, 필요한 인터페이스를 구현하여 사용자가 전달한 컨테이너로 Stack을 만들 수 있다.

좀 더 넓게 보면, 내부 리스트를 숨겨진 구현 세부 사항으로 만드는 것은 데이터 추상화(data abstraction)와 관련이 있다. 다음에 리스트를 사용하지 않기로 하는 경우, 이 설계는 이를 쉽게 바꿀 수 있게 해준다. 예를 들어 구현을 다음과 같이 연쇄 튜플(linked tuples)로 변경할지라도 Stack 사용자는 알지 못한다.

```
class Stack:
    def __init__(self):
        self._items = None
        self._size = 0

    def push(self, item):
        self._items = (item, self._items)
        self._size += 1

    def pop(self):
        (item, self._items) = self._items
        self._size -= 1
        return item

    def __len__(self):
        return self._size
```

---

32 (옮긴이) 사용하는 객체가 아닌 외부의 독립적인 객체가 인스턴스를 생성한 후 이를 전달하여 의존성을 해결하는 방법을 말한다.

상속을 사용할지 판단하기 위해 한 발 물러나서, 만들고자 하는 객체가 상위 클
래스의 특수 버전인지 아니면 다른 객체를 만들 때의 구성 요소로 사용하려는
건지 스스로 물어보자. 만일 후자라면 상속을 사용하지 말자.

7.9 함수를 통한 상속 피하기

때로는 사용자 정의가 필요한 단일 메서드로 이루어진 클래스를 작성하는 자신
을 발견할 때가 있다. 예를 들어 다음과 같은 데이터 파싱 클래스를 작성했다고
하자.

```python
class DataParser:
    def parse(self, lines):
        records = []
        for line in lines:
            row = line.split(',')
            record = self.make_record(row)
            records.append(row)
        return records

    def make_record(self, row):
        raise NotImplementedError()

class PortfolioDataParser(DataParser):
    def make_record(self, row):
        return {
            'name': row[0],
            'shares': int(row[1]),
            'price': float(row[2])
        }

parser = PortfolioDataParser()
data = parser.parse(open('portfolio.csv'))
```

여기에는 너무 많은 배관 공사(plumbing, 상속이 계속 수행되는 현상을 지칭)
가 진행 중이다. 단일 메서드 클래스를 많이 만드는 대신, 함수 사용을 고려해보
자. 다음은 한 예이다.

```python
def parse_data(lines, make_record):
    records = []
    for line in lines:
        row = line.split(',')
        record = make_record(row)
        records.append(row)
    return records
```

```
def make_dict(row):
    return {
        'name': row[0],
        'shares': int(row[1]),
        'price': float(row[2])
    }

data = parse_data(open('portfolio.csv'), make_dict)
```

이 코드는 훨씬 간단하고 유연하며, 테스트하기 쉬운 단순 함수로 구현되어 있다. 원한다면 추후에 클래스로 얼마든지 확장할 수 있다. 미성숙한 추상화 (Premature abstraction)는 바람직하지 않다.

7.10 동적 바인딩과 덕 타이핑

동적 바인딩(dynamic binding)은 파이썬이 객체의 속성을 찾을 때 사용하는 런타임 메커니즘이다. 동적 바인딩은 파이썬이 타입과 관계없이 인스턴스를 사용할 수 있게 해준다. 파이썬에서 변수 이름은 연관된 타입이 없다. 따라서 속성을 바인딩하는 과정은 객체 obj가 실제로 어떤 타입인지와 아무런 상관이 없다. obj.name처럼 조회하면, name 속성이 있는 객체 obj에서 모두 동작한다. 이 행동을 덕 타이핑(duck typing)이라고도 부른다. 이 용어는 "오리처럼 생겼고, 오리처럼 꽥꽥 울고, 오리처럼 걸으면, 그것은 오리다"라는 격언에서 유래하였다.

파이썬 개발자들은 이러한 동작 방식에 기초하여 코드를 작성한다. 예를 들어 기존 객체의 사용자 정의 버전을 만들려면, 기존 객체에서 상속받거나 모양과 동작은 기존 객체와 비슷하지만 전혀 관련이 없는 완전히 새로운 객체를 생성할 수도 있다. 후자의 접근법은 프로그램 구성 요소의 느슨한 결합을 유지하기 위해 사용된다. 예를 들어, 코드는 특정 메서드 집합을 가지고 있는 한, 어떤 객체에서도 동작하도록 작성할 수 있다. 대표적인 예로 표준 라이브러리에 정의된 반복 가능한 객체를 사용하는 것이다. 리스트, 파일, 제너레이터, 문자열 등 값을 생성하기 위해 for 루프와 함께 동작하는 객체들 말이다. 하지만 이들 중 어느 것도 특별한 Iterable 기본 클래스에서 상속받지 않는다. 이들은 단지 반복을 수행하는 데 필요한 메서드를 구현할 뿐이며, 모두 잘 동작한다.

7.11 내장 타입에서 상속의 위험성

파이썬은 내장 타입에서 상속받을 수 있지만, 이는 몇 가지 위험이 존재한다. 예를 들어, 키를 모두 대문자로 만들기 위해 dict의 하위 클래스를 만들기로 했다면, 다음과 같이 상속받고 __setitem__() 메서드를 재정의할 수 있다.

```python
class udict(dict):
    def __setitem__(self, key, value):
        super().__setitem__(key.upper(), value)
```

실제로 처음에는 동작하는 것처럼 보인다.

```python
>>> u = udict()
>>> u['name'] = 'Guido'
>>> u['number'] = 37
>>> u
{ 'NAME': 'Guido', 'NUMBER': 37 }
>>>
```

하지만 계속 사용해보면 동작하는 것처럼 보일 뿐이다. 실제로는 의도한 대로 전혀 동작하지 않는다.

```python
>>> u = udict(name='Guido', number=37)
>>> u
{ 'name': 'Guido', 'number': 37 }
>>> u.update(color='blue')
>>> u
{ 'name': 'Guido', 'number': 37, 'color': 'blue' }
>>>
```

사실 파이썬 내장 타입은 일반 파이썬 클래스처럼 구현되어 있지 않고 C로 구현되어 있다는 것이 문제다. 따라서 대부분의 메서드는 C에서 동작한다. 예를 들어, dict.update() 메서드는 앞서 사용자가 지정한 udict 클래스에서 재정의된 __setitem__() 메서드를 거치지 않고 직접 사전 데이터를 다룬다.

collections 모듈에는 dict, list, str 타입의 하위 클래스를 안전하게 만들 때 이용하는 특수 클래스 UserDict, UserList, UserString 등이 있다. 예를 들어, 다음과 같은 솔루션이 훨씬 잘 동작한다.

```python
from collections import UserDict

class udict(UserDict):
    def __setitem__(self, key, value):
        super().__setitem__(key.upper(), value)
```

다음은 새 버전의 동작 예이다.

```
>>> u = udict(name='Guido', num=37)
>>> u.update(color='Blue')
>>> u
{'NAME': 'Guido', 'NUM': 37, 'COLOR': 'Blue'}
>>> v = udict(u)
>>> v['title'] = 'BDFL'
>>> v
{'NAME': 'Guido', 'NUM': 37, 'COLOR': 'Blue', 'TITLE': 'BDFL'}
>>>
```

대부분의 경우 내장 타입을 하위 클래스로 만드는 것은 권장하지 않는다. 예를 들어, 새로운 컨테이너를 만들 때 7.8절의 Stack 클래스처럼 새로운 클래스를 만드는 것이 더 나을 수 있다. 내장 타입에서 상속받는 하위 클래스가 필요하다면, 생각보다 더 많은 작업이 필요할 것이다.

7.12 클래스 변수와 메서드

클래스 정의에서 함수는 모두 인스턴스에서 동작하는 것으로 가정한다. 이 때문에 첫 번째 매개변수로서 항상 self가 전달된다. 하지만 클래스 자체도 상태를 전달하고 조작할 수 있는 객체이다. 예를 들어 클래스 변수 num_accounts를 사용하면 생성된 인스턴스 수가 얼마나 되는지 추적할 수 있다.

```
class Account:
    num_accounts = 0

    def __init__(self, owner, balance):
        self.owner = owner
        self.balance = balance
        Account.num_accounts += 1

    def __repr__(self):
        return f'{type(self).__name__}({self.owner!r}, {self.balance!r})'

    def deposit(self, amount):
        self.balance += amount

    def withdraw(self, amount):
        self.deposit(-amount)       # 반드시 self.deposit() 사용

    def inquiry(self):
        return self.balance
```

클래스 변수는 보통 __init__() 메서드 외부에서 정의된다. 이 변수를 수정하기 위해서는 self가 아닌 클래스를 사용한다. 다음은 한 예이다.

```
>>> a = Account('Guido', 1000.0)
>>> b = Account('Eva', 10.0)
>>> Account.num_accounts
2
>>>
```

조금 이상하지만, 클래스 변수는 인스턴스를 통해서도 접근할 수 있다. 다음 예를 보자.

```
>>> a.num_accounts
2
>>> c = Account('Ben', 50.0)
>>> Account.num_accounts
3
>>> a.num_accounts
3
>>>
```

이것이 동작하는 이유는 인스턴스의 속성을 조회할 때, 인스턴스 자체에 일치하는 속성이 없으면 연결된 클래스를 확인하기 때문이다. 파이썬이 메서드를 찾는 것과 같은 메커니즘이다.

또한 클래스 메서드(class method)로 알려진 것을 정의할 수도 있다. 클래스 메서드는 인스턴스가 아닌 클래스 자체에서 동작하는 메서드이다. 클래스 메서드는 보통 인스턴스 생성자(instance constructor) 정의 대신 사용된다. 예를 들어, 대규모 레거시(legacy) 입력 포맷으로 Account 인스턴스를 생성하라는 요구 사항이 있다고 하자.

```
data = '''
<account>
    <owner>Guido</owner>
    <amount>1000.0</amount>
</account>
'''
```

이를 위해 다음과 같이 @classmethod를 사용하여 작성할 수 있다.

```
class Account:
    def __init__(self, owner, balance):
        self.owner = owner
```

```
        self.balance = balance

    @classmethod
    def from_xml(cls, data):
        from xml.etree.ElementTree import XML
        doc = XML(data)
        return cls(doc.findtext('owner'), float(doc.findtext('amount')))

# 사용 예제
data = '''
<account>
    <owner>Guido</owner>
    <amount>1000.0</amount>
</account>
'''

a = Account.from_xml(data)
```

클래스 메서드의 첫 번째 인수는 항상 클래스 자신이다. 관례에 따라 이 인수의 이름은 cls다. 이 예에서는 cls가 Account로 설정된다. 새로운 인스턴스를 만드는 것이 클래스 메서드의 목적이라면 명시적인 단계를 수행해야 한다. 예제 마지막 줄의 cls(..., ...) 호출은 두 인수와 함께 Account(..., ...)를 호출하는 것과 같다.

클래스가 인수로 전달된다는 사실은 상속과 관련해 중요한 문제를 해결한다. Account의 하위 클래스를 정의하고 해당 하위 클래스의 인스턴스를 생성한다고 하자. 다음과 같이 동작하는 것을 확인할 수 있다.

```
class EvilAccount(Account):
    pass

e = EvilAccount.from_xml(data)      # 'EvilAccount'를 생성
```

이 코드가 동작하는 이유는 EvilAccount가 cls로 전달되기 때문이다. 따라서 from_xml() 클래스 메서드의 마지막 문장은 EvilAccount 인스턴스를 생성한다.

때때로 클래스 변수와 클래스 메서드를 같이 사용하여 인스턴스 동작 방식을 구성하고 제어하는 경우가 있다. 다음 Date 클래스를 살펴보자.

```
import time

class Date:
    datefmt = '{year}-{month:02d}-{day:02d}'
    def __init__(self, year, month, day):
        self.year = year
        self.month = month
        self.day = day
```

```
        def __str__(self):
            return self.datefmt.format(year=self.year,
                                       month=self.month,
                                       day=self.day)

        @classmethod
        def from_timestamp(cls, ts):
            tm = time.localtime(ts)
            return cls(tm.tm_year, tm.tm_mon, tm.tm_mday)

        @classmethod
        def today(cls):
            return cls.from_timestamp(time.time())
```

이 클래스에는 __str__() 메서드의 출력 결과를 조정하는 클래스 변수 datefmt가 가 있다. 이는 상속을 사용해 다음과 같이 사용자가 원하는 방식으로 바꿀 수 있다.

```
class MDYDate(Date):
    datefmt = '{month}/{day}/{year}'

class DMYDate(Date):
    datefmt = '{day}/{month}/{year}'

# 예제
a = Date(1967, 4, 9)
print(a)          # 1967-04-09

b = MDYDate(1967, 4, 9)
print(b)          # 4/9/1967

c = DMYDate(1967, 4, 9)
print(c)          # 9/4/1967
```

이 예제처럼 클래스 변수와 상속을 사용한 구성은 인스턴스의 동작을 조정하기 위한 일반적인 수단이다. 클래스 메서드를 사용하는 것은 적절한 종류의 객체를 생성하도록 보장하기 때문에, 인스턴스를 동작하게 하는 데 매우 중요하다. 다음 예를 보자.

```
a = MDYDate.today()
b = DMYDate.today()
print(a)          # 2/13/2019
print(b)          # 13/2/2019
```

클래스 메서드는 인스턴스를 생성하는 다른 방법으로 사용하기도 한다. 클래스 메서드는 from_timestamp()처럼 from_과 같은 접두사를 사용하는 이름 규약을 따

른다. 표준 라이브러리와 서드파티 패키지 여기저기에서 클래스 메서드에 사용
되는 이름 규약을 볼 수 있다. 예를 들어, 사전에는 키 집합에서 미리 초기화된
사전을 만드는 클래스 메서드가 있다.

```
>>> dict.from_keys(['a','b','c'], 0)
{'a': 0, 'b': 0, 'c': 0}
>>>
```

클래스 메서드에 대한 한 가지 주의 사항이 있다. 파이썬에서는 클래스 메서드
를 인스턴스 메서드와 분리된 네임스페이스로 관리하지 않는다. 결과적으로 인
스턴스에서 계속 호출할 수 있다. 다음 예를 보자.

```
d = Date(1967,4,9)
b = d.today()              # Date.today() 호출
```

d.today()를 호출하는 것은 인스턴스와는 아무런 관련이 없기 때문에 매우 혼
란스러울 수 있다. 하지만 IDE나 문서에서 Date 인스턴스에 유효한 메서드로
today()가 있는 것을 볼 수 있다.

7.13 정적 메서드

클래스는 @staticmethod를 이용해, 정적 메서드(static method)로 선언된 함수의
네임스페이스로 사용되기도 한다. 일반 메서드 또는 클래스 메서드와 달리 정적
메서드는 추가 self나 cls 인수를 갖지 않는다. 정적 메서드는 클래스에서 정의
된 일반 함수이다. 다음 예를 보자.

```
class Ops:
    @staticmethod
    def add(x, y):
        return x + y

    @staticmethod
    def sub(x, y):
        return x - y
```

일반적으로 이러한 클래스의 인스턴스는 생성하지 않는다. 대신 클래스를 통해
직접 함수를 호출한다.

```
a = Ops.add(2, 3)         # a = 5
b = Ops.sub(4, 5)         # a = -1
```

간혹 다른 클래스가 '교환 가능(swappable)' 또는 '구성 가능(configurable)' 동작을
구현하거나 모듈 불러오기 동작을 느슨하게 흉내 내기 위해 이와 같은 정적 메서드
모음을 사용할 수 있다. 앞서 살펴본 Account 예제에서 상속을 사용하는 코드를 살
펴보자.

```python
class Account:
    def __init__(self, owner, balance):
        self.owner = owner
        self.balance = balance

    def __repr__(self):
        return f'{type(self).__name__}({self.owner!r}, {self.balance!r})'

    def deposit(self, amount):
        self.balance += amount

    def withdraw(self, amount):
        self.balance -= amount

    def inquiry(self):
        return self.balance

# 특수한 'Evil' 계정
class EvilAccount(Account):
    def deposit(self, amount):
        self.balance += 0.95 * amount

    def inquiry(self):
        if random.randint(0,4) == 1:
            return 1.10 * self.balance
        else:
            return self.balance
```

여기서 상속을 사용하는 것은 약간 이상해 보인다. 이 코드에는 Account와 Evil
Account라는 다른 두 객체가 있다. 기존 Account 인스턴스를 EvilAccount로 변경하
거나 그 반대로 변경하는 확실한 방법이 없는데, 인스턴스 타입을 변경하는 작
업이 포함되기 때문이다. 대신 일종의 계정 정책으로 evil 계정 목록을 두는 것
이 더 나을 수도 있다. 다음은 정적 메서드를 사용해 Account를 변경한 것이다.

```python
class StandardPolicy:
    @staticmethod
    def deposit(account, amount):
        account.balance += amount

    @staticmethod
```

```python
    def withdraw(account, amount):
        account.balance -= amount

    @staticmethod
    def inquiry(account):
        return account.balance

class EvilPolicy(StandardPolicy):
    @staticmethod
    def deposit(account, amount):
        account.balance += 0.95*amount

    @staticmethod
    def inquiry(account):
        if random.randint(0,4) == 1:
            return 1.10 * account.balance
        else:
            return account.balance

class Account:
    def __init__(self, owner, balance, *, policy=StandardPolicy):
        self.owner = owner
        self.balance = balance
        self.policy = policy

    def __repr__(self):
        return f'Account({self.policy}, {self.owner!r}, {self.balance!r})'

    def deposit(self, amount):
        self.policy.deposit(self, amount)

    def withdraw(self, amount):
        self.policy.withdraw(self, amount)

    def inquiry(self):
        return self.policy.inquiry(self)
```

재구성된 코드에서 생성된 인스턴스는 Account 하나뿐이다. 하지만 다양한 메서드 구현 기능을 제공하는 특별한 policy 속성이 있다. 필요에 따라 기존 Account 인스턴스에서 policy를 동적으로 변경할 수 있다.

```python
>>> a = Account('Guido', 1000.0)
>>> a.policy
<class 'StandardPolicy'>
>>> a.deposit(500)
>>> a.inquiry()
1500.0
>>> a.policy = EvilPolicy
>>> a.deposit(500)
```

```
>>> a.inquiry()          # 무작위로 1.10배 더 많을 수 있음
1975.0
>>>
```

@staticmethod가 여기에서 의미 있는 이유는 StandardPolicy 또는 EvilPolicy 인스턴스를 생성할 필요가 없기 때문이다. 이 클래스의 주요 목적은 Account와 관련된 추가 인스턴스 데이터를 저장하는 것이 아니라 다수의 메서드를 조직하는 것이다. 그런데도 파이썬이 가진 느슨한 결합 특성으로 인해 자체 데이터를 보유하도록 정책을 변경할 수 있다. 다음 코드와 같이 정적 메서드를 일반 인스턴스 메서드로 변경할 수 있다.

```python
class EvilPolicy(StandardPolicy):
    def __init__(self, deposit_factor, inquiry_factor):
        self.deposit_factor = deposit_factor
        self.inquiry_factor = inquiry_factor

    def deposit(self, account, amount):
        account.balance += self.deposit_factor * amount

    def inquiry(self, account):
        if random.randint(0,4) == 1:
            return self.inquiry_factor * account.balance
        else:
            return account.balance

# 사용 예제
a = Account('Guido', 1000.0, policy=EvilPolicy(0.95, 1.10))
```

메서드를 위임해 클래스를 지원하는 접근 방식은 상태 기계(state machines)[33]와 유사 객체에 대한 일반적인 구현 전략이다. 각각의 동작 상태는 자기 클래스의 메서드(대부분 정적)로 캡슐화되어 있다. 앞선 예제 코드에서 policy 속성과 같은 변경 가능한 인스턴스 변수는 현재 동작 상태와 관련된 세부 구현 정보를 담을 때 사용할 수 있다.

---

[33] (옮긴이) 각각의 상태(state)는 어떤 조건에 따라 연결되어 있으며, 한 상태에서 조건이 만족될 때 다른 상태로 변화하는 수학적 모델이다.

7.14 디자인 패턴에 대한 한마디

객체지향 프로그램을 작성할 때, 프로그래머들은 '전략 패턴(strategy pattern)', '플라이웨이트 패턴(flyweight pattern)', '싱글톤 패턴(singleton pattern)' 등과 같은 디자인 패턴을 구현하는 데 집착하는 경우가 있다. 많은 패턴이 유명한 《GoF의 디자인 패턴》 책[34]에서 비롯되었다.

이러한 패턴에 익숙하면, 다른 언어에서 사용되는 일반적인 설계 원칙을 파이썬에 적용할 수 있다. 하지만 이렇게 문서화된 패턴의 대다수는 C++ 또는 자바와 같은 엄격한 정적 타입 시스템에서 발생하는 특정 문제의 해결을 목표로 한다. 파이썬의 동적인 특성에 비추어볼 때, 이러한 패턴의 많은 부분은 과도하며, 많이 사용되지도 않으며, 때론 불필요하다.

다시 말해, 좋은 소프트웨어를 작성하기 위한 몇 가지 중요한 원칙이 있는데, 이는 디버깅, 테스트, 확장이 가능한 코드를 작성하기 위해 노력하는 것이다. 유용한 __repr__() 메서드로 클래스를 작성하고 상속보다 컴포지션을 선호하며, 의존성 주입을 허용하는 것과 같은 기본 전략들이 이러한 목표를 달성하는 데 큰 도움이 된다. 파이썬 프로그래머는 또한 '파이써닉(Pythonic)'한 코드로 작업하는 것을 선호한다. 이는 일반적으로 객체가 반복, 컨테이너 또는 컨텍스트 관리와 같은 다양한 내부 프로토콜을 따른다는 것을 의미한다. 예를 들어, 파이썬 프로그래머라면 자바 프로그래밍 책의 특이한 데이터 탐색 패턴을 구현하려는 대신, for 루프를 제공하는 제너레이터 함수를 구현하거나 전체 패턴을 몇 가지 사전 조회로 대체할 것이다.

7.15 데이터 캡슐화와 비공개 속성

파이썬에서 클래스의 속성과 메서드는 모두 공개(public)되어 있다. 즉, 외부에서 제한 없이 접근할 수 있다. 이는 내부 구현을 숨기거나 캡슐화해야 하는 객체지향 응용 프로그램에서는 바람직하지 않다.

이 문제를 해결하기 위해 파이썬은 이름 규칙을 이용해 사용 의도를 알린다. 이러한 규칙의 하나로, 선행 밑줄(_)로 시작하는 이름은 내부 구현임을 뜻한다. 다음은 Account 클래스의 잔액(balance)을 비공개(private) 속성으로 변경한 코드이다.

---

34 (옮긴이) 《Design Patterns : Elements of Reusable Object-Oriented Software》, Erich Gamma, Richard Helm, Ralph Johnson, and John Vlissides, Addison-Wesley Professional, 1994

```python
class Account:
    def __init__(self, owner, balance):
        self.owner = owner
        self._balance = balance

    def __repr__(self):
        return f'Account({self.owner!r}, {self._balance!r})'

    def deposit(self, amount):
        self._balance += amount

    def withdraw(self, amount):
        self._balance -= amount

    def inquiry(self):
        return self._balance
```

이 코드에서 _balance 속성은 내부 구현을 의미한다. 사용자가 직접 접근하는 것을 근본적으로 막을 방법은 없지만, 선행 밑줄은 사용자가 Account.inquiry() 메서드와 같은 공개적인 인터페이스를 찾아야 한다는 것을 강력하게 알려준다.

하위 클래스에서 내부 속성을 사용할 수 있는지는 불투명하다. 예를 들어, 이 상속 예제에서 자식 클래스가 부모의 _balance 속성에 직접 접근하는 것이 허용될까?

```python
class EvilAccount(Account):
    def inquiry(self):
        if random.randint(0,4) == 1:
            return 1.10 * self._balance
        else:
            return self._balance
```

파이썬에서는 일반적으로 가능하다. IDE 및 기타 도구에서 이 속성을 보여줄 가능성이 높다. C++, 자바, 또는 다른 유사한 객체지향 언어를 사용하는 사용자라면, _balance가 보호(protected) 속성과 유사하다고 생각하면 된다.

더 많은 비공개 속성이 필요하다면, 이름 앞에 두 개의 밑줄(__)을 붙인다. __name과 같이 두 개의 밑줄이 붙은 모든 이름은 자동으로 _Classname__name 형식의 새 이름으로 바뀐다. 이렇게 하면 부모 클래스에서 사용하는 비공개 이름을, 자식 클래스가 동일한 이름으로 덮어쓰지 않는다. 다음은 설명한 동작을 보여주는 예이다.

```
class A:
    def __init__(self):
        self.__x = 3              # self._A__x로 변형

    def __spam(self):            # _A__spam()으로 변형
        print('A.__spam', self.__x)

    def bar(self):
        self.__spam()            # A.__spam()만 호출

class B(A):
    def __init__(self):
        A.__init__(self)
        self.__x = 37            # self._B__x로 변형

    def __spam(self):            # _B__spam()으로 변형
        print('B.__spam', self.__x)

    def grok(self):
        self.__spam()            # B.__spam() 호출
```

이 예에서는 __x 속성에 대한 두 가지 다른 할당이 있다. 또한 클래스 B가 상속을 통해 __spam() 메서드를 다시 정의하는 것처럼 보인다. 하지만 이는 그렇지 않다. 각각의 정의에서 사용했던 고유한 이름으로 이름 변형(Name mangling)이 이루어진다. 다음 코드를 실행해보자.

```
>>> b = B()
>>> b.bar()
A.__spam 3
>>> b.grok()
B.__spam 37
>>>
```

기본 인스턴스 변수를 살펴보면, 다음과 같이 변형된 이름을 직접 볼 수 있다.

```
>>> vars(b)
{ '_A__x': 3, '_B__x': 37 }
>>> b._A__spam()
A.__spam 3
>>> b._B__spam()
B.__spam 37
>>>
```

이 방법으로 데이터 은닉(data hiding)을 할 수 있을 것 같지만, 실제로 클래스의 '비공개' 속성에 접근하는 것을 막을 메커니즘은 없다. 특히 클래스 이름과 해당 비공개 속성을 알고 있다면, 변형된 이름을 사용하여 이 속성에 접근할 수 있

다. 비공개 속성에 접근하는 것이 여전히 문제가 된다면, 더 고통스러운 코드 리뷰 프로세스를 고려해야 할지도 모른다.

언뜻 보기에 이름 변형은 추가 처리 단계처럼 보일 수 있다. 하지만 이름 변형은 실제로 클래스가 정의될 때 한 번만 처리된다. 메서드를 실행하는 동안 추가적인 작업이 필요하지 않으므로, 프로그램 실행 중에는 추가 부하가 발생하지 않는다. 속성 이름을 문자열로 받는 getattr(), hasattr(), setattr(), delattr()과 같은 함수에서는 이름 변형이 일어나지 않는다는 점에 유의하기 바란다. 이 함수에서 속성에 접근하려면, '_classname__name'과 같이 변형된 이름을 직접 써줘야 한다.

실제로, 이름의 프라이버시를 지나치게 생각하지 않는 것이 가장 좋다. 선행 밑줄 이름은 흔히 사용되지만, 이중 밑줄 이름은 드물게 사용된다. 속성을 완전히 숨기기 위한 단계를 수행할 수 있지만, 추가 노력과 복잡성으로 인해 얻는 이점은 거의 없다. 이름에 선행 밑줄이 표시되어 있을 때는 내부 구현 정보 그대로 두는 편이 현명하다는 점을 기억하면 아마도 유용할 것이다.

7.16 타입 힌트

사용자 정의 클래스의 속성에는 타입이나 값에 대한 제약이 없다. 실제로 원하는 어떤 항목으로도 속성을 설정할 수 있다. 다음 예를 보자.

```
>>> a = Account('Guido', 1000.0)
>>> a.owner
'Guido'
>>> a.owner = 37
>>> a.owner
37
>>> b = Account('Eva', 'a lot')
>>> b.deposit(' more')
>>> b.inquiry()
'a lot more'
>>>
```

이렇게 하는 것이 걱정된다면 몇 가지 묘안이 있다. 첫 번째는 쉽다. 이렇게 작성하지 않는 것이다! 또 다른 방법은 린터(linter)나 타입 검사기와 같은 외부 도구를 사용하는 것이다. 이를 위해 선택한 속성에 추가 타입 힌트를 명시한다. 다음은 한 예이다.

```
class Account:
    owner: str                      # 타입 힌트
    _balance: float                 # 타입 힌트

    def __init__(self, owner, balance):
        self.owner = owner
        self._balance = balance
    ...
```

타입 힌트를 추가하더라도 클래스의 실제 런타임 동작은 아무것도 변하지 않는다. 즉, 추가 검사를 수행하지 않으며, 사용자가 이 코드에 잘못된 값을 설정하더라도 막지 않는다. 단, 타입 힌트는 편집기에서 사용자에게 유용한 정보를 제공하기 때문에 부주의한 사용 오류를 미연에 방지할 수 있다.

실제로 정확한 타입 힌트를 제공하기는 어렵다. 예를 들어, Account 클래스에서 다른 사용자가 float 대신 int를 사용하는 것이 가능할까? 아니면 Decimal도 가능할까? 타입 힌트가 다른 방법을 제안하는 것처럼 보이지만, 다음 코드를 보면 이 모든 것이 동작한다는 것을 알 수 있다.

```
from decimal import Decimal

a = Account('Guido', Decimal('1000.0'))
a.withdraw(Decimal('50.0'))
print(a.inquiry())                  # -> 950.0
```

이러한 상황에서 타입을 적절히 구성하는 방법은 이 책의 범위를 벗어난다. 타입 검사 도구를 적극적으로 사용하지 않는 한, 의심스럽더라도 타입을 추측하지 않는 것이 좋다.

7.17 프로퍼티

이전 절에서 언급한 것처럼 파이썬은 속성값이나 타입에 런타임 제한을 두지 않는다. 하지만 속성을 소위 프로퍼티(property)의 관리 아래에 두면 제한을 가할 수 있다. 프로퍼티는 속성 접근을 가로채 사용자 정의 메서드로 이를 처리하는 특별한 종류의 속성이다. 이 메서드를 사용하면 적합한 형태로 속성을 자유롭게 관리할 수 있다. 다음 예를 보자.

```
import string

class Account:
    def __init__(self, owner, balance):
```

```
        self.owner = owner
        self._balance = balance

    @property
    def owner(self):
        return self._owner

    @owner.setter
    def owner(self, value):
        if not isinstance(value, str):
            raise TypeError('Expected str')
        if not all(c in string.ascii_uppercase for c in value):
            raise ValueError('Must be uppercase ASCII')
        if len(value) > 10:
            raise ValueError('Must be 10 characters or less')
        self._owner = value
```

여기서 owner 속성은 대문자 ASCII 문자열 10자로 제한된다. 이 클래스가 어떻게 동작하는지 다음에서 살펴볼 수 있다.

```
>>> a = Account('GUIDO', 1000.0)
>>> a.owner = 'EVA'
>>> a.owner = 42
Traceback (most recent call last):
...
TypeError: Expected str
>>> a.owner = 'Carol'
Traceback (most recent call last):
...
ValueError: Must be uppercase ASCII
>>> a.owner = 'RENÉE'
Traceback (most recent call last):
...
ValueError: Must be uppercase ASCII
>>> a.owner = 'RAMAKRISHNAN'
Traceback (most recent call last):
...
ValueError: Must be 10 characters or less
>>>
```

@property 데코레이터는 속성을 프로퍼티로 설정할 때 사용한다. 이 예에서 owner 속성이 프로퍼티에 해당한다. 이 데코레이터는 항상 속성값을 가져오는 메서드에 우선 적용된다. 이 경우 메서드는 비공개 속성 _owner에 저장된 실젯값을 반환한다. 이어서 나오는 @owner.setter 데코레이터는 속성값을 설정하기 위한 메서드를 선택적으로 구현할 때 사용된다. 이 메서드는 비공개 _owner 속성의 값을 저장하기 전에, 다양한 타입과 값 검사를 수행한다.

프로퍼티의 중요한 특징은 이 예제의 owner처럼 연결된 이름이 '마법'처럼 동작한다는 것이다. 즉, 해당 속성을 사용하게 되면, 사용자가 구현한 얻기/설정 (getter/setter) 메서드로 자동으로 전송된다. 이 작업을 수행하기 위해서 기존 코드를 변경할 필요가 없다. 예를 들면, Account.__init__() 메서드를 변경할 필요가 없다. 이는 사용자를 놀라게 할 만한데, __init__()이 비공개 속성 self._owner를 사용하는 대신, self.owner = owner처럼 할당되기 때문이다. 이는 의도적으로 설계된 것이다. 즉, owner 프로퍼티의 핵심은 속성값의 유효성을 검증하는 것이다. 사용자는 인스턴스를 생성할 때 반드시 이를 수행하기를 원할 것이다. 다음 코드를 보면 의도한 대로 정확하게 동작한다는 것을 알 수 있다.

```
>>> a = Account('Guido', 1000.0)
Traceback (most recent call last):
  File "account.py", line 5, in __init__
    self.owner = owner
  File "account.py", line 15, in owner
    raise ValueError('Must be uppercase ASCII')
ValueError: Must be uppercase ASCII
>>>
```

프로퍼티 속성에 매번 접근할 때마다 자동으로 메서드를 호출하므로, 실젯값은 다른 이름으로 저장해야 한다. 이것이 얻기/설정 메서드 내에서 _owner를 사용하는 이유다. owner를 저장 위치(storage location)로 사용하면 무한 재귀가 발생하므로 저장 위치로는 사용할 수 없다.

일반적으로 프로퍼티를 사용하여 특정 속성 이름을 가로챌 수 있다. 즉, 메서드를 구현하여 속성값을 가져오거나, 설정 또는 삭제할 수 있다. 다음 예를 보자.

```
class SomeClass:
    @property
    def attr(self):
        print('Getting')

    @attr.setter
    def attr(self, value):
        print('Setting', value)

    @attr.deleter
    def attr(self):
        print('Deleting')

# 예제
```

```
s = SomeClass()
s.attr              # 가져오기(Getting)
s.attr = 13         # 설정하기(Setting 13)
del s.attr          # 삭제하기(Deleting)
```

프로퍼티의 요소를 모두 구현할 필요는 없다. 실제로 읽기 전용으로 계산 데이터 속성을 구현하기 위해 프로퍼티를 사용하는 일이 많다. 다음은 그 예이다.

```
class Box(object):
    def __init__(self, width, height):
        self.width = width
        self.height = height

    @property
    def area(self):
        return self.width * self.height

    @property
    def perimeter(self):
        return 2*self.width + 2*self.height

# 사용 예제
b = Box(4, 5)
print(b.area)           # -> 20
print(b.perimeter)      # -> 18
b.area = 5              # 에러: 속성을 설정할 수 없음
```

클래스를 정의할 때 고려해야 할 한 가지는 클래스에 대한 프로그래밍 인터페이스는 가급적 일정하게 만들어야 한다는 것이다. 이 예제에서 일부 값은 b.width나 b.height와 같이 프로퍼티 없이 간단한 속성으로 접근하는 반면, 다른 값은 b.area()와 b.perimeter()와 같은 메서드로 접근한다. extra()를 추가한다고 할 때, 속성으로 접근할지 또는 메서드로 접근할지 확인하는 것은 불필요한 혼란을 만들 수 있다. 프로퍼티는 이 문제를 해결할 수 있다.

 파이썬 프로그래머는 메서드 자체가 일종의 프로퍼티로 암암리에 처리되곤 한다는 사실을 깨닫지 못한다. 다음 클래스를 살펴보자.

```
class SomeClass:
    def yow(self):
        print('Yow!')
```

사용자가 s = SomeClass()와 같은 인스턴스를 생성하고, s.yow로 접근하면 원래의 함수 객체 yow가 반환되지 않는다. 대신 다음과 같은 바운드 메서드를 얻는다.

```
>>> s = SomeClass()
>>> s.yow
<bound method SomeClass.yow of <__main__.SomeClass object at 0x10e2572b0>>
>>>
```

어쩌다 이런 일이 일어난 걸까? 함수가 클래스에 있으면 프로퍼티와 유사하게 동작한다. 특히 함수는 마술과 같이 속성 접근을 가로채 배후에서 바운드 메서드를 생성한다. @staticmethod나 @classmethod를 사용해 정적 메서드 또는 클래스 메서드를 정의할 때, 실제로 이 프로세스가 변경된다. @staticmethod는 특별한 래핑이나 처리 없이 메서드 함수를 '있는 그대로' 반환한다. 이 동작에 관한 내용은 7.28 절에서 자세히 다룬다.

7.18 타입, 인터페이스, 추상 기본 클래스

클래스의 인스턴스를 만들 때, 해당 인스턴스의 타입은 클래스 자신이다. 클래스의 멤버 자격을 검사하기 위해, 내장 함수 isinstance(obj, cls)를 사용한다. 이 함수는 객체 obj가 클래스 cls 또는 cls에서 파생된 클래스에 속하면 True를 반환한다. 다음 예를 살펴보자.

```
class A:
    pass

class B(A):
    pass

class C:
    pass

a = A()  # 'A'의 인스턴스
b = B()  # 'B'의 인스턴스
c = C()  # 'C'의 인스턴스

type(a)          # 클래스 객체 A를 반환
isinstance(a, A) # True 반환
isinstance(b, A) # B가 A에서 파생되었기 때문에 True를 반환
isinstance(b, C) # B가 C에서 파생되지 않았으므로 False를 반환
```

유사하게 내장 함수 issubclass(A, B)는 클래스 A가 클래스 B의 하위 클래스이면, True를 반환한다. 다음 예를 보자.

```
issubclass(B, A)    # True를 반환
issubclass(C, A)    # False를 반환
```

프로그래밍 인터페이스의 상세 설명(specification)을 위해 일반적으로 클래스 타입 관계를 사용한다. 일례로 프로그래밍 인터페이스 요구 사항을 반영하기 위해 최상위 기본 클래스를 구현할 수 있다. 그러면 이 기본 클래스는 타입 힌트 또는 isinstance()를 통한 방어(defensive) 타입 적용에 사용할 수 있다.

```python
class Stream:
    def receive(self):
        raise NotImplementedError()

    def send(self, msg):
        raise NotImplementedError()

    def close(self):
        raise NotImplementedError()

# 예제
def send_request(stream, request):
    if not isinstance(stream, Stream):
        raise TypeError('Expected a Stream')
    stream.send(request)
    return stream.receive()
```

예상대로 이 코드에서는 Stream을 직접 사용할 수 없다. 대신 다른 클래스들이 Stream에서 상속받아 필요한 기능을 구현한다. 사용자는 대신 해당 클래스 중 하나를 인스턴스로 생성한다. 다음 코드를 살펴보자.

```python
class SocketStream(Stream):
    def receive(self):
        ...

    def send(self, msg):
        ...

    def close(self):
        ...

class PipeStream(Stream):
    def receive(self):
        ...

    def send(self, msg):
        ...

    def close(self):
        ...
```

```
# 예제
s = SocketStream()
send_request(s, request)
```

이 예제에서 논의해볼 내용은 send_request()에서 인터페이스의 런타임을 제약하고 있다는 것이다. 대신 타입 힌트를 사용해보는 것은 어떨까?

```
# 인터페이스를 타입 힌트로 지정
def send_request(stream:Stream, request):
    stream.send(request)
    return stream.receive()
```

이러한 타입 힌트가 강제되지 않는다는 점을 감안하면, 인터페이스에 대한 인수의 유효성을 어떻게 확인할지에 대한 결정은 사용자의 요구에 달려 있다. 런타임에 코드 검사 단계를 두거나 아예 수행하지 않을 수도 있다.

　인터페이스 클래스는 대규모 프레임워크 및 응용 프로그램에서 주로 사용된다. 하지만 이러한 접근 방식을 취할 때는 하위 클래스가 실제로 필요한 인터페이스를 구현하는지 확인해야 한다. 예를 들어, 하위 클래스가 필수 메서드의 하나를 구현하지 않거나 단순히 철자를 잘못 입력해도, 보통은 코드가 여전히 동작할 수 있으므로 처음에는 잘못된 것이 눈에 띄지 않을 수 있다. 하지만 나중에 구현되지 않은 메서드가 호출되면 프로그램이 충돌한다. 현장에서는 이런 일이 꼭두새벽에 발생하곤 한다.

　이 문제를 방지하기 위해 abc 모듈을 사용해 인터페이스를 추상 기본 클래스(Abstract Base Class)로 정의하는 게 일반적이다. 이 모듈은 기본 클래스(ABC)와 데코레이터(@abstractmethod)를 정의하는 데, 인터페이스를 설명하기 위해 함께 사용된다. 다음 예를 보자.

```
from abc import ABC, abstractmethod

class Stream(ABC):
    @abstractmethod
    def receive(self):
        pass

    @abstractmethod
    def send(self, msg):
        pass

    @abstractmethod
    def close(self):
        pass
```

추상 기본 클래스는 인스턴스를 직접 생성하려고 만든 것이 아니다. Stream 인스턴스를 생성하려고 시도하면 다음과 같은 에러가 발생한다.

```
>>> s = Stream()
Traceback (most recent call last):
  File "<stdin>", line 1, in <module>
TypeError: Can't instantiate abstract class Stream with abstract methods
close, receive, send
>>>
```

에러 메시지는 Stream에서 정확히 구현해야 할 메서드가 무엇인지 알려준다. 이는 하위 클래스를 작성하기 위한 가이드 역할을 한다. 하위 클래스를 작성했지만, 실수했다고 가정해보자.

```
class SocketStream(Stream):
    def read(self):        # 함수 이름을 잘못 작성
        ...

    def send(self, msg):
        ...

    def close(self):
        ...
```

추상 기본 클래스는 인스턴스를 생성할 때 실수를 잡는다. 오류가 조기에 발견되므로 유용하다.

```
>>> s = SocketStream()
Traceback (most recent call last):
  File "<stdin>", line 1, in <module>
  TypeError: Can't instantiate abstract class SocketStream with abstract
methods receive
>>>
```

추상 기본 클래스 자신은 인스턴스를 생성할 수 없지만, 하위 클래스에서 사용할 메서드와 속성을 정의할 수 있다. 더욱이, 기본 클래스의 추상 메서드는 하위 클래스에서 호출할 수 있다. 예를 들면, 하위 클래스에서 super().receive()로 호출하는 것이 허용된다.

7.19 다중 상속, 인터페이스, 혼합

파이썬은 다중 상속을 지원한다. 자식 클래스가 둘 이상의 부모를 나열한 경우, 자식은 각 부모의 기능을 모두 상속한다. 다음 예를 보자.

```python
class Duck:
    def walk(self):
        print('Waddle')

class Trombonist:
    def noise(self):
        print('Blat!')

class DuckBonist(Duck, Trombonist):
    pass

d = DuckBonist()
d.walk()        # -> Waddle
d.noise()       # -> Blat!
```

개념적으로는 멋진 아이디어지만 현실은 지금부터이다. 예를 들어 Duck과 Trombonist가 각각 __init__() 메서드를 정의하면 어떻게 될까? 또는 두 클래스 모두 noise() 메서드를 정의하면 어떻게 될까? 갑자기 다중 상속이 생각보다 위험하다는 사실을 깨닫게 될 것이다.

다중 상속의 실제 사용법을 더 잘 이해하려면, 한 발 뒤로 물러나서 일반적인 프로그래밍 기법이 아닌, 코드 재사용 및 조직화를 위한 전문화된 도구로 바라보아야 한다. 특히, 관련 없는 임의의 클래스를 다중 상속으로 서로 결합하여 이상한 돌연변이 오리 음악가를 만드는 것은 올바른 사용법이 아니다. 절대 그렇게 하면 안 된다.

다중 상속은 타입과 인터페이스 관계를 조직하기 위해 사용한다. 예를 들어 이전 절에서 소개한 추상 기본 클래스를 생각해보자. 추상 기본 클래스의 목적은 프로그래밍 인터페이스를 구체적으로 명시하려는 것이다. 다음과 같이 다양한 추상 기본 클래스가 있다고 하자.

```python
from abc import ABC, abstractmethod

class Stream(ABC):
    @abstractmethod
    def receive(self):
        pass
```

```
    @abstractmethod
    def send(self, msg):
        pass

    @abstractmethod
    def close(self):
        pass

class Iterable(ABC):
    @abstractmethod
    def __iter__(self):
        pass
```

이 클래스들을 이용하면, 다중 상속을 사용해 자식 클래스에 구현된 인터페이스를 명시할 수 있다.

```
class MessageStream(Stream, Iterable):
    def receive(self):
        ...

    def send(self):
        ...

    def close(self):
        ...

    def __iter__(self):
        ...
```

다시 말하지만, 다중 상속은 구현에 관한 것이 아닌 타입 관계에 사용한다. 예를 들어, 이 예제에서는 상속 메서드가 그 어떤 것도 수행하지 않으며, 코드의 재사용도 없다. 주로 상속 관계는 다음과 같은 타입 검사를 수행할 수 있도록 한다.

```
m = MessageStream()

isinstance(m, Stream)     # -> True
isinstance(m, Iterable)   # -> True
```

다중 상속의 다른 용도는 혼합 클래스(mixin class)를 정의하는 것이다. 혼합 클래스는 다른 클래스의 기능을 수정하거나 확장하는 클래스이다. 다음 클래스 정의를 살펴보자.

```
class Duck:
    def noise(self):
        return 'Quack'
```

```
        def waddle(self):
            return 'Waddle'

class Trombonist:
    def noise(self):
        return 'Blat!'

    def march(self):
        return 'Clomp'

class Cyclist:
    def noise(self):
        return 'On your left!'

    def pedal(self):
        return 'Pedaling'
```

이 클래스들은 서로 관련이 없다. 상속 관계가 없으며 서로 다른 메서드를 구현하고 있다. 하지만 이들 각각은 noise() 메서드를 정의한다는 공통점이 있다. 이를 참조하여 다음 클래스들을 정의할 수 있다.

```
class LoudMixin:
    def noise(self):
        return super().noise().upper()

class AnnoyingMixin:
    def noise(self):
        return 3*super().noise()
```

언뜻 보기에, 이 클래스들은 잘못 작성한 것처럼 보인다. 단 하나의 독립 메서드가 있고 이 메서드가 super()를 사용하여 존재하지 않는 부모 클래스에 위임한다. 이 클래스들은 심지어 동작하지도 않는다.

```
>>> a = AnnoyingMixin()
>>> a.noise()
Traceback (most recent call last):
...
AttributeError: 'super' object has no attribute 'noise'
>>>
```

이들은 혼합 클래스다. 이들을 동작하게 하는 방법은 누락된 기능을 구현한 다른 클래스와 함께 사용하는 것이다. 다음 예를 보자.

```
class LoudDuck(LoudMixin, Duck):
    pass

class AnnoyingTrombonist(AnnoyingMixin, Trombonist):
    pass

class AnnoyingLoudCyclist(AnnoyingMixin, LoudMixin, Cyclist):
    pass

d = LoudDuck()
d.noise()          # -> 'QUACK'

t = AnnoyingTrombonist()
t.noise()          # -> 'Blat!Blat!Blat!'

c = AnnoyingLoudCyclist()
c.noise()          # -> 'ON YOUR LEFT!ON YOUR LEFT!ON YOUR LEFT!'
```

혼합 클래스는 일반 클래스와 같은 방식으로 정의하므로 'Mixin'이라는 단어를
클래스 이름의 일부로 포함하는 것이 좋다. 이 이름 규약은 클래스 목적을 더 명
확히 보여준다.

혼합 클래스를 완전히 이해하려면 상속과 super() 함수가 어떻게 동작하는지
좀 더 알아야 한다.

첫째, 상속을 사용할 때마다 파이썬은 메서드 분석 순서(Method Resolution
Order, MRO)라고 알려진 선형 클래스 연결을 구축한다. 이는 클래스의 __mro__
속성으로 살펴볼 수 있다. 다음은 단일 상속에 대한 몇 가지 예를 보여준다.

```
class Base:
    pass

class A(Base):
    pass

class B(A):
    pass

Base.__mro__     # -> (<class 'Base'>, <class 'object'>)
A.__mro__        # -> (<class 'A'>, <class 'Base'>, <class 'object'>)
B.__mro__        # -> (<class 'B'>, <class 'A'>, <class 'Base'>, <class 'object'>)
```

메서드 분석 순서는 속성 조회를 위한 검색 순서를 지정한다. 특히 인스턴스나
클래스에서 속성을 검색할 때마다 메서드 분석 순서에 포함된 각 클래스들은 나
열된 순서대로 확인된다. 첫 번째 매치 항목이 만들어지면 검색은 중단된다. 이

예에서 메서드 분석 순서에 object 클래스가 존재하는 것을 볼 수 있다. 이는 어떤 부모에서 온 것인지 여부와 상관없이 클래스는 모두 object에서 상속되기 때문이다.

다중 상속을 지원하기 위해 파이썬은 '협력 다중 상속(cooperative multiple inheritance)'을 구현한다. 협력 상속을 통해 클래스는 모두 두 가지 기본 순서 규칙에 따라 메서드 분석 순서 목록에 배치된다. 첫 번째는 자식 클래스는 항상 부모보다 먼저 확인되어야 한다는 것이다. 두 번째는 한 클래스에 여러 부모가 있을 때, 해당 부모들은 자식의 상속 목록에 작성된 것과 동일한 순서로 확인해야 한다는 것이다. 대부분의 경우 이러한 규칙으로 합리적인 메서드 분석 순서를 생성한다. 하지만 클래스를 정렬하는 알고리즘은 실제로 복잡하며, 깊이 우선 검색(depth-first search) 또는 너비 우선 검색(breadth-first search)과 같은 간단한 알고리즘으로 결정되지 않는다. 이 순서는 논문 〈A Monotonic Superclass Linearization for Dylan〉(K. Barrett, et al., OOPSLA'96 학회에서 발표)에서 설명된 C3 선형화 알고리즘으로 결정된다. 이 알고리즘에 따르면 파이썬에서는 특정 종류의 클래스 계층을 생성할 수 없는데, 계층을 생성하려고 하면 TypeError 예외가 발생한다. 다음 예를 살펴보자.

```python
class X: pass
class Y(X): pass
class Z(X,Y): pass        # TypeError 예외가 발생
                          # 일관된 메서드 분석 순서를 정하지 못함
```

이 예에서 메서드 분석 알고리즘은 의미 있는 기본 클래스의 순서를 제대로 정할 수 없기 때문에 클래스 Z의 생성을 거부한다. 여기서 클래스 X는 상속 목록에서 클래스 Y보다 앞에 등장하므로 먼저 검사해야 한다. 하지만 클래스 Y는 X에서 상속받았기 때문에 X가 먼저 검색된다면 자식부터 검사해야 하는 규칙을 위반하게 된다. 실전에서 이러한 문제는 거의 발생하지 않는다. 이 문제가 발생한다는 것은 보통 프로그램 설계에 심각한 문제가 있다는 것을 의미한다.

실제 메서드 분석 순서의 예시로 앞에서 보여준 AnnoyingLoudCyclist 클래스에 대한 메서드 분석 순서를 보자.

```python
class AnnoyingLoudCyclist(AnnoyingMixin, LoudMixin, Cyclist):
    pass

AnnoyingLoudCyclist.__mro__
# (<class 'AnnoyingLoudCyclist'>, <class 'AnnoyingMixin'>,
```

```
#   <class 'LoudMixin'>, <class 'Cyclist'>, <class 'object'>)
```

이 메서드 분석 순서에서 어떻게 두 규칙이 모두 충족되는지 볼 수 있다. 특히 모든 자식 클래스는 언제나 부모보다 먼저 나열된다. object 클래스는 모든 클래스의 부모이므로 가장 마지막에 나열된다. 부모들은 코드에서 나타난 순서대로 나열된다.

super()의 동작 방식은 메서드 분석 순서와 연결되어 있다. super()의 역할은 메서드 분석 순서에서 다음에 위치하는 클래스에 속성을 위임하는 것이다. 이는 super()가 사용되는 클래스를 기반으로 한다. 예를 들어, AnnoyingMixin 클래스가 super()를 사용할 때, 인스턴스의 메서드 분석 순서를 확인하여 자신의 위치를 찾는다. 여기서 속성 조회를 다음 클래스로 위임한다. 이 예에서 Annoying Mixin 클래스의 super().noise()는 LoudMixin.noise()를 호출한다. 이는 LoudMixin이 AnnoyingLoudCyclist의 메서드 분석 순서에 등재된 다음 클래스이기 때문이다. 그런 다음 LoudMixin에서의 super().noise() 작업은 Cyclist 클래스로 위임된다. super()를 사용하는 경우 다음 클래스 선택은 인스턴스 타입에 따라 다르다. 예를 들어 AnnoyingTrombonist의 인스턴스를 생성하면, super.noise()가 대신 Trombonist.noise()를 호출한다.

협력적 다중 상속과 혼합 클래스를 설계하는 것은 어려운 일이다. 다음 몇 가지 설계 지침이 있다. 첫째, 자식 클래스는 항상 메서드 분석 순서의 기본 클래스보다 먼저 확인된다. 따라서 혼합 클래스는 공통 부모를 공유하고, 해당 부모는 메서드의 빈 구현을 제공하는 것이 일반적이다. 다중 혼합 클래스를 동시에 사용하는 경우, 서로 나란히 정렬된다. 공통 부모는 기본 구현 또는 에러 검사를 제공할 수 있도록 마지막에 나타난다. 다음은 한 예이다.

```python
class NoiseMixin:
    def noise(self):
        raise NotImplementedError('noise() not implemented')

class LoudMixin(NoiseMixin):
    def noise(self):
        return super().noise().upper()

class AnnoyingMixin(NoiseMixin):
    def noise(self):
        return 3 * super().noise()
```

둘째, 혼합 메서드의 구현은 모두 동일한 함수 서명을 가져야 한다. 혼합 클래스에서의 한 가지 문제점은 이들은 선택적이며 예측할 수 없는 순서로 함께 혼합된다는 것이다. 이 작업이 동작하려면, 다음에 오는 클래스와 관계없이 super()와 관련된 작업이 성공할 수 있도록 보장해야 한다. 이를 위해서는, 호출 연쇄 (call chain)에서 메서드는 모두 호환되는 호출 서명이 있어야 한다.

마지막으로 어디에서나 super()를 사용해야 한다. 때로는 부모를 직접 호출하는 클래스를 볼 수 있을 것이다.

```python
class Base:
    def yow(self):
        print('Base.yow')

class A(Base):
    def yow(self):
        print('A.yow')
        Base.yow(self)      # 부모를 직접 호출

class B(Base):
    def yow(self):
        print('B.yow')
        super().yow(self)

class C(A, B):
    pass

c = C()
c.yow()
# 출력:
#     A.yow
#     Base.yow
```

이러한 클래스는 다중 상속과 함께 사용하기엔 안전하지 않다. 이를 다중 상속에 사용하면 메서드 호출의 연쇄가 끊어지고 혼란이 발생한다. 예를 들어, 이 예제에서는 B.yow()가 상속 계층 구조의 일부이지만, 출력이 나타나지 않는 것을 볼 수 있다. 다중 상속을 사용하고 있다면, 상위 클래스의 메서드를 직접 호출하는 대신 super()를 사용해야 한다.

7.20 타입 기반 디스패치

때로는 특정 타입에 기반하여 코드가 다르게 동작하도록 작성하는 경우가 있다.

```python
if isinstance(obj, Duck):
    handle_duck(obj)
```

```
    elif isinstance(obj, Trombonist):
        handle_trombonist(obj)
    elif isinstance(obj, Cyclist):
        handle_cyclist(obj)
    else:
        raise RuntimeError('Unknown object')
```

이 코드에서의 if-elif-else 블록은 우아하지도 않고, 깨지기도 쉽다. 자주 사용하는 해결책은 사전(dictionary)을 통해 디스패치하는 것이다.

```
handlers = {
    Duck: handle_duck,
    Trombonist: handle_trombonist,
    Cyclist: handle_cyclist
}

# 디스패치
def dispatch(obj):
    func = handlers.get(type(obj))
    if func:
        return func(obj)
    else:
        raise RuntimeError(f'No handler for {obj}')
```

이 해결책은 타입이 정확히 일치한다고 가정한다. 디스패치에서 상속을 지원하는 경우에는 메서드 분석 순서를 살펴봐야 한다.

```
def dispatch(obj):
    for ty in type(obj).__mro__:
        func = handlers.get(ty)
        if func:
            return func(obj)
    raise RuntimeError(f'No handler for {obj}')
```

다음과 같이 getattr()을 사용하는 클래스 기반 인터페이스를 통해 디스패치를 구현하기도 한다.

```
class Dispatcher:
    def handle(self, obj):
        for ty in type(obj).__mro__:
            meth = getattr(self, f'handle_{ty.__name__}', None)
            if meth:
                return meth(obj)
        raise RuntimeError(f'No handler for {obj}')

    def handle_Duck(self, obj):
        ...
```

```
    def handle_Trombonist(self, obj):
        ...

    def handle_Cyclist(self, obj):
        ...

# 예제
dispatcher = Dispatcher()
dispatcher.handle(Duck())          # -> handle_Duck()
dispatcher.handle(Cyclist())       # -> handle_Cyclist()
```

getattr()을 사용하여 클래스의 메서드를 디스패치하는 이 예제는 자주 쓰이는
프로그래밍 패턴이다.

7.21 클래스 데코레이터

클래스를 정의하고 난 후, 클래스를 레지스트리(registry)에 등록하거나 추가 지
원 코드를 생성하는 것과 같은 몇 가지 추가 작업을 수행하고 싶을 때가 있다.
한 가지 방법은 클래스 데코레이터(class decorator)를 사용하는 것이다. 클래스
데코레이터는 입력으로 클래스를 받고 클래스를 반환하는 함수이다. 다음 예를
보자.

```
_registry = { }
def register_decoder(cls):
    for mt in cls.mimetypes:
        _registry[mt.mimetype] = cls
    return cls

# 레지스트리를 사용하는 팩토리(factory) 함수[35]
def create_decoder(mimetype):
    return _registry[mimetype]()
```

여기서 register_decoder() 함수는 클래스 내에 mimetypes 속성이 있는지 살펴본
다. 이 속성을 발견하면, MIME 타입을 클래스 객체에 매핑하는 사전에 이 클래스
를 추가한다. 이 함수를 사용하려면 다음과 같이 클래스 정의 바로 앞에 데코레
이터를 써주면 된다.

```
@register_decoder
```

---

35 (옮긴이) 특정 역할을 가진 객체를 생성하고 반환하는 함수를 지칭한다. 객체를 만드는 공장(factory)
   을 의미한다.

```python
class TextDecoder:
    mimetypes = [ 'text/plain' ]
    def decode(self, data):
        ...

@register_decoder
class HTMLDecoder:
    mimetypes = [ 'text/html' ]
    def decode(self, data):
        ...

@register_decoder
class ImageDecoder:
    mimetypes = [ 'image/png', 'image/jpg', 'image/gif' ]
    def decode(self, data):
        ...

# 사용 예제
decoder = create_decoder('image/jpg')
```

클래스 데코레이터는 주어진 클래스의 내용을 자유롭게 수정할 수 있다. 예를 들어 기존 메서드를 다시 작성할 수 있다. 이는 혼합 클래스 또는 다중 상속을 대신할 방법이기도 하다. 예를 들어, 다음 데코레이터들을 살펴보자.

```python
def loud(cls):
    orig_noise = cls.noise
    def noise(self):
        return orig_noise(self).upper()
    cls.noise = noise
    return cls

def annoying(cls):
    orig_noise = cls.noise
    def noise(self):
        return 3 * orig_noise(self)
    cls.noise = noise
    return cls

@annoying
@loud
class Cyclist(object):
    def noise(self):
        return 'On your left!'
    def pedal(self):
        return 'Pedaling'
```

이 예는 7.19 절 혼합 클래스의 예제와 동일한 결과를 생성한다. 하지만 여기에는 다중 상속이 없으며 super()를 사용하지 않는다. 각각의 데코레이터 내에서

cls.noise를 살펴보는 일은 super()와 동일한 작업을 수행한다. 그러나 이는 데코레이터가 (클래스 정의 시간에) 적용될 때 한 번만 수행되므로, 결과로 발생하는 noise()의 호출은 조금 더 빠르게 실행된다.

클래스 데코레이터를 사용하여 완전히 새로운 코드를 생성할 수 있다. 다음은 클래스를 작성할 때 디버깅을 도와주는 유용한 __repr__() 메서드를 작성하는 코드이다.

```python
class Point:
    def __init__(self, x, y):
        self.x = x
        self.y = y

    def __repr__(self):
        return f'{type(self).__name__}({self.x!r}, {self.y!r})'
```

매번 __repr__() 메서드를 작성하려면 성가시다. 클래스 데코레이터가 사용자를 위해 이 메서드를 생성해줄 수도 있지 않을까?

```python
import inspect
def with_repr(cls):
    args = list(inspect.signature(cls).parameters)
    argvals = ', '.join('{self.%s!r}' % arg for arg in args)
    code = 'def __repr__(self):\n'
    code += f'    return f"{cls.__name__}({argvals})"\n'
    locs = { }
    exec(code, locs)
    cls.__repr__ = locs['__repr__']
    return cls

# 예제
@with_repr
class Point:
    def __init__(self, x, y):
        self.x = x
        self.y = y
```

이 예에서 __repr__() 메서드는 __init__() 메서드의 호출 서명으로부터 생성된다. 이 메서드는 텍스트 문자열로 생성되고, exec()에 전달되어 함수를 생성한다. 생성된 함수는 클래스와 연결된다.

이와 유사한 코드 생성 기법이 표준 라이브러리의 일부에서 사용되고 있다. 다음 코드는 dataclass를 사용하여 자료구조를 편리하게 정의하는 방법을 보여준다.

```
from dataclasses import dataclass

@dataclass
class Point:
    x: int
    y: int
```

dataclass는 클래스 타입 힌트를 활용하여, __init__() 및 __repr__()과 같은 메서드를 자동으로 생성한다. 이 메서드들은 이전 예제와 유사하게 exec()를 사용하여 생성된다. 다음은 Point 클래스가 어떻게 동작하는지 보여준다.

```
>>> p = Point(2, 3)
>>> p
Point(x=2, y=3)
>>>
```

이 방법의 단점은 시작 성능이 좋지 않다는 점이다. exec()를 사용하여 동적으로 코드를 생성하면, 파이썬은 모듈에 적용하는 최적화 과정을 건너뛴다. 따라서 이 방식으로 많은 수의 클래스를 정의하면, 코드를 불러오는 속도가 크게 느려질 수 있다.

이 절에서 보여준 예제는 등록, 코드 재작성, 코드 생성, 유효성 검사 등 클래스 데코레이터의 일반 사용법을 보여준다. 클래스 데코레이터의 한 가지 문제점은 클래스 데코레이터를 사용하는 클래스에 이것을 명시적으로 적용해야 한다는 것이다. 이것은 바라는 바가 아니다. 다음 절에서 클래스를 암묵적으로 조작하는 법을 설명한다.

7.22 상속 감독

이전 절에서 살펴보았듯이 때로는 클래스를 정의하고 나서 추가적인 작업을 수행할 경우가 있다. 클래스 데코레이터는 이를 수행하기 위한 메커니즘 가운데 하나이다. 하지만 부모 클래스가 하위 클래스를 대신하여 추가 작업을 수행해야 할 경우도 있다. 이는 __init_subclass__(cls) 클래스 메서드를 구현하여 수행할 수 있다. 다음 예를 살펴보자.

```
class Base:
    @classmethod
    def __init_subclass__(cls):
        print('Initializing', cls)
```

```
# 예제(각 클래스에서 'Initializing' 메시지를 볼 수 있음)
class A(Base):
    pass

class B(A):
    pass
```

__init_subclass__() 메서드가 있으면 자식 클래스를 정의할 때 자동으로 트리거 (trigger)[36]된다. 이는 자식 클래스가 상속 계층 깊이 숨겨져 있어도 수행된다.

클래스 데코레이터로 수행되는 많은 작업은 __init_subclass__()를 사용하면 대신 수행할 수 있다. 다음은 클래스 등록과 관련된 코드이다.

```
class DecoderBase:
    _registry = { }
    @classmethod
    def __init_subclass__(cls):
        for mt in cls.mimetypes:
            DecoderBase._registry[mt.mimetype] = cls

# 레지스트리를 사용하는 팩토리(Factory) 함수
def create_decoder(mimetype):
    return DecoderBase._registry[mimetype]()

class TextDecoder(DecoderBase):
    mimetypes = [ 'text/plain' ]
    def decode(self, data):
        ...

class HTMLDecoder(DecoderBase):
    mimetypes = [ 'text/html' ]
    def decode(self, data):
        ...

class ImageDecoder(DecoderBase):
    mimetypes = [ 'image/png', 'image/jpg', 'image/gif' ]
    def decode(self, data):
        ...

# 사용 예제
decoder = create_decoder('image/jpg')
```

다음은 클래스 __init__() 메서드의 서명에서 __repr__() 메서드를 자동으로 생성 하는 클래스 예제이다.

---

36 (옮긴이) 트리거는 어느 특정한 동작에 반응해 자동으로 필요한 동작을 실행한다는 뜻이다.

```
import inspect

class Base:
    @classmethod
    def __init_subclass__(cls):
        # __repr__ 메서드 생성
        args = list(inspect.signature(cls).parameters)
        argvals = ', '.join('{self.%s!r}' % arg for arg in args)
        code = 'def __repr__(self):\n'
        code += f'    return f"{cls.__name__}({argvals})"\n'
        locs = { }
        exec(code, locs)
        cls.__repr__ = locs['__repr__']

class Point(Base):
    def __init__(self, x, y):
        self.x = x
        self.y = y
```

다중 상속을 사용할 때는 __init_subclass__()를 구현하는 클래스가 모두 호출되도록 super()를 사용해야 한다. 다음 예를 보자.

```
class A:
    @classmethod
    def __init_subclass__(cls):
        print('A.init_subclass')
        super().__init_subclass__()

class B:
    @classmethod
    def __init_subclass__(cls):
        print('B.init_subclass')
        super().__init_subclass__()

# 여기서 두 클래스의 출력을 모두 확인할 수 있어야 한다.
class C(A, B):
    pass
```

__init_subclass__()로 상속을 감독하는 것은 파이썬의 강력한 사용자 정의 기능 가운데 하나이다. 대부분 이는 암묵적으로 수행된다. 최상위 기본 클래스는 이를 사용하여 자식 클래스의 전체 계층 구조를 조용히 감독할 수 있다. 이러한 감독 활동을 통해 클래스를 등록하고, 메서드를 다시 작성하고, 유효성을 검증하는 등의 작업을 수행할 수 있다.

7.23 객체 생애주기와 메모리 관리

클래스가 정의되면, 결과로 발생하는 클래스는 새로운 인스턴스를 만들기 위한
팩토리 역할을 수행한다. 다음 예를 보자.

```
class Account:
    def __init__(self, owner, balance):
        self.owner = owner
        self.balance = balance

# Account 인스턴스를 몇 개 생성
a = Account('Guido', 1000.0)
b = Account('Eva', 25.0)
```

인스턴스 생성은 새로운 인스턴스를 생성하는 스페셜 메서드인 __new__()와 생
성된 인스턴스를 초기화하는 __init__() 메서드를 사용하는 두 단계로 수행된다.
예를 들어, 연산 a = Account('Guido', 1000.0)은 다음 단계를 수행하는 것과 같다.

```
a = Account.__new__(Account, 'Guido', 1000.0)
if isinstance(a, Account):
    Account.__init__('Guido', 1000.0)
```

인스턴스에서 클래스를 대신하는 첫 번째 인수를 제외하고, __new__()는 __init__()
에 전달하는 인수와 동일한 인수를 받는다. 하지만 __new__()는 기본적으로 이러
한 사항을 무시한다. 때로는 단 하나의 인수로 __new__()를 호출하는 경우도 있
다. 예를 들어 이 코드는 다음과 같이 동작한다.

```
a = Account.__new__(Account)
Account.__init__('Guido', 1000.0)
```

__new__() 메서드를 직접 사용하는 경우는 드물지만, 때로는 __init__() 메서드
호출을 우회하여 인스턴스를 생성하기도 한다. 이런 용도로 사용하는 사례가 클
래스 메서드에 있다. 다음 예를 살펴보자.

```
import time

class Date:
    def __init__(self, year, month, day):
        self.year = year
        self.month = month
        self.day = day
```

```
    @classmethod
    def today(cls):
        t = time.localtime()
        self = cls.__new__(cls)     # 인스턴스를 생성
        self.year = t.tm_year
        self.month = t.tm_mon
        self.day = t.tm_mday
        return self
```

피클링(pickling)[37]과 같은 객체 직렬화(object serialization)를 수행하는 모듈에서 객체를 역직렬화할 때, 인스턴스를 생성하기 위해 __new__()를 사용한다. 이 작업은 __init__()을 호출하지 않고 수행된다.

클래스는 인스턴스 생성의 일부를 변경하기 위해 __new__()를 정의할 때가 있다. 이는 일반적으로 인스턴스 캐싱, 싱글톤, 불변성 등을 위해 사용한다. 예를 들어 Date 클래스에서 날짜를 미리 만들고자 한다. 즉 같은 연도, 월, 일을 가진 Date 인스턴스를 캐싱하고 다시 사용하기를 원할 수 있다. 다음은 이를 구현하는 방법이다.

```
class Date:
    _cache = { }

    @staticmethod
    def __new__(cls, year, month, day):
        self = Date._cache.get((year,month,day))
        if not self:
            self = super().__new__(cls)
            self.year = year
            self.month = month
            self.day = day
            Date._cache[year,month,day] = self
        return self

    def __init__(self, year, month, day):
        pass

# 예제
d = Date(2012, 12, 21)
e = Date(2012, 12, 21)
assert d is e                   # 같은 객체임
```

이 예에서 클래스는 이미 생성된 Date 인스턴스의 내부 사전을 유지한다. 새로운 Date를 생성할 때 캐시가 먼저 참조된다. 일치하는 항목을 발견하면 해당 인스턴

---

37 (옮긴이) 파이썬 객체를 바이트 스트림으로 변환하는 과정을 피클링(pickling)이라 한다.

스를 반환한다. 그렇지 않으면 새 인스턴스가 생성되고 초기화된다.

이 해결책의 미묘한 세부 사항은 빈 __init__() 메서드이다. 인스턴스가 캐시되더라도 Date()를 호출하면 여전히 __init__()를 호출한다. 중복해 호출하지 않도록 __init__() 메서드는 아무 작업도 하지 않는다. 인스턴스 생성은 실제로 인스턴스가 처음 생성될 때 __new__()에서 일어난다.

__init__()에 대한 추가 호출을 막는 방법이 있지만 어느 정도 트릭이 필요하다. 한 가지 방법은 __new__()가 완전히 다른 타입의 인스턴스(예: 다른 클래스에 속하는 인스턴스)를 반환하는 것이다. 또 다른 방법은 다음에 설명할 메타 클래스를 사용하는 것이다.

일단 생성된 인스턴스는 참조 횟수 세기로 관리된다. 참조 횟수가 0에 도달하면 인스턴스는 즉시 폐기된다. 인스턴스가 소멸되려고 할 때, 인터프리터는 먼저 인스턴스에 __del__() 메서드가 있는지 살펴보고 이를 호출한다. 다음 예를 살펴보자.

```python
class Account(object):
    def __init__(self, owner, balance):
        self.owner = owner
        self.balance = balance

    def __del__(self):
        print('Deleting Account')

>>> a = Account('Guido', 1000.0)
>>> del a
Deleting Account
>>>
```

이 예처럼 때때로 프로그램은 객체에 대한 참조를 삭제하기 위해 del 문을 사용한다. 이에 따라 객체 참조 횟수가 0에 도달하면, __del__() 메서드가 호출된다. 일반적으로 del 문은 __del__()을 직접 호출하지 않는데, 이는 어딘가에 다른 객체 참조가 남아 있을 수 있기 때문이다. 객체를 삭제하는 방법에는 예를 들어 변수 이름을 재할당하거나 함수의 유효 범위를 벗어나도록 변수를 사용하는 것 등이 있다.

```python
>>> a = Account('Guido', 1000.0)
>>> a = 42
Deleting Account
>>> def func():
...     a = Account('Guido', 1000.0)
```

```
...
>>> func()
Deleting Account
>>>
```

실제로 클래스에서 __del__() 메서드를 정의하는 경우는 드물다. 한 가지 예외는 객체 폐기 과정에서 파일을 닫거나 네트워크 연결을 끊거나 기타 시스템 자원을 해제하는 등의 청소 작업이 필요할 때이다. 이 경우에도 적절한 종료를 위해 __del__()에 의존하는 것은 위험하다. 왜냐하면 인터프리터가 종료될 때 __del__() 메서드를 호출하리라는 보장이 없기 때문이다. 자원을 완전히 해제하기 위해서는 객체에 명시적으로 close() 메서드를 제공해야 한다. 또한 클래스가 with 문과 함께 사용하는 컨텍스트 관리자 프로토콜을 지원하게 해야 한다. 다음은 이전의 사례를 모두 다루는 예제이다.

```
class SomeClass:
    def __init__(self):
        self.resource = open_resource()

    def __del__(self):
        self.close()

    def close(self):
        self.resource.close()

    def __enter__(self):
        return self

    def __exit__(self, ty, val, tb):
        self.close()

# __del__()을 통해 종료
s = SomeClass()
del s

# 명시적으로 종료
s = SomeClass()
s.close()

# 컨텍스트 블록 끝에서 종료
with SomeClass() as s:
    ...
```

다시 한번 강조하지만 클래스에서 __del__() 메서드를 작성할 필요는 거의 없다. 파이썬에는 이미 가비지 컬렉션(garbage collection) 기능이 있으며, 객체가 소멸될 때 수행해야 할 추가 작업이 없다면, __del__() 메서드를 굳이 작성할 필요가 없다. 추가 작업을 수행하더라도 __del__()이 필요하지 않을 수 있는데, 아무것도 하지 않아도 객체 스스로 정리되도록 이미 프로그래밍되어 있을 수 있기 때문이다.

참조 횟수 세기와 객체 파괴에 대해 위험하지 않으면서, 객체들이 순환 참조(re-ference cycle)를 생성할 수 있는 특정 종류의 프로그래밍 패턴이 존재한다. 특히, 부모 자식 관계나 그래프 또는 캐싱과 관련된 패턴이 그렇다. 다음 예를 살펴보자.

```python
class SomeClass:
    def __del__(self):
        print('Deleting')

parent = SomeClass()
child = SomeClass()

# 부모 자식 순환 참조(reference cycle) 생성
parent.child = child
child.parent = parent

# 삭제하려고 시도(__del__의 출력이 나타나지 않음)
del parent
del child
```

이 예에서 변수 이름은 파괴되지만 __del__ 메서드의 실행 결과는 볼 수 없다. 두 객체가 각각 서로에 대한 참조를 가지고 있으므로 참조 횟수가 0이 되지 않기 때문이다. 이를 처리하기 위해 특별한 순환 참조 감지(cycle-detecting) 가비지 컬렉터가 자주 실행된다. 결국 객체는 회수되지만, 언제 회수될지는 예측하기 어렵다. 가비지 컬렉션을 강제로 실행하려면, gc.collect()를 호출하면 된다. gc 모듈에는 순환 가비지 컬렉터 및 메모리 모니터링과 관련된 함수가 많다.

가비지 컬렉션이 언제 동작할지 정확히 예측할 수 없으므로, __del__() 메서드에는 몇 가지 제한 사항이 있다. 첫째, __del__()로 전파되는 예외는 모두 sys.stderr에 출력되며, 그렇지 않으면 무시된다. 둘째, __del__ 메서드는 락(lock)이나 기타 자원의 획득과 같은 작업을 피해야 한다. 만약 자원을 획득하게 되면, 신호 처리나 스레드의 콜백 과정에서 관련 없는 함수를 실행하다가 __del__()이 예기치 않게 실행될 경우 교착상태에 빠질 수 있다. __del__()을 사용해야 한다면 단순하게 만들어야 한다.

7.24 약한 참조

객체가 파괴되었다고 생각하고 확인했을 때, 여전히 객체가 살아남아 있는 경우가 종종 있다. 앞선 예제에서 Date 클래스는 인스턴스 내부 캐싱과 함께 표시되었다. 이 구현의 한 가지 문제점은 인스턴스를 캐시에서 제거할 방법이 없다는 것이다. 따라서 캐시는 시간이 지남에 따라 점점 더 커진다.

이 문제를 해결하는 방법 하나는 weakref 모듈을 사용하여 약한 참조(weak reference)를 만드는 것이다. 약한 참조는 참조 횟수를 늘리지 않으면서 객체를 참조하는 방법이다. 약한 참조를 사용하려면, 참조하는 객체가 아직 존재하는지 여부를 검사하는 코드를 추가해야 한다. 다음은 약한 참조를 만드는 방법을 보여주는 코드이다.

```
>>> a = Account('Guido', 1000.0)
>>> import weakref
>>> a_ref = weakref.ref(a)
>>> a_ref
<weakref at 0x104617188; to 'Account' at 0x1046105c0>
>>>
```

일반 참조와 달리 약한 참조는 다음과 같이 원 객체를 소멸할 수 있다.

```
>>> del a
>>> a_ref
<weakref at 0x104617188; dead>
>>>
```

약한 참조는 객체에 대한 선택적 참조를 포함한다. 실제 객체를 얻으려면, 약한 참조를 인수가 없는 함수로 호출해야 한다. 이렇게 하면 가리키고 있는 객체가 반환되거나 None이 반환된다. 다음 예를 보자.

```
acct = a_ref()
if acct is not None:
    acct.withdraw(10)

# 다른 방법
if acct := a_ref():
    acct.withdraw(10)
```

약한 참조는 캐싱과 기타 고급 메모리 관리에서 사용된다. 다음은 참조가 더 이상 없을 때 캐시에서 객체를 자동으로 제거하는 기존 Date 클래스의 수정 버전이다.

```
import weakref

class Date:
    _cache = { }

    @staticmethod
    def __new__(cls, year, month, day):
        selfref = Date._cache.get((year,month,day))
        if not selfref:
            self = super().__new__(cls)
            self.year = year
            self.month = month
            self.day = day
            Date._cache[year,month,day] = weakref.ref(self)
        else:
            self = selfref()
        return self

    def __init__(self, year, month, day):
        pass

    def __del__(self):
        del Date._cache[self.year,self.month,self.day]
```

이 코드는 약간의 공부가 필요하지만 동작 방식은 다음 대화식 세션에서 볼 수 있다. 항목에 대한 참조가 더 이상 존재하지 않으면, 캐시에서 항목을 어떻게 제거하는지 확인할 수 있다.

```
>>> Date._cache
{}
>>> a = Date(2012, 12, 21)
>>> Date._cache
{(2012, 12, 21): <weakref at 0x10c7ee2c8; to 'Date' at 0x10c805518>}
>>> b = Date(2012, 12, 21)
>>> a is b
True
>>> del a
>>> Date._cache
{(2012, 12, 21): <weakref at 0x10c7ee2c8; to 'Date' at 0x10c805518>}
>>> del b
>>> Date._cache
{}
>>>
```

이전에 언급했듯이 __del__ 메서드는 객체의 참조 횟수가 0에 도달할 때 호출된다. 이 예에서 첫 번째 del a 문장은 참조 횟수를 줄인다. 하지만 동일한 객체에 대한 또 다른 참조가 여전히 남아 있기 때문에 객체는 Date._cache에 유지된다.

두 번째 객체가 삭제되면 __del__()이 호출되고 캐시에서 사라진다.

약한 참조를 지원하려면 인스턴스는 변경 가능한 __weakref__ 속성이 있어야 한다. 사용자 정의 클래스의 인스턴스는 기본으로 __weakref__ 속성이 있다. 하지만 내장 타입과 특수한 자료구조(이름이 있는 튜플, 슬롯[38]이 있는 클래스)는 그렇지 않다. 이러한 타입에서도 약한 참조를 구성하려면, __weakref__ 속성이 추가된 변형 메서드를 정의해야 한다.

```
class wdict(dict):
    __slots__ = ('__weakref__',)

w = wdict()
w_ref = weakref.ref(w)        # 이제 동작함
```

여기서 슬롯을 사용하는 것은 간단히 설명해서 불필요한 메모리 부하를 피하기 위해서다.

7.25 내부 객체 표현과 속성 바인딩

인스턴스와 연결된 상태는 사전에 저장되며, 인스턴스 __dict__ 속성으로 접근할 수 있다. 이 사전은 각 인스턴스의 고유한 데이터를 담는다. 다음 예를 보자.

```
>>> a = Account('Guido', 1100.0)
>>> a.__dict__
{'owner': 'Guido', 'balance': 1100.0}
```

다음과 같이 언제든지 인스턴스에 새로운 속성을 추가할 수 있다.

```
a.number = 123456        # 속성 'number'를 a.__dict__에 추가
a.__dict__['number'] = 654321
```

인스턴스 수정은 프로퍼티가 관리하는 속성이 아니라면, 언제나 지역 __dict__ 속성에 반영된다. 마찬가지로 __dict__를 직접 수정하면 변경 사항이 속성에 반영된다.

인스턴스는 특수한 속성 __class__로 자신의 클래스와 다시 연결된다. 클래스 자체도 자신의 __dict__ 속성으로 찾을 수 있는 사전 위의 얇은 층일 뿐이다. 클래스 사전에는 메서드도 포함된다. 다음 예를 보자.

---

38 (옮긴이) __slot__이라는 클래스 변수를 슬롯이라 한다. 슬롯에 대한 좀 더 자세한 설명은 7.27을 참고한다.

```
>>> a.__class__
<class '__main__.Account'>
>>> Account.__dict__.keys()
dict_keys(['__module__', '__init__', '__repr__', 'deposit', 'withdraw',
'inquiry', '__dict__', '__weakref__', '__doc__'])
>>> Account.__dict__['withdraw']
<function Account.withdraw at 0x108204158>
>>>
```

클래스는 기본 클래스를 담은 튜플인 특수한 속성 __bases__로 자신의 기본 클래스와 연결된다. __bases__ 속성은 정보 제공용이다. 상속의 실제 런타임 구현은 __mro__ 속성을 사용하며, 이 속성은 검색 순서로 나열된 모든 부모 클래스의 튜플이다. 이 기본 구조는 인스턴스의 속성을 가져오거나 설정하거나 삭제하는 모든 작업의 기초가 된다.

obj.name = value를 사용하여 속성을 설정할 때마다 스페셜 메서드인 obj.__setattr__('name', value)가 호출된다. del obj.name으로 속성을 삭제하면, 스페셜 메서드인 obj.__delattr__('name')이 호출된다. 이러한 메서드의 기본 동작은 요청된 속성이 프로퍼티나 디스크립터(descriptor)가 아닌 한, obj의 내부 __dict__에 있는 값을 수정하거나 제거한다. 속성이 프로퍼티나 디스크립터라면, 설정과 삭제 작업은 프로퍼티와 연결된 설정과 삭제 함수가 수행한다.

obj.name과 같은 속성 검색에는 스페셜 메서드 obj.__getattribute__('name')을 사용한다. 이 메서드는 보통 프로퍼티 확인, 내부 __dict__에서 클래스 사전 확인, 마지막으로 메서드 분석 순으로 속성을 검색한다. 이 검색이 실패하면 마지막 시도로 클래스의 obj.__getattr__('name')(정의된 경우)을 호출하여 속성을 찾는다. 이것마저 실패하면 AttributeError 예외가 발생한다.

사용자 정의 클래스에서는 원하는 경우 속성 접근 함수의 자체 버전을 구현할 수 있다. 다음 코드는 설정 가능한 속성의 이름을 제한하는 클래스를 보여준다.

```python
class Account:
    def __init__(self, owner, balance):
        self.owner = owner
        self.balance = balance

    def __setattr__(self, name, value):
        if name not in {'owner', 'balance'}:
            raise AttributeError(f'No attribute {name}')
        super().__setattr__(name, value)

# 예제
a = Account('Guido', 1000.0)
```

```
a.balance = 940.25          # 가능
a.amount = 540.2            # AttributeError 발생. amount 속성이 없음
```

이 메서드를 다시 구현하는 클래스는 속성을 조작하는 실제적인 작업을 수행하기 위해서 super()가 제공하는 기본 구현에 의존해야 한다. 이는 기본 구현이 디스크립터 및 프로퍼티와 같은 클래스의 고급 기능을 지원해주기 때문이다. super()를 사용하지 않으면 세부 구현은 직접 해야 한다.

7.26 프록시, 래퍼, 위임

때때로 클래스는 일종의 프록시(proxy, 대리자) 객체를 생성하기 위해 다른 객체를 감싸는 래퍼를 구현한다. 프록시는 다른 객체와 동일한 인터페이스를 가지지만, 어떤 이유에서인지 상속 관계를 지닌 원 객체와는 관련이 없는 객체다. 이는 새 객체가 다른 객체로부터 만들어지지만, 자신의 고유한 메서드와 속성이 있는 컴포지션과 또 다르다.

이 문제가 발생할 수 있는 실세계 시나리오는 많이 있다. 예를 들어 분산 컴퓨팅에서 객체의 실체는 클라우드 원격 서버에 있다. 해당 서버와 통신하는 클라이언트는 서버에 있는 객체처럼 보이지만, 뒤에서는 네트워크 메시지를 통해 메서드 호출을 모두 위임하는 프록시를 사용할 수 있다.

보통 프록시를 구현하기 위해 __getattr__() 메서드를 사용한다. 다음 예를 살펴보자.

```python
class A:
    def spam(self):
        print('A.spam')

    def grok(self):
        print('A.grok')

    def yow(self):
        print('A.yow')

class LoggedA:
    def __init__(self):
        self._a = A()

    def __getattr__(self, name):
        print("Accessing", name)
        # 내부 A 인스턴스에 위임
        return getattr(self._a, name)
```

```
# 사용 예제
a = LoggedA()
a.spam()          # "Accessing spam"과 "A.spam" 출력
a.yow()           # "Accessing yow"와 "A.yow" 출력
```

위임(Delegation)은 종종 상속의 대안으로 사용된다. 다음 예를 보자.

```
class A:
    def spam(self):
        print('A.spam')

    def grok(self):
        print('A.grok')

    def yow(self):
        print('A.yow')

class B:
    def __init__(self):
        self._a = A()

    def grok(self):
        print('B.grok')

    def __getattr__(self, name):
        return getattr(self._a, name)
```

```
# 사용 예제
b = B()
b.spam()          # -> A.spam
b.grok()          # -> B.grok(재정의된 메서드)
b.yow()           # -> A.yow
```

이 예제에서 클래스 B는 클래스 A를 상속하고, 단일 메서드를 재정의하는 것처럼 보인다. 이는 관찰자 동작 방식(observed behavior)이지만 상속을 사용하지는 않는다. 대신 클래스 B는 내부에서 클래스 A에 대한 내부 참조를 보유한다. 클래스 A의 일부 함수는 재정의될 수 있다. 하지만 다른 메서드는 모두 __getattr__() 메서드를 통해 위임된다.

　__getattr__()로 속성 조회를 전달하는 방법은 흔히 사용되는 기법이다. 하지만 연산과 연결된 스페셜 메서드에는 적용되지 않는다는 점에 유의하자. 다음 클래스와 사용 예제를 살펴보자.

```
class ListLike:
    def __init__(self):
        self._items = list()
```

```
        def __getattr__(self, name):
            return getattr(self._items, name)

# 예제
a = ListLike()
a.append(1)        # 동작
a.insert(0, 2)     # 동작
a.sort()           # 동작
len(a)             # 실패. __len__() 메서드가 없음
a[0]               # 실패. __getitem__() 메서드가 없음
```

이 예에서 클래스는 리스트의 표준 메서드(list.sort(), list.append() 등)를 모두
내부 리스트에 전달한다. 하지만 파이썬의 표준 연산들은 동작하지 않는다. 이
작업을 수행하려면 다음과 같이 필요한 스페셜 메서드를 명시적으로 구현해야
한다.

```
class ListLike:
    def __init__(self):
        self._items = list()

    def __getattr__(self, name):
        return getattr(self._items, name)

    def __len__(self):
        return len(self._items)

    def __getitem__(self, index):
        return self._items[index]

    def __setitem__(self, index, value):
        self._items[index] = value
```

7.27 __slots__를 사용한 메모리 사용 줄이기

앞에서 살펴본 것처럼 인스턴스는 자신의 데이터를 사전에 저장한다. 많은 수의
인스턴스를 생성하게 되면, 메모리 부하를 초래할 수 있다. 속성 이름이 정해져
있으면, __slots__라는 특수한 변수에 속성 이름을 지정할 수 있다. 다음은 한 예
이다.

```
class Account(object):
    __slots__ = ('owner', 'balance')
    ...
```

슬롯은 파이썬이 메모리 사용과 실행 속도의 성능을 최적화할 용도로 허용한 일종의 정의 힌트(definition hint)이다. __slots__를 사용하는 클래스의 인스턴스는 인스턴스 데이터를 저장할 때 더 이상 사전을 사용하지 않는다. 그 대신 배열에 기초한 훨씬 더 간결한 데이터 구조를 사용한다. 객체를 많이 생성하는 프로그램에서 __slots__를 사용하면 메모리 사용과 실행 시간을 줄일 수 있다.

　__slots__의 유일한 항목은 인스턴스 속성뿐이다. 메서드, 프로퍼티, 클래스 변수, 또는 기타 클래스 수준 속성은 목록화하지 않는다. 일반적으로 인스턴스의 __dict__에서 사전 키로 나타내는 것과 동일한 이름이다.

　__slots__를 사용할 때는 상속과 복잡한 상호작용을 한다는 점을 염두에 두어야 한다. __slots__를 사용하는 기본 클래스로부터 상속받은 클래스는 새로운 속성을 추가하지 않더라도 속성을 저장하는 __slots__를 정의해 __slots__가 제공하는 이점을 얻을 필요가 있다. 이 점을 잊어버리면 파생 클래스는 더 느리게 동작하며, 기본 클래스에서는 __slots__를 사용하지 않는 경우보다 훨씬 더 많은 메모리를 사용하게 된다!

　__slots__는 다중 상속과 호환되지 않는다. 비어 있지 않은 슬롯을 가진 기본 클래스를 여러 개 지정하면 TypeError가 발생한다.

　__slots__를 사용할 때, 인스턴스 내부에 __dict__ 속성이 있을 것이라 예상하고 작성한 코드가 제대로 동작하지 않을 수 있다. 사용자가 작성한 코드에서는 이런 일이 드물지만, 유틸리티 라이브러리와 다른 객체를 지원하기 위한 기타 도구는 디버깅 또는 객체 직렬화나 기타 연산을 위해 __dict__를 살펴보도록 프로그래밍되어 있을 수 있다.

　__slots__가 있다고 해서, 클래스에서 재정의해야 하는 __getattribute__(), __getattr__(), __setattr__() 같은 메서드를 호출하는 데는 어떠한 영향도 주지 않는다. 그러나 이 메서드를 구현한다면, 더 이상 인스턴스 __dict__ 속성을 사용할 수 없다는 점을 유념해야 한다. 구현할 때 이 점을 고려해야 한다.

7.28 디스크립터

일반적으로 속성에 접근하는 것은 사전(dictionary) 작업에 해당한다. 더 많은 제어가 필요하다면 사용자가 정의한 get, set, delete 함수를 통해 속성에 접근할 수 있다. 프로퍼티 사용은 이전 절에서 이미 설명하였다. 하지만 프로퍼티는 디스크립터(descriptor)라고 알려진 저수준(lower-level) 객체를 사용하여 구현된다. 디스크립터는 속성 접근을 관리하는 클래스 수준 객체다. 디스크립터에서 스페셜 메서드인 __get__(), __set__(), __delete__() 중 하나 이상의 메서드를 구현하여 속성 접근 메커니즘을 가로채 관련 연산을 사용자 정의할 수 있다. 다음 예를 보자.

```python
class Typed:
    expected_type = object

    def __set_name__(self, cls, name):
        self.key = name

    def __get__(self, instance, cls):
        if instance:
            return instance.__dict__[self.key]
        else:
            return self

    def __set__(self, instance, value):
        if not isinstance(value, self.expected_type):
            raise TypeError(f'Expected {self.expected_type}')
        instance.__dict__[self.key] = value

    def __delete__(self, instance):
        raise AttributeError("Can't delete attribute")

class Integer(Typed):
    expected_type = int

class Float(Typed):
    expected_type = float

class String(Typed):
    expected_type = str

# 사용 예제:
class Account:
    owner = String()
    balance = Float()

    def __init__(self, owner, balance):
        self.owner = owner
        self.balance = balance
```

이 예에서 Typed 클래스는 속성에 값이 할당될 때 타입 검사를 수행하고, 속성을 삭제하려고 시도하면 에러를 일으키는 디스크립터를 정의한다. Integer, Float, String 하위 클래스는 특정 타입과 일치하도록 Type을 특화한다. Account와 같은 다른 클래스에서 이 하위 클래스를 사용해 해당 속성에 접근할 때, 적절한 __get__(), __set__(), __delete__() 메서드를 자동으로 호출한다. 다음 예를 보자.

```
a = Account('Guido', 1000.0)
b = a.owner                    # Account.owner.__get__(a, Account) 호출
a.owner = 'Eva'                # Account.owner.__set__(a, 'Eva') 호출
del a.owner                    # Account.owner.__delete__(a) 호출
```

디스크립터는 클래스 수준에서만 디스크립터의 인스턴스를 생성할 수 있다. __init__() 및 기타 메서드 내부에 디스크립터 객체를 만들어, 인스턴스마다 디스크립터를 생성하는 일은 올바른 방법이 아니다. 디스크립터의 __set_name__() 메서드는 클래스를 정의하고 나서 인스턴스가 생성되기 전에 호출되는데, 클래스에서 사용된 이름을 디스크립터에 알린다. 예를 들어 balance = Float()는 Float.__set_name__(Account, 'balance')를 호출하여 사용 중인 클래스와 이름을 디스크립터에 알린다.

　__set__() 메서드를 사용하는 디스크립터는 인스턴스 사전에 있는 항목들보다 우선순위가 높다. 예를 들어, 특정 디스크립터가 인스턴스 사전의 키와 이름이 같으면 디스크립터에 우선권이 있다. 다음 Account 예에서는 인스턴스 사전과 일치하는 항목이 있더라도 타입 검사를 수행하는 디스크립터를 볼 수 있다.

```
>>> a = Account('Guido', 1000.0)
>>> a.__dict__
{'owner': 'Guido', 'balance': 1000.0 }
>>> a.balance = 'a lot'
Traceback (most recent call last):
  File "<stdin>", line 1, in <module>
  File "descrip.py", line 63, in __set__
    raise TypeError(f'Expected {self.expected_type}')
TypeError: Expected <class 'float'>
>>>
```

디스크립터의 __get__(instance, cls) 메서드는 인스턴스와 클래스 모두 인수로 사용한다. __get__()은 클래스 수준에서 호출될 수 있는데, 이 경우 인스턴스 인수는 None이다. 대부분의 경우 __get__()은 인스턴스가 제공되지 않으면 디스크립터를 다시 반환한다. 다음 예를 보자.

```
>>> Account.balance
<__main__.Float object at 0x110606710>
>>>
```

__get__()만 구현하는 디스크립터를 메서드 디스크립터(method descriptor)라 한다. 이는 get/set 기능을 모두 가진 디스크립터보다 결합력(binding)이 약하다. 특히 메서드 기술자 __get__() 메서드는 인스턴스 사전에 일치하는 항목이 없는 경우에만 호출된다. 메서드 디스크립터라 불리는 이유는 이 디스크립터가 인스턴스 메서드, 클래스 메서드, 정적 메서드를 포함한 파이썬의 다양한 메서드를 구현할 때 자주 사용되기 때문이다.

예를 들어 다음 코드는 @classmethod와 @staticmethod를 처음부터 어떻게 구현하는지 그 뼈대를 보여주고 있다(실제 구현은 더 효율적이다).

```python
import types
class classmethod:
    def __init__(self, func):
        self.__func__ = func

    # cls를 첫 번째 인수로 사용하는 바운드 메서드를 반환
    def __get__(self, instance, cls):
        return types.MethodType(self.__func__, cls)

class staticmethod:
    def __init__(self, func):
        self.__func__ = func

    # 기본 함수를 반환
    def __get__(self, instance, cls):
        return self.__func__
```

메서드 디스크립터는 인스턴스 사전에 일치하는 항목이 없는 경우에만 동작하므로, 다양한 형태의 속성 지연 평가(lazy evaluation)를 구현할 때 사용할 수 있다. 다음 예를 살펴보자.

```python
class Lazy:
    def __init__(self, func):
        self.func = func

    def __set_name__(self, cls, name):
        self.key = name

    def __get__(self, instance, cls):
        if instance:
            value = self.func(instance)
            instance.__dict__[self.key] = value
            return value
        else:
            return self
```

```
class Rectangle:
    def __init__(self, width, height):
        self.width = width
        self.height = height

    area = Lazy(lambda self: self.width * self.height)
    perimeter = Lazy(lambda self: 2*self.width + 2*self.height)
```

이 예에서 area와 perimeter는 요청에 따라 계산되고 인스턴스 사전에 저장되는 속성이다. 계산될 때마다 값은 인스턴스 사전에서 직접 반환된다.

```
>>> r = Rectangle(3, 4)
>>> r.__dict__
{'width': 3, 'height': 4 }
>>> r.area
12
>>> r.perimeter
14
>>> r.__dict__
{'width': 3, 'height': 4, 'area': 12, 'perimeter': 14 }
>>>
```

7.29 클래스 정의 과정

클래스 정의는 동적 프로세스다. class 문을 사용하여 클래스를 정의하면, 내부 클래스 네임스페이스 역할을 하는 새로운 사전이 생성된다. 그러면 클래스의 본문은 이 네임스페이스 내에서 스크립트로 실행된다. 결국 네임스페이스는 결과 클래스 객체의 __dict__ 속성이 된다.

문법이 적절하다면 어떤 형식의 파이썬 문장도 클래스 본문에서 허용된다. 보통 함수와 변수는 정의하면 되는데, 제어 흐름, import 문, 중첩 클래스와 기타 모든 것들도 허용된다. 다음 코드는 조건부로 메서드를 정의하는 클래스를 보여준다.

```
debug = True

class Account:
    def __init__(self, owner, balance):
        self.owner = owner
        self.balance = balance

    if debug:
        import logging
        log = logging.getLogger(f'{__module__}.{__qualname__}')
```

```
        def deposit(self, amount):
            Account.log.debug('Depositing %f', amount)
            self.balance += amount

        def withdraw(self, amount):
            Account.log.debug('Withdrawing %f', amount)
            self.balance -= amount
    else:
        def deposit(self, amount):
            self.balance += amount

        def withdraw(self, amount):
            self.balance -= amount
```

이 예에서 전역 변수 debug는 조건부로 메서드를 정의하는 데 사용된다. __qualname__
과 __module__ 변수는 각각 클래스 이름과 이를 감싸고 있는 모듈에 대한 정보를 가진
미리 정의된 문자열이다. 이들은 클래스 본문에서 문장으로 사용될 수 있다. 이 예에
서는 로깅 시스템을 구성하는 데 사용되고 있다. 이 코드를 더욱 깔끔하게 정리할 수
있지만, 핵심은 클래스에 원하는 모든 것을 넣을 수 있다는 점이다.

클래스 정의에서 한 가지 중요한 점은 클래스 본문의 내용을 담는 데 이용하
는 네임스페이스가 변수의 유효 범위가 아니라는 것이다. 메서드에서 사용되는
모든 이름(이 예제에서 Account.log)은 완전히 한정적으로 쓰여야 한다.

locals()와 같은 함수를 클래스 본문에서 사용하면(메서드 내부가 아님), 클래
스 네임스페이스에서 사용되는 사전을 반환한다.

7.30 동적 클래스 생성

보통 클래스는 class 문을 사용해 생성한다. 하지만 클래스를 반드시 class 문으
로만 생성하는 것은 아니다. 이전 절에서 언급했듯이 클래스는 클래스 본문을
실행해 네임스페이스를 채우는 방식으로 정의할 수 있다. 네임스페이스인 사전
에 자신이 정의한 것을 채울 수 있다면, class 문을 사용하지 않고도 클래스를 생
성할 수 있다. 이를 위해 types.new_class()를 사용한다.

```
import types

# 메서드(클래스에 속하지 않음)
def __init__(self, owner, balance):
    self.owner = owner
    self.balance = balance
```

```python
def deposit(self, amount):
    self.balance -= amount

def withdraw(self, amount):
    self.balance += amount

methods = {
    '__init__': __init__,
    'deposit': deposit,
    'withdraw': withdraw,
}

Account = types.new_class('Account', (),
                    exec_body=lambda ns: ns.update(methods))

# 클래스를 얻음
a = Account('Guido', 1000.0)
a.deposit(50)
a.withdraw(25)
```

new_class() 함수에서 클래스 네임스페이스를 채우기 위해서는 클래스 이름, 기반 클래스 튜플 그리고 콜백 함수가 필요하다. 콜백 함수는 클래스 네임스페이스 사전을 인수로 받는다. 이 사전은 제자리에서 업데이트해야 한다. 콜백 함수의 반환값은 무시된다.

자료구조에서 클래스를 생성하는 경우라면 동적으로 클래스를 생성하는 것이 유용하다. 예를 들어, 7.28 디스크립터 절에서 다음 클래스가 정의되었다.

```python
class Integer(Typed):
    expected_type = int

class Float(Typed):
    expected_type = float

class String(Typed):
    expected_type = str
```

이 코드는 매우 반복적이어서, 데이터 기반 접근 방법으로 작성하는 게 훨씬 좋다.

```python
typed_classes = [
    ('Integer', int),
    ('Float', float),
    ('String', str),
    ('Bool', bool),
    ('Tuple', tuple),
]
```

```
globals().update(
    (name, types.new_class(name, (Typed,),
            exec_body=lambda ns: ns.update(expected_type=ty)))
    for name, ty in typed_classes)
```

이 예에서 전역 모듈 네임스페이스는 types.new_class()를 사용해 동적으로 생성되는 클래스로 업데이트된다. 클래스를 더 만들고 싶다면 단순히 typed_classes 리스트에 항목을 추가하면 된다.

종종 다음과 같이 type()을 사용해 동적으로 클래스를 생성할 수 있다.

```
Account = type('Account', (), methods)
```

이 방법은 효과가 있지만 이 코드는 다음 절에서 살펴볼 메타 클래스와 같은 고급 클래스 시스템을 고려하지 않았다. 최신 코드에서는 type() 대신 types.new_class()를 사용하자.

7.31 메타 클래스

파이썬에서 클래스를 정의하면 클래스 정의 자체도 객체가 된다. 다음 예를 보자.

```
class Account:
    def __init__(self, owner, balance):
        self.owner = owner
        self.balance = balance

    def deposit(self, amount):
        self.balance += amount

    def withdraw(self, amount):
        self.balance -= amount

isinstance(Account, object)        # -> True
```

잘 생각해보면, Account가 객체라면 무언가가 이 객체를 생성해야 한다는 것을 깨닫게 될 것이다. 클래스 객체를 생성하는 일은 메타 클래스(metaclass)라 부르는 특수한 종류의 객체가 제어한다. 간단히 말해, 메타 클래스는 클래스의 인스턴스를 생성하는 클래스이다.

이 예제에서 Account를 생성한 메타 클래스는 type이라 부르는 내장 클래스이다. 사실 Account의 타입을 확인해보면 Account의 타입이 type의 인스턴스라는 것을 알 수 있다.

```
>>> Account.__class__
<type 'type'>
>>>
```

약간 머리가 복잡하지만 정수와 비슷하다. 예를 들어 x = 42라고 코드를 작성하고 x.__class__를 살펴보면, 정수를 생성하는 클래스인 int를 얻게 된다. 마찬가지로 type은 타입이나 클래스의 인스턴스를 생성한다.

class 문으로 새로운 클래스를 정의하면 몇 가지 일이 일어난다. 먼저 클래스를 위한 새로운 네임스페이스가 생성된다. 다음으로 클래스의 본문이 이 네임스페이스 안에서 실행된다. 마지막으로 클래스 이름, 기본 클래스 그리고 생성된 네임스페이스가 해당 클래스 인스턴스를 생성하기 위해서 사용된다. 다음 코드는 이 과정이 이뤄지는 저수준 단계를 보여준다.

```
# 1단계: 클래스 네임스페이스 생성
namespace = type.__prepare__('Account', ())

# 2단계: 클래스 본문 실행
exec('''
def __init__(self, owner, balance):
    self.owner = owner
    self.balance = balance

def deposit(self, amount):
    self.balance += amount

def withdraw(self, amount):
    self.balance -= amount
''', globals(), namespace)

# 3단계: 최종 클래스 객체 생성
Account = type('Account', (), namespace)
```

클래스 정의 단계에서는 type 클래스와 상호작용하여 클래스 네임스페이스를 생성하고 최종 클래스 객체를 생성한다. type 사용은 사용자 정의할 수 있다. 어떤 클래스는 다른 메타 클래스를 지정해 다른 타입 클래스가 처리하도록 선택할 수 있다. 이 작업을 위해 상속에서 metaclass 키워드 인수를 사용한다.

```
class Account(metaclass=type):
    ...
```

metaclass를 지정하지 않으면, class 문은 기본 클래스 튜플의 첫 번째 항목 타입을 살펴본다(있는 경우). 있으면 이를 메타 클래스로 사용한다. 따라서 class

Account(object)를 작성하면, 그 결과 Account 클래스는 object(이는 type)와 동일한 타입을 갖게 된다. 부모를 지정하지 않은 클래스는 언제나 object에서 상속되므로 이 방법과 동일하게 적용된다는 점에 주목하자.

새 메타 클래스를 생성하려면, type을 상속한 클래스를 정의하자. 이 클래스에서 클래스 생성 과정 동안 사용할 하나 또는 그 이상의 메서드를 다시 정의할 수 있다. 일반적으로 여기에는 클래스 네임스페이스를 만드는 __prepare__() 메서드, 클래스 인스턴스를 만드는 __new__() 메서드, 클래스가 만들어진 다음 호출되는 __init__() 메서드, 새로운 인스턴스를 생성하는 __call__() 메서드 등이 있다. 다음 예는 메타 클래스를 구현한 코드로, 각각의 메서드에서 입력 인수만 출력해 실험해볼 수 있게 하였다.

```python
class mytype(type):

    # 클래스 네임스페이스 생성
    @classmethod
    def __prepare__(meta, clsname, bases):
        print("Preparing:", clsname, bases)
        return super().__prepare__(clsname, bases)

    # 본문이 실행된 후 클래스 인스턴스 생성
    @staticmethod
    def __new__(meta, clsname, bases, namespace):
        print("Creating:", clsname, bases, namespace)
        return super().__new__(meta, clsname, bases, namespace)

    # 클래스 인스턴스 초기화
    def __init__(cls, clsname, bases, namespace):
        print("Initializing:", clsname, bases, namespace)
        super().__init__(clsname, bases, namespace)

    # 클래스의 새로운 인스턴스 생성
    def __call__(cls, *args, **kwargs):
        print("Creating instance:", args, kwargs)
        return super().__call__(*args, **kwargs)

# 예제
class Base(metaclass=mytype):
    pass

# 다음 출력을 생성하는 Base를 정의
# Preparing: Base ()
# Creating: Base () {'__module__': '__main__', '__qualname__': 'Base'}
# Initializing: Base () {'__module__': '__main__', '__qualname__': 'Base'}
```

```
b = Base()
# Creating instance: () {}
```

메타 클래스로 작업할 때 한 가지 까다로운 것은 변수 이름을 지정하고 관련된 다양한 엔터티(entities)를 추적하는 일이다. 이 코드에서 meta라는 이름은 메타 클래스 자체를 참조한다. cls라는 이름은 메타 클래스로 생성된 클래스 인스턴스를 참조한다. 여기에서는 사용되지 않았지만, self라는 이름은 클래스로 생성된 일반 인스턴스를 참조한다.

메타 클래스는 상속을 통해 전파된다. 따라서 다른 메타 클래스를 사용하도록 기본 클래스를 정의한다면, 자식 클래스 또한 모두 메타 클래스를 사용하게 된다. 다음 예제에서 사용자 정의한 메타 클래스를 확인해보자.

```
class Account(Base):
    def __init__(self, owner, balance):
        self.owner = owner
        self.balance = balance

    def deposit(self, amount):
        self.balance += amount

    def withdraw(self, amount):
        self.balance -= amount

print(type(Account))    # -> <class 'mytype'>
```

메타 클래스는 클래스 정의 환경과 생성 과정을 극도로 낮은 수준에서 제어할 필요가 있을 때 사용한다. 이렇게 하기 전에 파이썬에는 __init_sublcass__() 메서드, 클래스 데코레이터, 디스크립터, 혼합 등과 같이 클래스 정의를 모니터링하고 변경할 수 있는 기능이 이미 많다는 사실을 기억하자. 대체로 메타 클래스는 필요하지 않을 것이다. 하지만 다음 예들은 메타 클래스가 매우 합리적인 해결책이라는 사실을 보여준다.

메타 클래스는 클래스 객체를 생성하기 전, 클래스 네임스페이스의 내용을 다시 작성할 때 사용된다. 클래스의 특정 기능은 클래스를 정의할 때 설정되며 이후에는 수정할 수 없다. 이 기능 중 하나가 __slots__이다. 앞서 살펴보았듯이 __slots__는 인스턴스의 메모리 레이아웃(layout)과 관련해 성능을 최적화하려는 용도로 사용된다. 다음은 __init__() 메서드의 호출 서명에서 __slots__ 속성을 자동으로 설정하는 메타 클래스이다.

```
import inspect

class SlotMeta(type):
    @staticmethod
    def __new__(meta, clsname, bases, methods):
        if '__init__' in methods:
            sig = inspect.signature(methods['__init__'])
            __slots__ = tuple(sig.parameters)[1:]
        else:
            __slots__ = ()
        methods['__slots__'] = __slots__
        return super().__new__(meta, clsname, bases, methods)

class Base(metaclass=SlotMeta):
    pass

# 예제
class Point(Base):
    def __init__(self, x, y):
        self.x = x
        self.y = y
```

이 예에서 Point 클래스는 ('x', 'y')의 __slots__를 사용하여 자동으로 생성된다.
Point의 인스턴스는 슬롯을 사용하는지도 모른 채 메모리를 절약한다. 슬롯은
직접 지정하지 않아도 된다. 이러한 종류의 트릭은 클래스 데코레이터나 __init_
subclass_()에서는 불가능하다. 왜냐하면 이러한 기능은 클래스가 생성된 다음
동작하기 때문이다. 그 시점에서 __slots__ 최적화를 적용하면 너무 늦다.

　메타 클래스의 또 다른 용도는 클래스의 정의 환경을 변경하는 것이다. 예를
들어, 클래스를 정의하는 과정에서 이름을 중복해 정의하면 가동되지 않는 오류
가 발생한다. 즉, 두 번째 정의가 첫 번째 정의를 덮어쓴다. 이 오류를 처리한다
고 생각해보자. 다음은 클래스 네임스페이스를 다른 사전으로 정의하고 이를 수
행하는 메타 클래스다.

```
class NoDupeDict(dict):
    def __setitem__(self, key, value):
        if key in self:
            raise AttributeError(f'{key} already defined')
        super().__setitem__(key, value)

class NoDupeMeta(type):
    @classmethod
    def __prepare__(meta, clsname, bases):
        return NoDupeDict()

class Base(metaclass=NoDupeMeta):
```

```
    pass

# 예제
class SomeClass(Base):
    def yow(self):
        print('Yow!')

    def yow(self, x):               # 실패. 이미 정의됨
        print('Different Yow!')
```

이는 얼마든지 발생할 수 있는 작은 표본에 불과하다. 프레임워크 빌더(구축 도구)를 위해, 메타 클래스는 클래스를 정의하는 동안 발생하는 일을 엄격히 제어할 수 있는 방법을 제공한다. 즉, 클래스가 일종의 도메인에 특화된 언어로 역할하도록 돕는다.

역사적으로 메타 클래스는 다양한 작업을 수행하는 데 이용되어 왔지만, 지금은 다른 수단으로도 가능하다. 특히 __init_subclass__() 메서드는 한때 메타 클래스를 적용했던 다양한 사용 사례(use case) 처리에 이용될 수 있다. 여기에는 중앙 레지스트리에 클래스 등록, 메서드 데코레이터 자동 수행, 그리고 코드 생성 등이 포함된다.

7.32 인스턴스와 클래스를 위한 내장 객체

이 절에서는 타입과 인스턴스를 나타낼 때 사용하는 저수준 객체를 자세히 살펴본다. 이 정보는 타입을 직접 조작해야 하는 저수준 메타 프로그래밍과 코드에 유용하다.

표 7.1은 타입 객체 cls에서 주로 사용되는 속성을 보여준다.

표 7.1 타입 속성

속성	설명
cls.__name__	클래스 이름
cls.__module__	클래스가 정의된 모듈 이름
cls.__qualname__	완전히 한정된 클래스 이름
cls.__bases__	기본 클래스 튜플
cls.__mro__	메서드 분석 순서(Method Resolution Order) 튜플
cls.__dict__	클래스 메서드와 변수를 담은 사전
cls.__doc__	문서화 문자열

(다음 쪽에 이어짐)

cls.__annotations__	클래스 타입 힌트 사전
cls.__abstractmethods__	추상 메서드 이름 집합(없는 경우 정의되지 않을 수 있음)

cls.__name__ 속성에는 클래스 이름이 포함된다. cls.__qualname__ 속성은 주변 컨텍스트에 대한 추가 정보가 있는 완전히 한정적인 이름을 포함한다. 이는 클래스가 함수 내부에 정의되어 있거나 중첩된 클래스를 정의할 때 유용할 수 있다. cls.__annotations__ 사전은 클래스 수준 타입 힌트(있는 경우)를 포함한다.

표 7.2는 인스턴스 i의 특수 속성을 보여준다.

표 7.2 인스턴스 속성

속성	설명
i.__class__	인스턴스가 속한 클래스
i.__dict__	인스턴스 데이터를 보유한 사전(정의된 경우)

__dict__ 속성에는 인스턴스와 관련된 데이터가 모두 저장된다. 하지만 사용자 정의 클래스가 __slots__를 사용하면, 더 효율적인 내부 표현을 사용할 수 있어 인스턴스는 __dict__ 속성을 갖지 않는다.

7.33 파이써닉한 파이썬: 단순하게 하자

이 장에서는 클래스에 대한 많은 정보와 클래스를 사용자 정의(customize)하고 제어하는 방법을 살펴보았다. 하지만 클래스를 작성할 때는 단순하게 작성하는 것이 가장 좋은 전략이다. 추상 기본 클래스, 메타 클래스, 디스크립터, 클래스 데코레이터, 프로퍼티, 다중 상속, 혼합 클래스, 패턴, 타입 힌트를 사용할 수도 있지만, 그냥 일반 클래스를 사용할 수도 있다. 일반 클래스는 아주 훌륭하고, 다른 사람들이 이 클래스가 무엇을 하는지도 이해하기 쉽다.

큰 틀에서 한 발 물러나 코드 품질을 유지하는 몇 가지 방법을 고려하는 게 좋다. 무엇보다도 가독성이 중요한데, 너무 많은 추상 계층을 쌓으면 종종 문제가 발생한다. 다음으로, 관찰과 디버깅하기 좋은 쉬운 코드를 작성하고, 읽기-평가-출력 루프(REPL)를 사용하는 것도 잊지 말자. 마지막으로 코드를 테스트할 수 있게 만드는 것이 좋은 설계의 원동력이 된다. 코드를 테스트할 수 없다거나 너무 어렵다면, 코드를 더 좋게 구성할 방법을 고려할 필요가 있다.

8장

모듈과 패키지

파이썬 프로그램은 import 문으로 로드되는 모듈과 패키지로 구성되어 있다. 이 장에서는 모듈과 패키지 시스템을 자세히 설명한다. 이 장의 주요 내용은 모듈과 패키지로 프로그래밍하는 것이지, 다른 사용자를 위해 배포용으로 코드를 묶는 과정을 설명하는 것이 아니다. 코드를 묶는 내용은 *https://packaging.python. org/tutorials/packaging−projects/*에서 최신 문서를 참조하자.

8.1 모듈과 import 문

파이썬 소스 파일은 모듈 형태로 불러올 수 있다. 다음 예를 보자.

```python
# module.py

a = 37

def func():
    print(f'func says that a is {a}')

class SomeClass:
    def method(self):
        print('method says hi')

print('loaded module')
```

이 파일에는 전역 변수, 함수, 클래스 정의, 독립된 문을 포함한 일반적인 프로그래밍 요소가 있다. 이 예제는 모듈 로딩의 몇 가지 중요한(때로는 미묘한) 특징을 보여준다.

모듈을 로드하려면 import module 문을 사용하면 된다. 다음은 그 예이다.

```
>>> import module
loaded module
>>> module.a
37
>>> module.func()
func says that a is 37
>>> s = module.SomeClass()
>>> s.method()
method says hi
>>>
```

import 문을 실행하는 동안 몇 가지 일이 일어난다.

1. 모듈 소스 코드의 위치를 찾는다. 찾을 수 없다면 ImportError 예외가 발생한다.

2. 새로운 모듈 객체가 생성된다. 이 객체는 모듈에 포함된 모든 전역 정의(global definitions)의 컨테이너 역할을 한다. 때로는 이를 네임스페이스라 지칭한다.

3. 모듈 소스 코드는 새로 생성된 모듈 네임스페이스 내에서 실행된다.

4. 에러가 발생하지 않으면, 새로운 모듈 객체를 참조하는 이름이 호출자 안에서 생성된다. 이 이름은 모듈의 이름과 일치하지만, 어떤 종류의 파일 이름 확장자도 없다. 예를 들어, 코드가 module.py 파일에 있으면, 모듈의 이름은 module이다.

이 단계 중 첫 번째 단계(모듈 위치 찾기)가 가장 복잡하다. 초보자가 흔히 하는 실수는 파일 이름을 잘못 사용하거나 알 수 없는 곳에 코드를 두는 것이다. 모듈의 파일 이름은 module.py처럼 변수 이름과 동일한 규칙(문자, 숫자, 밑줄)을 사용해야 하고 .py 확장자를 붙여야 한다. 불러올 때는 확장자 없이 이름(예: import module.py가 아닌 import module)만 명시해야 한다. import module.py로 실행할 경우, 다소 혼란스러운 오류 메시지가 나올 것이다. 파일은 sys.path에서 찾을 수 있는 디렉터리 중 하나에 위치해야 한다.

나머지 모든 단계는 코드의 격리된 환경을 정의하는 모듈과 관련 있다. 모듈에 있는 모든 정의는 해당 모듈에 격리된 채 남아 있다. 따라서 변수, 함수, 클래스 이름은 다른 모듈의 동일한 이름과 충돌하지 않는다. 모듈의 정의에 접근할 때는 module.func()과 같이 완전한 형태의 이름을 사용한다.

import 문은 로드된 소스 파일의 문장을 모두 실행한다. 모듈이 객체를 정의하는 것과 더불어 계산을 수행하거나 출력을 생성하면, 이 예제 코드처럼 'loaded module'과 같은 메시지를 출력한다. 일반적으로 모듈에서 혼란스러운 점은 클래스에 접근할 때이다. 모듈은 항상 네임스페이스를 정의한다. 그래서 파일 module.py가 클래스 SomeClass를 정의하면, 이름 module.SomeClass를 사용해 클래스를 참조한다.

하나의 import 문으로 여러 모듈을 불러올 경우에는 콤마로 구분하여 이름을 나열하면 된다.

```
import socket, os, re
```

때로는 as 한정어를 사용하여 모듈을 참조할 때 사용하는 이름을 변경할 수 있다. 다음은 한 예이다.

```
import module as mo
mo.func()
```

이렇듯 as 한정어를 import 문 후반부에 붙이는 방식은 데이터 분석 분야에서 표준적으로 사용된다. 예를 들어 다음과 같은 코드를 종종 보게 된다.

```
import numpy as np
import pandas as pd
import matplotlib as plt
...
```

모듈 이름이 바뀌면 새로운 이름은 import 문이 쓰인 컨텍스트에서만 적용된다. 관련 없는 다른 프로그램 모듈에서는 여전히 원래 이름을 사용하여 모듈을 로드할 수 있다.

불러온 모듈에 다른 이름을 할당하는 것은 공통 기능을 다른 구현으로 관리하거나 확장이 가능한 프로그램을 작성할 때 유용한 방법이다. 예를 들어, unixmodule.py와 winmodule.py 두 모듈을 가지고 있다고 하자. 이 두 모듈은 함수 func()을 정의하고 있지만 플랫폼에 종속적으로 구현되어 있다면, 다음과 같이 모듈을 선택적으로 가져오도록 코드를 작성할 수 있다.

```
if platform == 'unix':
    import unixmodule as module
elif platform == 'windows':
    import winmodule as module
```

```
...
r = module.func()
```

모듈은 파이썬에서 일급 객체이다. 즉, 변수에 할당하고 자료구조에 배치할수 있으며 프로그램 내에서 데이터로 전달할 수 있다. 예를 들어 이 예제에서 module이라는 이름은 해당 모듈 객체를 참조하는 변수다.

8.2 모듈 캐싱

모듈의 소스 코드는 import 문을 사용하는 빈도와 상관없이 한 번만 로드되고 실행된다. 후속 import 문은 모듈 이름을 이전에 이미 import 문으로 생성한 모듈 객체에 연결한다.

　파이썬을 처음 접하는 사람들은 모듈을 대화형 세션(session)에서 가져와 소스 코드를 수정한 후(예를 들어 버그를 수정하기 위해), 새로운 import 문으로 수정 코드를 로딩하지 못할 때 종종 혼란스러워한다. 이는 모듈 캐시 때문이다. 파이썬은 소스 코드가 업데이트되더라도 이전에 불러온 모듈을 다시 로드하지 않는다.

　sys.modules에서 현재 로드된 모듈의 캐시를 모두 찾을 수 있다. 이는 모듈 이름을 모듈 객체에 매핑한 사전이다. 이 사전의 내용은 import 문이 모듈의 새 복사본을 가져올지 결정할 때 이용된다. 캐시에서 모듈을 삭제하면, 다음 import 문에서 강제로 다시 로드된다. 하지만 이 방법은 안전하지 않은데, 8.5 절의 모듈 리로딩에서 그 이유를 설명한다.

　다음과 같이 함수 내에서 import 문이 사용되는 경우를 종종 볼 수 있다.

```
def f(x):
    import math
    return math.sin(x) + math.cos(x)
```

언뜻 이렇게 작성하면 호출할 때마다 모듈을 로드하므로 끔찍할 정도로 느리게 동작할 것처럼 보인다. 실제로는 그렇지 않다. 파이썬이 캐시에서 모듈을 즉시 찾을 수 있으므로, 단순히 사전을 조회할 뿐이다. 함수 내에서 import 문을 사용하는 것은 권장하지 않는 방식인데, 모듈의 import 문은 알아보기 쉽도록 파일 상단에 두는 것이 더 일반적이다. 하지만 호출이 잘 안 되는 특수 함수가 있을 때는 함수 본문 내에 import 문의 종속성을 추가하여 프로그램 로딩 속도를 높일 수 있다. 이 예처럼 실제로 필요한 경우에만 필수 모듈을 로드한다.

8.3 모듈에서 선택된 이름만 가져오기

from module import name 문을 사용하면, 현 네임스페이스 모듈에서 특수한 정의를 로드할 수 있다. 새로 생성된 모듈 네임스페이스를 참조하는 이름을 만드는 대신, 모듈에서 정의된 하나 이상의 객체에 대한 참조를 현재의 네임스페이스에 두는 것을 빼고는 import 문과 동일하다.

```
from module import func    # module을 불러오고 현재 네임스페이스에 func을 추가
func()                     # module에 정의된 func() 호출
module.func()              # 실패. NameError: module
```

모듈 내에 있는 여러 정의를 사용하고 싶다면, from 문에서 콤마로 구분하여 이름을 나열하면 된다. 다음은 한 예이다.

```
from module import func, SomeClass
```

의미상으로 from module import name 문은 이름을 모듈 캐시에서 지역 네임스페이스로 복사한다. 즉, 파이썬은 뒤에서 먼저 import 모듈을 실행한다. 그런 다음 name = sys.modules['module'].name과 같이 캐시로부터 지역 이름으로 할당한다.

여기서 흔한 오해는 from module import name 문이 모듈의 일부만 로딩하기 때문에 더 효율적이라고 생각하는 것이다. 사실 그렇지 않다. 어느 쪽이든 전체 모듈은 캐시에 로드되고 저장된다.

from 문법을 사용하여 함수를 가져와도 그들의 유효 범위 규칙은 변경되지 않는다. 함수가 변수를 찾을 때 함수가 정의된 파일에서만 찾을 뿐, 함수를 불러오고 호출하는 네임스페이스에서 찾지 않는다. 예를 들어 다음 코드를 살펴보자.

```
>>> from module import func
>>> a = 42
>>> func()
func says that a is 37
>>> func.__module__
'module'
>>> func.__globals__['a']
37
>>>
```

전역 변수 동작 방식과 관련해 약간의 혼란이 있을 수 있다. 예를 들어 func과 그것이 사용하는 전역 변수 a를 불러와서 사용하는 코드를 생각해보자.

```
from module import a, func
a = 42            # 변수를 수정
func()            # "func says a is 37" 출력
print(a)          # "42" 출력
```

파이썬에서 변수 할당은 저장 연산이 아니다. 즉, 이 예제에서 이름 a는 값이 저장되는 일종의 상자를 나타내는 것이 아니다. 초기 import 문은 지역 이름 a를 module.a와 연결한다. 하지만 이후 a = 42처럼 재할당하면, 지역 이름 a는 완전히 다른 객체를 참조하게 된다. 이 시점에서 a는 더 이상 가져온 모듈의 값으로 묶이지 않는다. 이 때문에 from 문은 C와 같은 언어에서 변수가 전역 변수처럼 동작하는 방식으로 사용할 수 없다. 프로그램에서 변경이 가능한 전역 매개변수를 사용하려면, 변수를 모듈에 두고 import 문에서 사용한 모듈 이름을 명시적으로 써야 한다(예를 들어 module.a와 같이).

별표(*) 문자는 밑줄로 시작하는 정의를 제외하고, 모듈에 있는 정의를 모두 로드할 때 사용된다. 다음은 한 예이다.

```
# 정의를 모두 현재 네임스페이스로 불러오기
from module import *
```

from module import * 문은 모듈의 최상위 범위에서만 사용할 수 있다. 특히 함수 내에서 이러한 형식의 import 문은 사용할 수 없다.

모듈은 __all__ 리스트를 정의하여 from module import *로 불러올 이름을 정확하게 제어할 수 있다. 다음 예를 살펴보자.

```
# 모듈: module.py
__all__ = [ 'func', 'SomeClass' ]

a = 37            # 내보내기(export) 실패

def func():       # 내보내기 성공
    ...

class SomeClass:  # 내보내기 성공
    ...
```

대화형 파이썬 프롬프트에서 from module import *로 편리하게 모듈을 사용할 수 있다. 그러나 프로그램에서 이러한 방식의 import 문 사용은 이맛살을 찌푸리게 만든다. 남용하면 지역 네임스페이스를 오염시키고 혼란을 초래할 수 있다. 다음 예를 살펴보자.

```
from math import *
from random import *
from statistics import *

a = gauss(1.0, 0.25)        # 어떤 모듈에서 가져온 것일까?
```

일반적으로 이름을 명시하는 것이 좋다

```
from math import sin, cos, sqrt
from random import gauss
from statistics import mean

a = gauss(1.0, 0.25)
```

8.4 순환 import

두 모듈이 서로를 불러오면 특이한 문제가 발생한다. 다음과 같이 두 개의 파일이 있다고 하자.

```
# ---------------------------
# moda.py

import modb

def func_a():
    modb.func_b()

class Base:
    pass

# ---------------------------
# modb.py

import moda

def func_b():
    print('B')

class Child(moda.Base):
    pass
```

이 코드에는 불러오는 과정에서 이상한 순서 종속성이 있다. 먼저 import modb를 사용하면 잘 동작하지만, import moda를 먼저 수행하면 moda.Base가 정의되지 않았다는 에러가 발생한다.

    무슨 일이 일어나고 있는지 이해하려면 제어 흐름을 살필 필요가 있다. import

moda는 moda.py 파일을 실행한다. 첫 번째로 접하는 문장은 import modb이다. 그러면 제어는 modb.py로 전환된다. modb.py 파일의 첫 번째 문장은 import moda이다. 재귀 순환이 일어나는 대신, 불러온 모듈이 모듈 캐시에 있으므로 제어는 modb.py의 다음 문장에서 계속 진행된다. 여기까지는 괜찮다. 순환 불러오기로 인해 파이썬이 교착상태(deadlock)에 빠지거나 새로운 시공간 차원으로 진입하지 않는다. 하지만 실행 시점에서 moda 모듈은 부분적으로만 평가되었다. 제어 흐름이 class Child(moda.Base) 문에 도달하면 에러가 발생한다. 필요한 Base 클래스가 아직 정의되지 않았기 때문이다.

이 문제를 해결하는 한 가지 방법은 import modb 문을 다른 곳으로 옮기는 것이다. 예를 들어 import modb 문을 실제 정의가 필요한 곳인 func_a() 안으로 옮길 수 있다.

```
# moda.py

def func_a():
    import modb
    modb.func_b()

class Base:
    pass
```

import 문을 파일에서 후반부 위치로 옮길 수도 있다.

```
# moda.py

def func_a():
    modb.func_b()

class Base:
    pass

import modb     # 반드시 Base가 정의된 다음에 위치
```

두 가지 해결책은 모두 코드 리뷰에서 눈살을 찌푸리게 할 수 있다. 사용자 대부분은 파일 끝에서 모듈을 불러오는 것을 본 적이 없을 것이다. 순환 불러오기는 코드 구성에 문제가 있다는 것을 시사한다. 이를 해결하기 위한 더 좋은 방법은 다음과 같이 Base의 정의를 별도의 파일인 base.py로 옮기고 modb.py를 다시 작성하는 것이다.

```
# modb.py

import base

def func_b():
    print('B')

class Child(base.Base):
    pass
```

8.5 모듈 리로딩과 언로딩

이전에 가져온 모듈을 리로드(reload)하거나 언로드(unload)하는 신뢰할 만한
방법은 없다. sys.modules에서 모듈을 제거할 수 있지만, 메모리에서는 해당 모듈
을 언로드하지 않는다. 캐시된 모듈 객체에 대한 참조가 해당 모듈을 불렀던 다
른 모듈에 여전히 존재하기 때문이다. 게다가 모듈에서 정의한 클래스의 인스턴
스가 있는 경우, 해당 인스턴스는 클래스 객체를 역으로 참조하고 있고, 차례대
로 이 참조는 해당 클래스가 정의된 모듈을 참조하고 있다.

모듈 참조가 여러 곳에 있다는 사실은 일반적으로 구현을 변경한 후, 다시 모
듈을 로드하는 것이 실용적이지 않음을 의미한다. 예를 들어, sys.modules에서 모
듈을 제거하고 import 문으로 다시 로드하여도 프로그램에서 사용된 적이 있는
모듈에 대한 이전 참조들이 모두 소급 적용되지는 않는다. 그 대신, 가장 최근
에 import 문으로 생성된 새로운 모듈에 대한 참조와 코드의 다른 부분에서 불러
와 생성된 오래된 모듈의 참조들이 있을 것이다. 이것은 사용자가 바라는 변경
사항이 아닐 것이다. 모듈 리로딩은 전체 실행 환경을 주의 깊게 제어할 수 없다
면, 어떠한 종류의 정상적인 프로덕션 코드에서도 안전하게 사용하는 게 매우
어렵다.

importlib 라이브러리에는 모듈을 리로드하기 위한 reload() 함수가 있다. 인수
로 이미 로드된 모듈을 전달한다. 다음 예를 보자.

```
>>> import module
>>> import importlib
>>> importlib.reload(module)
loaded module
<module 'module' from 'module.py'>
>>>
```

reload()는 모듈 소스 코드의 새 버전을 로딩하고, 이미 존재하는 모듈 네임스페이스 위에서 실행하는 방식으로 동작한다. 이 작업은 이전의 네임스페이스를 지우지 않고 수행된다. 즉, 인터프리터를 다시 시작하지 않고, 이전 코드 위에 새 소스 코드를 입력하는 것과 같다.

다른 모듈이 import module과 같이 표준 import 문을 사용하여 리로드된 모듈을 불러오고 있다면, 리로딩은 마치 마법처럼 업데이트된 코드를 볼 수 있게 만들 것이다. 하지만 여전히 많은 위험이 있다. 첫째, 리로딩은 리로드된 파일에서 가져온 모든 모듈을 다시 로드하지 않는다. reload()에서 지정한 단일 모듈에만 적용된다. 둘째, 모듈이 from module import name 형식의 import 문을 사용하는 경우, 해당 import 문은 리로드 효과를 얻을 수 없다. 마지막으로 클래스의 인스턴스가 생성된 경우, 리로딩은 해당 클래스 정의를 업데이트하지 않는다. 실제로 이제 동일한 프로그램, 동일한 클래스의 두 가지 다른 정의가 존재하게 된다. 즉, 리로딩할 때 기존의 모든 인스턴트들이 사용하려고 남겨둔 오래된 정의와 새 인스턴스에서 사용되는 새로운 정의가 그것이다. 이렇게 되면 혼동을 일으킨다.

끝으로 파이썬에서 C/C++ 확장은 어떤 방식으로든 안전하게 언로드 또는 리로드할 수 없다는 점에 유의하기를 바란다. 이에 대한 지원은 제공되지 않으며, 운영체제에서 이를 금할 수 있다. 해당 시나리오를 해결하기 위한 최선의 방법은 파이썬 인터프리터 프로세스를 다시 시작하는 것이다.

8.6 모듈 컴파일

모듈을 처음 불러올 때 이들은 인터프리터 바이트코드로 컴파일된다. 이 코드는 특별한 __pycache__ 디렉터리 내에서 .pyc 파일로 작성된다. 이 디렉터리는 일반적으로 원본 .py 파일과 같은 디렉터리에서 찾을 수 있다. 프로그램이 다시 실행되어 동일한 import 문을 실행하면, 컴파일된 바이트코드가 대신 로드된다. 이는 불러오는 속도를 크게 높인다.

바이트코드 캐싱은 거의 걱정할 필요가 없는 자동 과정이다. 원본 소스가 변경되면 파일이 자동으로 다시 생성된다. 그냥 수행된다.

단, 이 캐싱 및 컴파일 과정을 알 필요가 있다. 먼저 사용자가 필수 __pycache__ 디렉터리를 생성할 수 있는 운영체제 권한이 없는 환경에서 파이썬 파일이 (종종 실수로) 설치되는 경우가 있다. 파이썬은 여전히 동작하지만 불러올 때마다 매번 원본 소스 코드를 로드하고 바이트코드로 컴파일할 것이다. 즉, 프로그램 로딩이 필요한 것보다 훨씬 느려진다. 마찬가지로 파이썬 응용 프로그램을 배포하거나 패키징할 때 컴파일된 바이트코드를 포함하는 것이 유리할 수 있다. 이는 프로그램 시작 속도를 크게 높일 수 있다.

　모듈 캐싱을 알아야 하는 또 다른 타당한 이유는 일부 프로그래밍 기술이 모듈 캐싱을 방해하기 때문이다. 동적 코드 생성과 exec() 함수와 관련된 고급 메타 프로그래밍 기술은 바이트코드 캐싱의 이점을 무효로 한다. 대표적인 예가 dataclass를 사용할 때인데, 다음 코드를 살펴보자.

```
from dataclasses import dataclass

@dataclass
class Point:
    x: float
    y: float
```

dataclass는 메서드 함수를 텍스트 조각으로 생성하고, 이들을 exec()로 실행해 동작한다. 생성 코드는 import 시스템으로 캐시되지 않는다. 단일 클래스 정의라면, 눈치채지 못할 수도 있다. 하지만 100개의 dataclass로 구성된 모듈이라면, 일반적이지만 덜 간편한 방식으로 클래스를 작성하는 모듈보다 거의 20배 느리게 불러온다는 것을 알 수 있다.

8.7 모듈 탐색 경로

모듈을 가져올 때, 인터프리터는 sys.path 안의 디렉터리 목록을 탐색한다. sys.path의 첫 번째 항목은 현재 작업 디렉터리를 나타내는 빈 문자열('')이다. 그 대신에 스크립트를 실행하는 경우라면 sys.path의 첫 번째 항목은 스크립트가 있는 디렉터리다. sys.path의 다른 항목은 일반적으로 디렉터리 이름과 .zip 아카이브 파일들이 혼재되어 구성된다. sys.path에서 나열되는 항목 순서가 모듈을 가져올 때 사용되는 탐색 순서를 결정한다. 탐색 경로(search path)에 새 항목을 추가하려면 sys.path에 추가하면 된다. 이 작업은 직접 수행하거나 PYTHONPATH 환경 변수에서 설정할 수 있다. 예를 들어 유닉스에서는 다음과 같이 하면 된다.

```
bash $ env PYTHONPATH=/some/path python3 script.py
```

ZIP 아카이브 파일은 모듈 모음을 단일 파일로 묶는 편리한 방법이다. 예를 들어 foo.py와 bar.py라는 두 모듈을 만들고, 이를 mymodules.zip 파일에 배치했다고 가정하자. 다음과 같이 이 파일을 파이썬 탐색 경로에 추가할 수 있다.

```python
import sys
sys.path.append('mymodules.zip')
import foo, bar
```

.zip 파일의 디렉터리 구조 안에 있는 특정 위치는 경로로 사용될 수 있다. 또한 .zip 파일은 다음과 같이 일반 경로 이름 요소와 혼합해 사용할 수 있다.

```python
sys.path.append('/tmp/modules.zip/lib/python')
```

ZIP 파일에 .zip 파일 확장자를 사용할 필요는 없다. 과거에는 .egg 파일도 탐색 경로에서 흔히 맞닥뜨렸었다. .egg 파일은 setuptools라는 초기 파이썬 패키지 관리 도구에서 시작되었다. 하지만 .egg 파일은 일부 메타 데이터(버전 번호, 종속성 등)가 추가된 일반 .zip 파일 또는 디렉터리에 지나지 않는다.

8.8 메인 프로그램으로 실행

이 장은 import 문에 관해 설명하고 있지만 파이썬 파일은 메인 스크립트로 실행되곤 한다. 다음은 한 예이다.

```
% python3 module.py
```

각각의 모듈에는 모듈의 이름을 지닌 __name__ 변수가 있다. 코드는 이 변수를 검사하여 실행할 모듈을 결정할 수 있다. 인터프리터의 최상위 모듈 이름은 __main__이다. 명령줄에서 지정하거나 대화식으로 입력한 프로그램은 __main__ 모듈 내에서 실행된다. 프로그램을 모듈로 가져왔는지 아니면 __main__에서 실행하는지에 따라 동작 방식을 때론 변경할 수 있다. 예를 들어, 다음은 모듈이 메인 프로그램으로 사용되는 경우에는 실행되지만, 다른 모듈에서 단순히 불러온 경우에는 실행되지 않는 코드를 작성한 것이다.

```python
# 프로그램으로 실행되는지 확인
if __name__ == '__main__':
    # 그렇다. 메인 스크립트로 실행 중
    문장들
```

```
else:
    # 아니다. 모듈로 불러온 경우
    문장들
```

이 기술을 사용하여 라이브러리로 사용할 소스 파일에 추가 테스트 또는 예제 코드를 포함할 수 있다. 모듈을 개발할 때, 이 코드와 같이 if 문 안에 라이브러리 기능을 테스트하기 위한 디버깅 코드를 넣고, 모듈을 파이썬 메인 프로그램으로 실행하여 테스트해볼 수 있다. 라이브러리로 불러오는 사용자에게는 해당 디버깅 코드가 실행되지 않는다.

파이썬 코드가 있는 디렉터리를 만들었을 때, 디렉터리 안에 __main__.py 파일이 있으면 그 디렉터리를 실행할 수 있다. 예를 들어, 다음과 같이 디렉터리를 만들었다고 하자.

```
myapp/
    foo.py
    bar.py
    __main__.py
```

python3 myapp를 입력하여 파이썬을 실행할 수 있다. 실행은 __main__.py 파일에서 시작된다. 이 기능은 myapp 디렉터리를 ZIP 아카이브로 변환하는 경우에도 동작한다. python3 myapp.zip을 입력하면, 최상위 __main__.py 파일을 찾아 실행한다.

8.9 패키지

가장 단순한 프로그램을 제외하고, 파이썬 코드는 패키지로 구성된다. 패키지(package)는 공통의 최상위 이름 아래에서 그룹화된 모듈 집합이다. 이 그룹화는 서로 다른 응용 프로그램에서 사용되는 모듈 이름 간의 충돌을 해결하며, 코드를 다른 사용자의 코드와 별도로 유지할 수 있도록 해준다. 패키지는 고유한 이름을 가진 디렉터리를 생성하여 정의된다. 처음에는 비어있는 __init__.py를 해당 디렉터리에 배치한다. 그다음 필요에 따라 이 디렉터리에 추가로 파이썬 파일과 하위 패키지를 배치한다. 예를 들어 패키지는 다음과 같이 구성할 수 있다.

```
graphics/
    __init__.py
    primitive/
```

```
        __init__.py
        lines.py
        fill.py
        text.py
        ...
    graph2d/
        __init__.py
        plot2d.py
        ...
    graph3d/
        __init__.py
        plot3d.py
        ...
    formats/
        __init__.py
        gif.py
        png.py
        tiff.py
        jpeg.py
```

패키지에서 모듈을 로드하는 데 import 문이 사용된다. 더 긴 이름을 사용한다는 점을 제외하곤 단순 모듈을 로드하는 것과 동일한 방식이다. 다음 예를 살펴보자.

```python
# 전체 경로
import graphics.primitive.fill
...
graphics.primitive.fill.floodfill(img, x, y, color)

# 특정 하위 모듈 로드
from graphics.primitive import fill
...
fill.floodfill(img, x, y, color)

# 하위 모듈의 특정 함수를 로드
from graphics.primitive.fill import floodfill
...
floodfill(img, x, y, color)
```

패키지의 일부를 처음 가져올 때마다 __init__.py 파일이 있으면, 이 파일 내의 코드가 먼저 실행된다. 언급한 대로 이 파일은 비어 있을 수 있지만, 패키지별 초기화(package-specific initializations)를 수행하는 코드를 포함할 수도 있다. 깊이 중첩된 하위 모듈을 로드하는 경우, 디렉터리 구조를 탐색할 때마다 발견하는 __init__.py 파일을 모두 실행한다. 따라서 import graphics.primitive.fill 문은 graphics/ 디렉터리의 __init__.py 파일을 먼저 실행하고 다음으로 primitive/

디렉터리의 __init__.py 파일을 실행한다.

빈틈없는 파이썬 사용자라면 __init__.py 파일이 없더라도 패키지가 여전히 동작한다는 것을 발견할 수 있을 것이다. 이는 사실이다. __init__.py가 포함되어 있지 않더라도, 파이썬 코드를 포함한 디렉터리를 패키지로 사용할 수 있다. 그러나 (사용자들이) 쉽게 알 수 없는 점은 __init__.py 파일이 없는 디렉터리가 실제로는 네임스페이스 패키지(namespace package)로 알려진 다른 종류의 패키지를 정의한다는 것이다. 이는 매우 큰 라이브러리와 프레임워크에서 손상된 플러그인 시스템을 메우기 위해 사용하곤 하는 고급 기능이다. 필자의 견해로는 이것이 필요한 경우는 거의 없으며, 패키지를 만들 때는 항상 적절한 __init__.py 파일을 만들어야 한다.

8.10 패키지 내에서 불러오기

import 문의 중요한 특징 하나는 모듈을 불러올 때 절대 또는 완전한 패키지 경로가 필요하다는 점이다. 여기에는 패키지 자체 내에서 사용되는 import 문도 포함한다. 예를 들어, graphics.primitive.fill 모듈이 graphics.primitive.lines 모듈을 불러오길 원한다고 하자. import lines와 같이 간단한 문장으로는 동작하지 않으며, ImportError 예외가 발생하는 것을 볼 수 있다. 그 대신 다음과 같이 완전한 경로를 작성해야 한다.

```
# graphics/primitives/fill.py

# 완전한 경로를 사용하여 하위 모듈 불러오기
from graphics.primitives import lines
```

안타깝게도 이처럼 완전하게 패키지 이름을 작성하는 것은 성가시며 잘못 작성할 가능성도 높다. 예를 들어 때로는 패키지 이름을 변경하는 게 필요할 수 있으며, 다른 버전을 사용할 수 있도록 패키지 이름을 바꿀 수도 있다. 패키지 이름이 코드에 직접 작성되어 있으면 패키지 이름을 변경하기가 쉽지 않다. 다음과 같이 상대 경로로 패키지를 가져오는 게 더 나은 선택이다.

```
# graphics/primitives/fill.py

# 상대 경로로 패키지 불러오기
from . import lines
```

여기서 from . import lines 문에서 사용되는 .은 가져올 모듈과 동일한 디렉터리를 참조한다. 따라서 이 문장은 fill.py 파일과 동일한 디렉터리에서 모듈 lines를 찾는다.

상대 경로 import 문은 동일한 패키지의 다른 디렉터리에 있는 하위 모듈도 지정할 수 있다. 예를 들어 graphics.graph2d.plot2d 모듈이 graphics.primitive.lines를 불러오는 경우에는 다음과 같은 문장을 사용하면 된다.

```
# graphics/graph2d/plot2d.py

from ..primitive import lines
```

여기서 ..는 한 디렉터리 수준 위로 이동하고, primitive 디렉터리는 다른 하위 디렉터리로 이동한다.

상대 경로 import 문은 from module import symbol 형식을 사용해야만 지정할 수 있다. import ..primitive.lines 또는 import .lines와 같은 문장은 구문 오류다. 또한 symbol은 단순 식별자여야 하므로, from ..import primitive.lines와 같은 문장 또한 구문 오류다. 마지막으로 상대 경로 import 문은 패키지 안에서만 사용할 수 있다. 파일 시스템의 다른 디렉터리에 있는 모듈을 참조하기 위해 상대 경로 import 문을 사용하면 에러가 발생한다.

8.11 패키지 하위 모듈을 스크립트로 실행

패키지로 구성된 코드는 간단한 스크립트와는 런타임 환경이 다르다. 여기에는 패키지 이름과 하위 모듈을 감싸는 것, 패키지에서만 동작하는 상대 경로 import 문을 사용하는 것 등이 있다. 패키지 소스 파일 내에서 파이썬을 직접 실행하는 기능은 더 이상 동작하지 않는다. 예를 들어, graphics/graph2d/plot2d.py 파일에서 작업하고 있고 하단에 테스트 코드를 추가한다고 하자.

```python
# graphics/graph2d/plot2d.py
from ..primitive import lines, text

class Plot2D:
    ...

if __name__ == '__main__':
    print('Testing Plot2D')
    p = Plot2D()
    ...
```

이 코드를 직접 실행하면 상대 경로 import 문에서 에러가 발생한다.

```
bash $ python3 graphics/graph2d/plot2d.py
Traceback (most recent call last):
  File "graphics/graph2d/plot2d.py", line 1, in <module>
    from ..primitive import line, text
ValueError: attempted relative import beyond top-level package
bash $
```

패키지 디렉터리로 이동해 실행해도 에러가 발생한다.

```
bash $ cd graphics/graph2d/
bash $ python3 plot2d.py
Traceback (most recent call last):
  File "plot2d.py", line 1, in <module>
    from ..primitive import line, text
ValueError: attempted relative import beyond top-level package
bash $
```

하위 모듈을 메인 스크립트로 실행하려면, 인터프리터에 -m 옵션을 사용해야 한다. 다음은 그 예이다.

```
bash $ python3 -m graphics.graph2d.plot2d
Testing Plot2D
bash $
```

-m은 모듈 또는 패키지를 메인 프로그램으로 지정한다. 파이썬은 import 문이 동작하는지 확인하기 위해 적절한 환경에서 모듈을 실행한다. 파이썬의 많은 내장 패키지에는 -m을 써야 사용할 수 있는 '비밀' 기능이 있는 패키지들이 있다. python3 -m http.server를 사용하여 현재 디렉터리에서 웹 서버를 실행하는 기능이 가장 잘 알려져 있다.

사용자 자신이 만든 고유 패키지에서도 유사한 기능을 제공할 수 있다. python -m name 문으로 제공된 name이 패키지 디렉터리에 해당한다면, 파이썬은 해당 디렉터리에 __main__.py가 있는지 찾아 스크립트로 실행한다.

8.12 패키지 네임스페이스 제어

패키지의 주목적은 코드의 최상위 컨테이너 역할을 하는 것이다. 사용자는 때때로 최상위 이름만 불러오고, 그 외 다른 것은 불러오지 않을 때가 있다. 다음은 한 예이다.

```
import graphics
```

이 import 문은 특정 하위 모듈을 지정하지 않는다. 또한 패키지의 다른 부분에 접근하지도 않는다. 예를 들어 다음과 같은 코드는 실패한다.

```
import graphics
graphics.primitive.fill.floodfill(img,x,y,color)  # 실패!
```

최상위 패키지 import 문만 제공하는 경우, 불러오는 파일은 연결된 해당 __init__.py 파일뿐이다. 이 예에서는 graphics/__init__.py 파일이다.

　__init__.py 파일의 주목적은 최상위 패키지 네임스페이스의 내용을 구축 또는 관리하는 것이다. 여기에는 낮은 수준의 하위 모듈에서 선택한 함수, 클래스, 기타 객체를 가져오는 것이 포함되곤 한다. 예를 들어 이전 예제에서 graphics 패키지가 수백 개의 하위 수준 함수로 구성되어 있지만, 이러한 세부 정보 대부분이 소수의 상위 수준 클래스로 캡슐화되어 있는 경우, __init__.py 파일은 상위 수준 클래스만 보이도록 선택할 수 있다.

```
# graphics/__init__.py

from .graph2d.plot2d import Plot2D
from .graph3d.plot3d import Plot3D
```

이 __init__.py 파일을 사용하면 Plot2D와 Plot3D 이름은 패키지의 최상위 수준에 나타난다. 그러면 사용자는 graphics가 단순한 모듈인 것처럼 이러한 이름을 사용할 수 있다.

```
from graphics import Plot2D

plt = Plot2D(100, 100)
plt.clear()
...
```

이는 사용자들이 코드가 실제로 어떻게 구성되었는지 알 필요가 없기 때문에 훨씬 더 편리한 방법이다. 어떤 의미에서는 기존 코드 구조보다 더 높은 추상화 계층을 둔 것이라 할 수 있다. 파이썬 표준 라이브러리의 많은 모듈이 이러한 방식으로 구성되어 있다. 예를 들어 인기 있는 collections 모듈은 실제로 패키지다. collections/__init__.py 파일은 몇 가지 다른 위치에 있는 정의를 하나로 합치고, 이들을 단일 네임스페이스로 통합해 사용자에게 제공한다.

8.13 패키지 내보내기 제어

__init__.py와 낮은 수준 하위 모듈의 상호작용에는 한 가지 문제점이 있다. 예를 들어, 패키지 사용자는 최상위 패키지 네임스페이스에 있는 객체 및 함수에만 관심이 있다. 하지만 패키지 구현자는 코드를 유지 관리 가능한 하위 모듈로 구성하는 문제에 관심이 많다.

이러한 구조적 복잡성을 잘 관리하기 위해, 패키지 하위 모듈은 __all__ 변수를 정의하여 명시적인 내보내기 목록을 선언하곤 한다. 이는 패키지 네임스페이스에서 한 수준 위로 올라가야 하는 이름 목록이다. 다음은 한 예이다.

```
# graphics/graph2d/plot2d.py

__all__ = ['Plot2D']

class Plot2D:
    ...
```

관련 __init__.py 파일은 다음과 같이 별표(*) import 문을 사용하여 하위 모듈을 불러온다.

```
# graphics/graph2d/__init__.py

# __all__ 변수에 나열된 이름만 명시적으로 불러옴
from .plot2d import *

# __all__을 다음 수준으로 전파(원할 경우)
__all__ = plot2d.__all__
```

그런 다음, 이 끌어올리는(lifting) 과정은 최상위 패키지 __init__.py까지 계속 수행된다. 다음 예를 보자.

```
# graphics/__init__.py

from .graph2d import *
from .graph3d import *

# 내보내기 통합
__all__ = [
    *graph2d.__all__,
    *graph3d.__all__
]
```

이 코드의 골자는 패키지의 모든 구성 요소가 __all__ 변수를 사용하여 내보내기를 명시한다는 점이다. 그런 다음 __init__.py 파일은 내보내기를 위쪽으로 전파한다. 실제로 복잡할 수 있지만 이 방식은 특정 내보내기 이름을 __init__.py 파일에 직접 작성해야 하는 문제를 해결할 수 있다. 대신 하위 모듈이 무언가를 내보내려는 경우, 해당 하위 모듈의 이름은 __all__ 변수에서 얻을 수 있다. 그러면 마법같이 패키지 네임스페이스의 적절한 위치로 전파된다.

사용자 코드에서 별표(*) import 문을 사용하는 것이 못마땅하지만, 패키지 __init__.py 파일에서 널리 사용된다는 점에서 주목할 만한 가치가 있다. 패키지에서 동작하는 이유는 이것이 "모든 것을 불러오자(import)"라는 자유분방한 방식이 아니라, __all__ 변수의 내용으로 더 제어되고 억제되기 때문이다.

8.14 패키지 데이터

때에 따라 패키지는 로드할 필요가 있는 데이터 파일을 포함한다(소스 코드와 반대로). 패키지 내에서 __file__ 변수는 특정 소스 파일에 대한 위치 정보를 제공한다. 하지만 패키지는 복잡하다. 이러한 파일은 ZIP 아카이브 파일 안에 묶여서 제공되거나 비정상적인 환경에서 로드될 수 있다. __file__ 변수 자체는 신뢰할 수 없거나 심지어 정의되어 있지 않을 수도 있다. 결과적으로 데이터 파일을 로드하는 게 내장 open() 함수에서 파일 이름을 전달하고 데이터를 읽는 것과 같은 간단한 문제가 아닌 경우가 종종 있다.

pkgutil.get_data(package, resource)를 사용해 패키지 데이터를 읽는다. 예를 들어 패키지가 다음과 같이 있다고 하자.

```
mycode/
    resources/
        data.json
    __init__.py
    spam.py
    yow.py
```

spam.py 파일에서 data.json 파일을 로드하기 위해 다음과 같이 해보자.

```
# mycode/spam.py

import pkgutil
import json

def func():
```

```
rawdata = pkgutil.get_data(__package__,
                            'resources/data.json')
textdata = rawdata.decode('utf-8')
data = json.loads(textdata)
print(data)
```

get_data() 함수는 지정된 자원을 찾으려고 시도하고, 해당 내용을 원시 바이트 문자열로 반환한다. 예제에서 보여주는 __package__ 변수는 둘러싼 패키지의 이름을 가진 문자열이다. 바이트를 텍스트로 변환하는 것과 같은 추가적인 디코딩과 해석은 사용자에게 달려 있다. 이 예에서 데이터는 JSON에서 파이썬 사전으로 디코딩되고 파싱된다.

패키지는 대용량 데이터 파일을 저장하기에 적합하지 않다. 패키지 동작에 필요한 구성 데이터와 다른 분류 작업들을 위해 패키지 리소스를 예비해 두기 때문이다.

8.15 모듈 객체

모듈은 1급 객체다. 표 8.1은 모듈에서 흔히 볼 수 있는 속성을 나열한 것이다.

표 8.1 모듈 속성

메서드	설명
__name__	전체 모듈 이름
__doc__	문서화 문자열
__dict__	모듈 사전
__file__	정의된 파일 이름
__package__	둘러싼 패키지 이름(있는 경우)
__path__	패키지의 하위 모듈을 탐색할 하위 디렉터리 목록
__annotations__	모듈 수준 타입 힌트

__dict__ 속성은 모듈 네임스페이스를 나타내는 사전이다. 모듈에 정의된 모든 것들이 이 사전에 저장된다.

__name__ 속성은 스크립트에서 자주 사용된다. if __name__ == '__main__'과 같은 조건부 검사는 파일이 독립적인 프로그램으로 실행되는지 확인하기 위해 수행된다.

 __package__ 속성은 둘러싼 패키지가 있는 경우에 그 패키지의 이름을 포함한다. __path__ 속성은 설정되어 있다면, 패키지 하위 모듈을 찾기 위해 탐색할 디렉터리 목록이다. 일반적으로 패키지가 위치한 디렉터리와 함께 단일 항목으로 이루어져 있다. 때때로 큰 프레임워크는 플러그인과 다른 고급 기능을 지원할 목적으로 추가된 디렉터리를 통합하기 위해 __path__를 조작한다.

 일부 속성은 일부 모듈에서 사용할 수 없다. 예를 들어 내장 모듈에는 __file__ 속성이 설정되어 있지 않을 수 있다. 마찬가지로 패키지 관련 속성은 (패키지에 포함되지 않는) 최상위 모듈에서는 설정되지 않는다.

 __doc__ 속성은 모듈의 문서화 문자열이다(있다면). 이들은 파일에서 첫 번째 문장에 나타나는 문자열이다. __annotations__ 속성은 모듈 수준의 타입 힌트를 가진 사전이다. 다음과 같이 살펴볼 수 있다.

```
# mymodule.py

'''
문서화 문자열
'''
# 타입 힌트(__annotations__에 위치)
x: int
y: float
...
```

다른 타입 힌트와 마찬가지로 모듈 수준 힌트 또한 파이썬의 동작 방식을 변경하지 않으며, 실제로 변수를 정의하지도 않는다. 이들은 순수하게 메타 데이터에 불과하며, 다른 도구들이 원하는 경우에 선택해 살펴볼 수 있다.

8.16 파이썬 패키지 배포

모듈과 패키지의 마지막 영역은 다른 사람에게 코드를 제공하는 것이다. 이 광범위한 주제에 초점을 맞춰 지난 수년간 활발한 개발 활동이 진행되어 왔다. 필자는 독자가 이 글을 읽을 때쯤이면 이미 구식이 될 수밖에 없는 과정을 문서화하지 않겠다. 대신 직접 *https://packaging.python.org/tutorials/packaging−projects*의 문서를 살펴보자.

 일상적인 개발에서 가장 중요한 것은 코드를 독립된 프로젝트로 관리하는 것이다. 모든 코드는 적절히 패키지해야 한다. 종속성이 있는 다른 패키지와 충돌하지 않는 고유한 이름으로 패키지를 지정하자. *https://pypi.org*에서 파이썬 패키지 인덱스를 참조하여 이름을 고르자. 코드를 구조화할 때는 최대한 단순하게 유지하자. 이미 보았듯이 모듈 및 패키지 시스템으로 할 수 있는 정교한 작업이 매우 많다. 그렇게 할 때와 그렇게 할 곳이 있긴 하지만, 이것이 출발점이 되어서는 안 된다.

아주 단순하게 생각해 순수 파이썬 코드를 최소의 노력으로 배포하는 방법은 setuptools 모듈 또는 내장 distutils 모듈을 사용하는 것이다. 코드를 작성한 프로젝트가 다음과 같다고 하자.

```
spam-project/
    README.txt
    Documentation.txt
    spam/                  # 코드 패키지
        __init__.py
        foo.py
        bar.py
    runspam.py             # python runspam.py로 스크립트 실행
```

배포하기 위해 최상위 디렉터리(이 예에서는 spam-project/)에 setup.py 파일을 생성한다. 이 파일에 다음과 같은 코드를 추가하자.

```
# setup.py
from setuptools import setup

setup(name="spam",
      version="0.0"
      packages=['spam'],
      scripts=['runspam.py'],
)
```

setup() 호출에서 packages는 모든 패키지 디렉터리이고, scripts는 스크립트 파일 목록이다. 소프트웨어에 인수가 없는 경우(예를 들어, 스크립트가 없는 경우) 이 인수들은 생략할 수 있다. name은 패키지 이름이며, version은 문자열로 된 버전 번호다. setup() 호출은 패키지에 다양한 메타 데이터를 제공하는 여러 가지 다른 매개변수를 지원한다. *https://docs.python.org/3/distutils/apiref.html*에서 전체 목록을 참조하자.

setup.py 파일을 만들면 소프트웨어 소스를 얼마든지 배포할 수 있다. 다음 셸 명령어를 입력해 소스 배포 파일을 만든다.

```
bash $ python setup.py sdist
...
bash $
```

이렇게 하면 spam/dist 디렉터리에 spam-1.0.tar.gz 또는 span-1.0.zip과 같은 아카이브 파일이 만들어진다. 이 파일은 소프트웨어를 설치하려는 다른 사람에게 제공된다. 사용자는 pip과 같은 명령어를 사용해 설치할 수 있다. 다음은 한 예이다.

```
shell $ python3 -m pip install spam-1.0.tar.gz
```

이 파일은 소프트웨어를 로컬 파이썬 배포판으로 설치하고 이용할 수 있게 해준다. 코드는 일반적으로 파이썬 라이브러리의 site-packages라는 디렉터리에 설치된다. sys.path의 값을 검사하여 이 디렉터리의 정확한 위치를 찾을 수 있다. 스크립트는 일반적으로 파이썬 인터프리터가 설치된 곳과 동일한 디렉터리에 설치된다.

스크립트 첫 줄이 #!로 시작하고 python이라는 텍스트가 포함되어 있으면, 설치 프로그램은 파이썬의 지역(local) 설치를 가리키도록 줄을 다시 작성한다. 따라서 스크립트들이 특정 파이썬 위치(예를 들어 /usr/local/bin/python)로 하드코딩되어 있더라도, 파이썬의 설치 위치가 다른 시스템에 설치했을 때 이 스크립트들은 여전히 잘 동작해야 한다.

강조해 말하건대, 여기서는 setuptools 사용법을 아주 최소한만 다루고 있다. 더 큰 프로젝트라면 C/C++ 확장, 복잡한 패키지 구조, 예제 등이 포함될 것이다. 이러한 코드를 배포할 수 있는 도구와 방법을 모두 다루는 것은 이 책의 범위를 벗어난다. 최신 내용을 알려면 *https://python.org*와 *https://pypi.org*에서 다양한 참고 자료를 살펴보자.

8.17 파이써닉한 파이썬 1: 패키지로 시작

새 프로그램을 처음 시작할 때, 간단한 파이썬 파일 하나로 시작하기는 쉽다. 예를 들어 program.py라는 스크립트를 작성하고 이로부터 시작할 수 있다. 이는 일회용 프로그램과 간단한 작업에서는 잘 동작하겠지만, 작성한 '스크립트'는 점차 커지고 기능이 추가될 수 있다. 결국에는 여러 파일로 분할하게 되는데, 이때 문제가 자주 발생한다.

이런 점에 비추어 볼 때, 처음부터 모든 프로그램을 패키지로 시작하는 습관을 들이는 게 좋다. 예를 들어 program.py라는 파일을 만드는 대신, program이라는 프로그램 패키지 디렉터리를 만들어야 한다.

```
program/
    __init__.py
    __main__.py
```

시작 코드를 __main__.py에 두고 `python -m program`과 같은 명령을 사용하여 프로그램을 실행한다. 더 많은 코드가 필요하면 패키지에 새 파일을 추가하고, 상대 경로 `import` 문을 사용하자. 패키지를 사용하면 모든 코드가 서로 독립적으로 유지된다는 장점이 있다. 파일 이름을 마음대로 지정할 수 있고, 다른 패키지, 표준 라이브러리 모듈 또는 동료가 작성한 코드와 충돌할 것을 걱정할 필요도 없다. 처음 패키지를 설치할 때 조금 더 수고가 필요하나, 추후 생길 골칫거리를 크게 줄여줄 것이다.

8.18 파이써닉한 파이썬 2: 단순하게 하자

이 장에서 설명한 것보다 좀 더 발전된 모듈 및 패키지 시스템 관련 기술들이 있다. 〈Modules and Packages: Live and Let Die!〉(*https://dabeaz.com/module package/index.html*) 튜토리얼을 참고하여 무엇이 가능한지 알아보자.

모든 것을 고려해볼 때, 고급 모듈 해킹은 하지 않는 편이 더 나을 것이다. 모듈, 패키지, 소프트웨어 배포 관리는 파이썬 커뮤니티가 항상 안고 있던 고통의 원인이었다. 고통의 많은 부분은 사람들이 모듈 시스템을 직접 해킹한 결과다. 그렇게 하지 말자. 단순하게 하고 동료가 블록체인으로 `import` 문을 수정하자고 할 때, '아니오'라고 말할 힘을 기르자.

9장

입력과 출력

입력과 출력은 모든 프로그램의 일부이다. 이 장에서는 데이터 인코딩, 명령줄 옵션, 환경 변수, 파일 I/O 및 데이터 직렬화를 포함한 파이썬 I/O의 필수 내용을 설명한다. 또 적절한 I/O 처리를 권장하는 프로그래밍 기술과 추상화 방법에 대해 특별히 살펴보겠다. 이 장 마지막에는 I/O와 관련된 표준 라이브러리 모듈을 소개하겠다.

9.1 데이터 표현

I/O에서 중요한 문제는 외부 세계이다. 외부 세계와 데이터를 주고받기 위해서는 데이터를 다룰 수 있도록 적절히 표현해야 한다. 파이썬은 가장 낮은 수준에서 두 가지 기본 데이터 타입, 즉 어떤 종류로 해석되지 않는 원시 데이터를 나타내는 바이트(bytes)와 유니코드 문자를 표현하는 텍스트(text)로 동작한다.

바이트는 두 가지 내장 타입인 bytes와 bytearray를 사용하여 표현한다. bytes는 정수 바이트 값을 가진 변경 불가능한 문자열이다. bytearray는 바이트 문자열과 리스트의 조합으로 동작하는 변경 가능한 바이트 배열이다. bytearray의 변경 가능한 특성 때문에, 조각들로 데이터를 모으듯이 바이트를 점차 추가하는 방법으로 바이트 그룹을 구축할 수 있다. 다음은 bytes와 bytearray의 몇 가지 기능을 보여주는 예이다.

```
# 바이트 리터럴 지정(b 접두사 참고)
a = b'hello'

# 정수 리스트로 이루어진 bytes 지정
b = bytes([0x68, 0x65, 0x6c, 0x6c, 0x6f])

# 바이트 조각으로 이루어진 bytearray 생성 및 채우기
c = bytearray()
c.extend(b'world')          # c = bytearray(b'world')
c.append(0x21)              # c = bytearray(b'world!')

# 바이트 값 접근
print(a[0])                 # 104 출력

for x in b:                 # 104 101 108 108 111 출력
    print(x)
```

byte와 bytearray 객체의 개별 항목에 접근하면, 단일 바이트 문자열이 아닌 정수 바이트 값을 얻게 된다. 이는 텍스트 문자열과 다르며 많은 사람이 잘못 사용하곤 한다.

텍스트는 str 데이터 타입으로 표현되며, 유니코드 코드 포인트의 배열로 저장된다. 다음은 한 예이다.

```
d = 'hello'       # 텍스트(유니코드)
len(d)            # 5
print(d[0])       # 'h'를 출력
```

파이썬은 엄격하게 바이트와 텍스트를 분리한다. 따라서 두 타입 간의 자동 변환은 이뤄지지 않으며, 두 타입 간의 비교는 False로 평가된다. 바이트와 텍스트를 혼합하여 사용하는 작업은 에러를 일으킨다. 다음 예를 살펴보자.

```
a = b'hello'      # 바이트
b = 'hello'       # 텍스트
c = 'world'       # 텍스트

print(a == b)     # False
d = a + c         # TypeError: 텍스트를 바이트에 연결할 수 없음
e = b + c         # 'helloworld'(모두 문자열)
```

I/O를 수행할 때, 적절한 데이터 표현으로 작업하고 있는지 항상 확인해야 한다. 텍스트를 조작하고 있으면 텍스트 문자열을, 이진 데이터를 조작하고 있으면 바이트를 사용하자.

9.2 텍스트 인코딩과 디코딩

텍스트를 다루고 있다면, 입력에서 읽은 데이터는 모두 디코딩하고, 출력으로 쓴 데이터는 반드시 모두 인코딩해야 한다. 텍스트와 바이트의 명시적 변환을 위해, 텍스트와 바이트 객체에는 각각 encode(text [,errors])와 decode(bytes [,errors]) 메서드가 있다. 다음 예를 보자.

```
a = 'hello'              # 텍스트
b = a.encode('utf-8')    # 바이트로 인코딩

c = b'world'             # 바이트
d = c.decode('utf-8')    # 텍스트로 디코딩
```

encode()와 decode() 모두 'utf-8' 또는 'latin-1'과 같은 인코딩 이름이 필요하다. 표 9.1은 자주 사용하는 인코딩을 보여준다.

표 9.1 자주 쓰이는 인코딩

인코딩 이름	설명
'ascii'	[0x00, 0x7f] 범위의 문잣값
'latin1'	[0x00, 0xff] 범위의 문잣값. 'iso-8859-1'이라고도 함
'utf-8'	유니코드 문자를 모두 표현할 수 있는 가변 길이 인코딩
'cp1252'	윈도우에서 주로 쓰이는 텍스트 인코딩
'macroman'	매킨토시에서 주로 쓰이는 텍스트 인코딩

또한 인코딩 메서드는 인코딩 에러가 있을 때 동작 방식을 지정하는 추가 에러 인수가 있다. 표 9.2의 값이 사용된다.

표 9.2 에러 처리 옵션

값	설명
'strict'	인코딩 및 디코딩 에러에 대해 UnicodeError 예외 발생(기본값)
'ignore'	유효하지 않은 문자를 무시
'replace'	유효하지 않은 문자를 대체 문자로 변경(유니코드의 경우 U+FFFD, 바이트의 경우 b'?')
'backslashreplace'	유효하지 않은 문자를 파이썬 이스케이프 문자 시퀀스로 변경. 예를 들어, 문자 U+1234는 '\u1234'로 변경(인코딩에만 해당)

(다음 쪽에 이어짐)

`'xmlcharrefreplace'`	유효하지 않은 문자를 XML 문자 참조로 변경. 예를 들어, 문자 U+1234는 `'&#4660;'`로 변경(인코딩에만 해당)
`'surrogateescape'`	디코딩할 때 유효하지 않은 바이트 `'\xhh'`를 U+Dchh로 변경. 인코딩할 때 U+DChh를 바이트 `'\xhh'`로 변경

'backslashreplace'와 'xmlcharrefreplace' 에러 정책은 단순 ASCII 텍스트 또는 XML 문자 참조 형식으로 표현할 수 없는 문자[39]를 볼 수 있도록 허용한다. 이는 디버깅에 유용할 수 있다.

'surrogateescape' 에러 처리 정책은 예상된 인코딩 규칙을 따르지 않는 잘못된 바이트 데이터도 허용하는데, 사용 중인 텍스트 인코딩 방법과 관계없이 온전한 디코딩/인코딩 왕복 주기를 살린다. 특별히, s.decode(enc, 'surrogateescape').encode(enc, 'surrogateescape') == s가 그것이다. 이러한 왕복 데이터 보존은 텍스트 인코딩이 필요하지만, 파이썬의 제어를 벗어나 예상된 인코딩을 보장하지 못하는 특정 유형의 시스템 인터페이스에서 유용하다. 잘못된 인코딩으로 데이터를 파손하는 대신, 파이썬은 대리 인코딩(surrogate encoding)을 사용하여 '있는 그대로' 데이터를 가진다. 다음 예는 잘못 인코딩된 UTF-8 문자열을 사용할 때의 'surrogateescape' 에러 정책을 보여주고 있다.

```
>>> a = b'Spicy Jalape\xf1o'   # 유효하지 않은 UTF-8[40]
>>> a.decode('utf-8')
Traceback (most recent call last):
  File "<stdin>", line 1, in <module>
UnicodeDecodeError: 'utf-8' codec can't decode byte 0xf1
in position 12: invalid continuation byte
>>> a.decode('utf-8', 'surrogateescape')
'Spicy Jalape\udcf1o'
>>> # 결과 문자열을 다시 바이트로 인코딩
>>> _.encode('utf-8', 'surrogateescape')
b'Spicy Jalape\xf1o'
>>>
```

---

39 (옮긴이) 예를 들면 ﬩abcd\u07b4와 같은 문자들이 이에 해당한다. 자세한 것은 다음 사이트에서 찾아볼 수 있다. *https://docs.python.org/3/howto/unicode.html*

40 (옮긴이) utf-8은 가변 길이 문자 인코딩이므로, 앞 비트에 따라 얼마만큼 읽을지 결정한다. \xf1이 잘못된 형태로 작성되어 있어 유효하지 않은 UTF-8이 된다.

9.3 텍스트와 바이트 포맷 지정

텍스트와 바이트 문자열을 다룰 때, 문자열 변환 및 포매팅(formatting)을 자주 고민하게 된다(예: 부동 소수점 수를 제공된 너비와 정밀도를 가진 문자열로 변환). 특정 값에 포맷을 지정하려면, format() 함수를 사용한다.

```
x = 123.456
format(x, '0.2f')        # '123.46'
format(x, '10.4f')       # '  123.4560'
format(x, '*<10.2f')     # '123.46****'
```

format() 함수의 두 번째 인수는 포맷 지정자(format specifier)다. 포맷 지정자의 기본 형식은 [[fill[align]][sign][0][width][,][.precision][type]이며, []로 감싼 각 부분은 생략할 수 있다. width는 최소 너비 필드를 지정하고, align 지정자는 <, >, ^ 중 하나를 선택하여 왼쪽, 오른쪽, 가운데 정렬을 표현한다. 선택 인수인 fill은 문자로 공백을 채우기 위해 사용된다. 다음 예를 보자.

```
name = 'Elwood'
r = format(name, '<10')   # r = 'Elwood    '
r = format(name, '>10')   # r = '    Elwood'
r = format(name, '^10')   # r = '  Elwood  '
r = format(name, '*^10')  # r = '**Elwood**'
```

포맷 지정자의 type은 데이터 타입을 표현한다. 표 9.3은 지원되는 포맷 코드를 보여준다. 제공하지 않으면 기본 포맷 코드에서 문자열은 s, 정수는 d, 부동 소수점 수는 f이다.

표 9.3 포맷 코드

문자	출력 형식
d	10진수 또는 숫자가 큰 정수
b	2진수 또는 숫자가 큰 정수
o	8진수 또는 숫자가 큰 정수
x	16진수 또는 숫자가 큰 정수
X	16진수(대문자로 표현)
f, F	[-]m.dddddd와 같은 부동 소수점 수
e	[-]m.ddddde±xx와 같은 부동 소수점 수

(다음 쪽에 이어짐)

E	[−]m.ddddddE±xx와 같은 부동 소수점 수
g, G	지수가 -4보다 작거나 제공된 정밀도보다 크면, e 또는 E를 사용. 아니면 f를 사용
n	현재의 로케일 설정(locale setting)에 따라 소수점을 나타내는 문자가 결정된다는 점을 제외하고는 g와 동일
%	숫자에 100을 곱해 그 값을 f 형식으로 출력하고 끝에 %를 붙임
s	문자열 또는 임의의 객체. 포맷 지정 코드는 str()을 사용하여 문자열을 생성
c	단일 문자

포맷 지정자의 sign은 +, −, 공백 중 하나이다. +는 숫자에 선행 부호를 모두 사용한다는 것을 의미한다. −는 기본값이며 음수에만 부호를 추가한다. 공백은 양수에 선행 공백을 추가한다.

생략할 수 있는 콤마(,)는 너비와 정밀도 사이에 올 수 있으며, 이는 천 단위 구분 기호를 나타낸다. 다음은 한 예이다.

```
x = 123456.78
format(x, '16,.2f')   # '     123,456.78'
```

포맷 지정자의 precision 부분은 소수점에 사용할 정밀도 자릿수를 나타낸다. 선행 0을 숫자 필드 너비에 추가하면, 숫자에 해당하는 값만큼 선행 0을 공백 대신 채운다. 다음은 다양한 종류의 숫자 포맷을 지정하는 예이다.

```
x = 42
r = format(x, '10d')     # r = '        42'
r = format(x, '10x')     # r = '        2a'
r = format(x, '10b')     # r = '    101010'
r = format(x, '010b')    # r = '0000101010'

y = 3.1415926
r = format(y, '10.2f')   # r = '      3.14'
r = format(y, '10.2e')   # r = '  3.14e+00'
r = format(y, '+10.2f')  # r = '     +3.14'
r = format(y, '+010.2f') # r = '+000003.14'
r = format(y, '+10.2%')  # r = '  +314.16%'
```

더 복잡한 문자열 포맷을 지정하려면, f-문자열을 사용할 수 있다.

```
x = 123.456
f'Value is {x:0.2f}'      # 'Value is 123.46'
f'Value is {x:10.4f}'     # 'Value is   123.4560'
f'Value is {2*x:*<10.2f}' # 'Value is 246.91****'
```

f-문자열 내에서 {expr:spec} 형식의 텍스트는 format(expr, spec)의 값으로 변경된다. expr은 {, } 또는 \ 문자를 포함하지 않으면, 임의의 표현식이 될 수 있다. 포맷 지정자 일부가 추가로 다른 표현식으로 제공될 수 있다. 다음 예를 살펴보자.

```
y = 3.1415926
width = 8
precision = 3

r = f'{y:{width}.{precision}f}'   # r = '       3.142'
```

expr을 =로 마치면, expr의 텍스트 리터럴 또한 결과에 나타난다. 다음은 한 예이다.

```
x = 123.456
f'{x=:0.2f}'            # 'x=123.46'
f'{2*x=:0.2f}'          # '2*x=246.91'
```

값에 !r을 추가하면, 포맷 지정은 repr() 출력을 적용한다. !s를 사용하면, 포맷 지정은 str() 출력을 적용한다. 다음 예를 보자.

```
f'{x!r:spec}'   # (repr(x).__format__('spec')) 호출
f'{x!s:spec}'   # (str(x).__format__('spec')) 호출
```

f-문자열 대신 다음과 같이 문자열의 .format() 메서드를 사용할 수 있다.

```
x = 123.456
'Value is {:0.2f}'.format(x)           # 'Value is 123.46'
'Value is {0:10.2f}'.format(x)         # 'Value is     123.46'
'Value is {val:*<10.2f}'.format(val=x) # 'Value is 123.46****'
```

.format()으로 포맷 지정된 문자열을 사용하면, {arg:spec} 형식의 텍스트가 format(arg, spec) 값으로 변경된다. 이 경우 arg는 format() 메서드에 제공된 인수 중 하나를 참조한다. 인수가 모두 생략되면, 인수는 제공된 순서대로 사용된다. 다음 예를 보자.

```
name = 'IBM'
shares = 50
price = 490.1

r = '{:>10s} {:10d} {:10.2f}'.format(name, shares, price)
# r = '       IBM         50     490.10'
```

arg는 특정 인수 번호 또는 이름으로 참조할 수 있다. 다음 예를 보자.

```
tag = 'p'
text = 'hello world'

r = '<{0}>{1}</{0}>'.format(tag, text)      # r = '<p>hello world</p>'
r = '<{tag}>{text}</{tag}>'.format(tag='p', text='hello world')
```

f-문자열과 달리, 지정자 arg 값은 표현식이 될 수 없으므로, 표현력이 좋지 않다. 하지만 format() 메서드는 제한된 속성 조회, 인덱싱, 중첩 대체(nested substitutions)를 수행할 수 있다. 다음 예시를 보자.

```
y = 3.1415926
width = 8
precision=3

r = 'Value is {0:{1}.{2}f}'.format(y, width, precision)

d = {
    'name': 'IBM',
    'shares': 50,
    'price': 490.1
}
r = '{0[shares]:d} shares of {0[name]} at {0[price]:0.2f}'.format(d)
# r = '50 shares of IBM at 490.10'
```

bytes와 bytearray 인스턴스는 % 연산자를 사용하여 포맷을 지정할 수 있다. 의미론적으로 이 연산자는 C 언어의 sprintf() 함수를 본떠서 모델링되었다. 다음은 몇 가지 예를 보여준다.

```
name = b'ACME'
x = 123.456
b'Value is %0.2f' % x             # b'Value is 123.46'
bytearray(b'Value is %0.2f') % x  # bytearray(b'Value is 123.46')
b'%s = %0.2f' % (name, x)         # b'ACME = 123.46'
```

이렇게 포맷 지정하면, %spec 형식의 시퀀스가 % 연산자의 두 번째 피연산자로 제공된 튜플 값으로 순서대로 바뀐다. 기본 포맷 코드 (d, f, s, etc.)는 format() 함수에서 사용하는 코드와 동일하다. 하지만 더 많은 고급 기능들이 사라지거나 변경되었다. 예를 들어, 정렬을 변경하기 위해 다음과 같이 – 문자를 사용한다.

```
x = 123.456
b'%10.2f' % x             # b'    123.46'
b'%-10.2f' % x            # b'123.46    '
```

포맷 코드 %r을 사용하면 디버깅과 로깅에서 유용하게 사용할 수 있는 ascii() 출력을 생성한다.

바이트로 작업할 때는 텍스트 문자열이 지원되지 않는다는 점에 유의하자. 이들은 명시적으로 인코딩해야 한다.

```
name = 'Dave'

b'Hello %s' % name                          # TypeError!
b'Hello %s' % name.encode('utf-8')          # 올바름
```

이러한 포맷 지정 형식은 텍스트 문자열에도 사용할 수 있지만, 오래된 프로그래밍 스타일로 여겨진다. 하지만 여전히 특정 라이브러리에서 등장하기도 한다. 예를 들어 logging 모듈에서 생성되는 메시지는 다음과 같은 형식으로 포맷 지정된다.

```
import logging
log = logging.getLogger(__name__)

log.debug('%s got %d', name, value)         # '%s got %d' % (name, value)
```

logging 모듈은 9.15.12에서 간략히 살펴보도록 한다.

9.4 명령줄 옵션 읽기

파이썬을 시작하면 명령줄 옵션들이 sys.argv 리스트에 문자열로 저장된다. 이 리스트의 첫 번째 항목은 프로그램의 이름이다. 나머지 요소는 명령줄에서 프로그램 이름 다음에 나오는 옵션을 표현한다. 다음 프로그램은 명령줄 인수를 직접 처리하는 간단한 예를 보여준다.

```
def main(argv):
    if len(argv) != 3:
        raise SystemExit(
            f'Usage : python {argv[0]} inputfile outputfile\n')
    inputfile  = argv[1]
    outputfile = argv[2]
    ...

if __name__ == '__main__':
    import sys
    main(sys.argv)
```

더 나은 코드 구성, 테스트 및 이와 유사한 이유로 sys.argv를 직접 읽는 것보다 명령줄 옵션(있는 경우)을 리스트로 받아들이는 main() 함수를 작성하는 것이 좋다. 명령줄 옵션을 main() 함수에 전달하기 위해서 프로그램 끝에 짧은 코드를 추가한다.

sys.argv[0]에는 실행된 스크립트의 이름이 포함된다. 이 코드에서 보듯이 도움말 메시지를 작성하고 SystemExit 예외를 일으키는 것은 명령줄 스크립트에서 오류를 보고하기 위한 관행이다.

간단한 스크립트로 명령줄 옵션을 직접 처리할 수 있지만, 복잡한 옵션을 처리해야 하는 경우 argparse 모듈을 사용하면 된다. 다음 예를 살펴보자.

```python
import argparse

def main(argv):
    p = argparse.ArgumentParser(description="This is some program")

    # 위치 인수
    p.add_argument("infile")

    # 인수를 가지는 옵션
    p.add_argument("-o","--output", action="store")

    # 불리언 flag를 설정하는 옵션
    p.add_argument("-d","--debug", action="store_true", default=False)

    # 명령줄 분석
    args = p.parse_args(args=argv)

    # 옵션 설정 가져오기
    infile    = args.infile
    output    = args.output
    debugmode = args.debug

    print(infile, output, debugmode)

if __name__ == '__main__':
    import sys
    main(sys.argv[1:])
```

이 예제는 argparse 모듈을 사용하는 간단한 방법을 보여준다. 표준 라이브러리 문서는 고급 사용법을 제공한다. 더 복잡한 명령줄 분석기(parser)를 단순하게 작성할 수 있는 click과 docopt와 같은 서드파티 모듈도 있다.

마지막으로 명령줄 옵션이 유효하지 않은 텍스트 인코딩으로 파이썬에 전달될 수 있다. 이 인수들은 여전히 허용되지만 9.2에서 설명한 것처럼 'surrogate escape' 에러 처리를 사용해 인코딩된다. 그러한 인수들이 나중에 어떤 종류의 텍스트 출력에 포함되는지 그리고 충돌을 피하는 게 중요한지 정도는 알고 있어야 한다. 중요하지 않을 수도 있다. 만약 중요치 않다면 코드를 복잡하게 만들지 말자.

9.5 환경 변수

때때로 데이터는 명령 셸에 설정된 환경 변수(environment variable)를 통해 프로그램에 전달된다. 파이썬 프로그램은 다음과 같이 env와 같은 셸 명령어를 사용해 시작할 수 있다.

```
bash $ env SOMEVAR=somevalue python3 somescript.py
```

환경 변수는 사전 형식의 os.environ에서 텍스트 문자열로 접근할 수 있다. 다음 예를 살펴보자.

```
import os
path = os.environ['PATH']
user = os.environ['USER']
editor = os.environ['EDITOR']
val = os.environ['SOMEVAR']
... etc. ...
```

환경 변수를 수정하려면, os.environ 변수를 설정하면 된다. 다음은 그 예이다.

```
os.environ['NAME'] = 'VALUE'
```

os.environ을 수정하면 현재 실행 중인 프로그램과 나중에 생성된 모든 하위 프로세스(예를 들어, subprocess 모듈로 생성된 프로세스)에 영향을 준다.

명령줄 옵션과 마찬가지로 잘못 인코딩된 환경 변수는 'surrogateescape' 에러 처리 정책을 사용하는 문자열로 만들 수 있다.

9.6 파일과 파일 객체

내부 함수 open()을 사용하여 파일을 열 수 있다. 일반적으로 open()에는 파일 이름과 파일 모드가 제공된다. 또한, 컨텍스트 관리자인 with 문과 함께 사용된다. 다음은 파일 작업과 관련해 몇 가지 사용 패턴을 보여준다.

```python
# 텍스트 파일을 한 번에 문자열로 읽기
with open('filename.txt', 'rt') as file:
    data = file.read()

# 파일을 한 줄씩 읽기
with open('filename.txt', 'rt') as file:
    for line in file:
        ...

# 텍스트 파일에 쓰기
with open('out.txt', 'wt') as file:
    file.write('Some output\n')
    print('More output', file=file)
```

대부분의 경우 open()은 쉽게 사용할 수 있다. 파일 모드와 함께 열고자 하는 파일의 이름을 지정한다. 다음 예를 보자.

```python
open('name.txt')          # 읽기용으로 'name.txt' 열기
open('name.txt', 'rt')    # 읽기용으로 'name.txt' 열기(위와 동일)
open('name.txt', 'wt')    # 쓰기용으로 'name.txt' 열기
open('data.bin', 'rb')    # 이진 모드 읽기용으로 열기
open('data.bin', 'wb')    # 이진 모드 쓰기용으로 열기
```

대부분 프로그램에서 파일 작업을 한다면 이 예제들과 같은 간단한 예만 알면 된다. 다만, open()과 관련해서는 여러 가지 특별한 사례와 난해한 기능들을 알아둘 필요가 있다. 이어지는 내용에서 open() 및 파일 I/O에 대해 자세히 설명하도록 한다.

9.6.1 파일 이름

파일을 열려면 open()에 파일 이름을 지정해야 한다. 이름은 '/Users/guido/Desktop/files/old/data.csv'와 같이 완전한 절대 경로 형식이거나 'data.csv' 또는 '..\old\data.csv'와 같은 상대 경로 형식일 수 있다. 상대 경로 파일 이름이라면, 파일 위치는 os.getcwd()에서 반환되는 현재 작업 디렉터리를 기준으로 결정된다. 현재 작업 디렉터리는 os.chdir(newdir)을 사용하여 변경할 수 있다.

이름 자체는 여러 형태로 인코딩될 수 있다. 파일 이름이 텍스트 문자열이면, 호스트 운영체제에 전달되기 전에 sys.getfilesystemencoding()에서 반환된 텍스트 인코딩에 따라 이름이 해석된다. 파일 이름이 바이트 문자열이면, 인코딩되지 않은 상태 그대로 전달된다. 바이트 문자열은 파일 이름이 잘못 인코딩되어 있거나 손상되었더라도 반드시 처리해야 하는 프로그램을 작성할 때 유용하다. 즉, 파일 이름을 텍스트로 전달하는 대신 원시 이진 표현으로 전달하기 때문이다. 이는 난해하고 특수한 사례로 생각할 수 있겠지만, 파이썬은 일반적으로 파일 시스템을 조작하는 시스템 수준의 스크립트를 작성할 때 사용된다. 파일 시스템 남용은 해커가 자신의 흔적을 숨기거나 시스템 도구를 파괴하기 위해 사용하는 일반적인 방법이다.

텍스트 및 바이트 외에도 스페셜 메서드 __fspath__()를 구현한 객체를 파일 이름으로 사용할 수 있다. __fspath__() 메서드는 실제 이름에 해당하는 텍스트 또는 바이트 객체를 반드시 반환해야 한다. 이는 pathlib와 같은 표준 라이브러리 모듈을 동작시키는 메커니즘이다. 다음 예를 보자.

```
>>> from pathlib import Path
>>> p = Path('Data/portfolio.csv')
>>> p.__fspath__()
'Data/portfolio.csv'
>>>
```

__fspath__() 메서드를 시스템에서 적절한 파일 이름으로 해석하도록 구현하면, open()과 함께 동작하는 사용자 정의 Path 객체를 만들 수 있다.

마지막으로 파일 이름은 저수준(low-level)의 정수 파일 디스크립터(file descriptor)로 제공될 수 있다. 이를 위해서 '파일'은 이미 어떤 식으로든 시스템에서 열려 있어야 한다. 이는 네트워크 소켓, 파이프 또는 파일 디스크립터를 제공하는 다른 시스템 자원에 해당한다. 다음 코드는 os 모듈로 직접 파일을 연 다음 적절한 파일 객체로 변환한다.

```
>>> import os
>>> fd = os.open('/etc/passwd', os.O_RDONLY)        # 정수 fd(파일 디스크립터)
>>> fd
3
>>> file = open(fd, 'rt')                            # 적절한 파일 객체
>>> file
<_io.TextIOWrapper name=3 mode='rt' encoding='UTF-8'>
>>> data = file.read()
>>>
```

이와 같이 기존 파일 디스크립터를 사용해 파일을 열게 되면, 반환된 파일의 close() 메서드가 해당 파일 디스크립터를 또한 닫는다. 다음 코드와 같이 open() 에 closefd=False를 전달하여 이 기능을 비활성화할 수 있다.

```
file = open(fd, 'rt', closefd=False)
```

9.6.2 파일 모드

파일을 열 때 파일 모드를 지정해야 한다. 핵심 파일 모드는 읽기용 'r', 쓰기용 'w', 추가용 'a'이다. 'w' 모드는 기존 파일을 새로운 콘텐츠로 바꾼다. 'a'는 쓰기용 으로 파일을 열고 파일 포인터를 파일 끝으로 이동하여 새 데이터를 추가한다.

특수한 파일 모드 'x'는 파일 쓰기와 동일한 용도로 사용할 수 있지만, 파일 이 존재하지 않는 경우에만 가능하다. 이는 기존 데이터를 실수로 덮어쓰는 것을 막을 때 유용한 방법이다. 이 모드를 사용할 때 파일이 이미 존재한다면 FileExistsError 예외가 발생한다.

파이썬은 텍스트와 이진 데이터를 엄격하게 구분한다. 데이터 종류를 지정하 려면 파일 모드에 't' 또는 'b'를 추가한다. 예를 들어, 파일 모드 'rt'는 파일을 텍 스트 모드로 열고, 'rb'는 파일을 이진 모드로 연다. 모드는 f.read()와 같은 파일 관련 메서드가 반환할 데이터의 종류를 결정한다. 텍스트 모드에서는 문자열이 반환된다. 이진 모드에서는 바이트가 반환된다.

이진 파일은 'rb+' 또는 'wb+'와 같이 더하기(+) 문자를 제공하여 제자리 업데이 트 용도로 열 수 있다. 업데이트를 위해 파일을 열 때는 후속 입력 전에 출력 작 업이 데이터를 모두 비우면, 입력과 출력을 모두 수행할 수 있다. 'wb+' 모드를 사용하여 파일을 열면, 먼저 파일의 길이를 0으로 줄인다. 업데이트 모드는 주 로 파일 내용을 탐색하는 작업과 관련하여 파일 내용에 무작위 읽기/쓰기 접근 (random read/write access)을 제공할 때 사용된다.

9.6.3 I/O 버퍼링

기본적으로 파일은 I/O 버퍼링이 활성화된 상태로 열린다. I/O 버퍼링을 사용하 면 과도한 시스템 호출을 방지하기 위해 큰 청크(chunk) 단위로 I/O 연산이 수 행된다. 예를 들어, 쓰기 작업은 내부 메모리 버퍼를 채우면서 시작하고, 버퍼가 다 채워질 때 비로소 실제 출력이 이루어진다. 이 동작 방식은 open()에 buffering 인수를 제공해 변경할 수 있다. 다음 예를 살펴보자.

```
# I/O 버퍼링 없이 이진 모드로 파일을 연다.
with open('data.bin', 'wb', buffering=0) as file:
    file.write(data)
    ...
```

버퍼링 값 0은 I/O 버퍼링을 수행하지 않는다는 의미이며, 이는 이진 모드 파일에만 유효하다. 버퍼링 값 1은 줄 버퍼링을 지정하는 것으로, 일반적으로 텍스트 모드 파일에만 의미가 있다. 다른 양숫값은 사용할 버퍼의 크기(바이트)를 나타낸다. 버퍼링 값을 지정하지 않은 경우, 기본 동작 방식은 파일 종류에 따라 달라진다. 디스크에 있는 일반 파일의 버퍼링은 블록 단위로 관리되며, 버퍼 크기는 io.DEFAULT_BUFFER_SIZE로 설정된다. 이 값은 일반적으로 4096byte보다 작은 배수지만 시스템마다 다를 수 있다. 파일을 대화형 터미널로 표현하는 경우에는 줄 버퍼링이 사용된다.

   일반 프로그램에서 I/O 버퍼링은 주요 관심사가 아니다. 하지만 버퍼링은 프로세스 간 활발한 통신이 필요한 응용 프로그램에 영향을 줄 수 있다. 예를 들어, 내부 버퍼링 문제로 교착상태에 빠지는 두 개의 하위 통신 프로세스 문제가 종종 발생한다. 즉, 하나의 하위 프로세스는 버퍼에 쓰지만, 그 버퍼가 비워지지 않아서 수신 프로세스는 해당 데이터를 볼 수 없게 되는 경우가 일어난다. 이러한 문제는 버퍼링을 수행하지 않는 I/O를 지정하거나 관련 파일에 대해 직접 flush()를 호출하여 해결할 수 있다. 다음 예를 보자.

```
file.write(data)
file.write(data)
...
file.flush()                    # 데이터가 버퍼로부터 모두 출력됨을 확인
```

9.6.4 텍스트 모드 인코딩

텍스트 모드에서 파일을 열 때, 인수 encoding과 errors를 사용해 선택 가능한 인코딩과 에러 처리 정책을 지정할 수 있다. 다음 예를 살펴보자.

```
with open('file.txt', 'rt', encoding='utf-8', errors='replace') as file:
    data = file.read()
```

encoding과 errors 인수에 지정된 값들은 각각 문자열과 바이트의 encode() 및 decode() 메서드와 동일한 의미다.

기본 텍스트 인코딩은 sys.getdefaultencoding() 값으로 결정되는데, 이는 시스템에 따라 다를 수 있다. 인코딩을 미리 알고 있다면, 시스템의 기본 인코딩과 일치하더라도 명시적으로 제공하는 게 좋다.

9.6.5 텍스트 모드 줄 처리

텍스트 파일을 다룰 때, 한 가지 문제는 줄바꿈 문자 관련 인코딩 문제다. 줄바꿈은 호스트 운영체제에 따라 '\n', '\r\n' 또는 '\r'로 인코딩된다. 예를 들어 유닉스에서는 '\n', 윈도우는 '\r\n'이다. 기본적으로 파이썬은 파일을 읽을 때, 줄끝을 표준 '\n' 문자로 모두 변환한다. 줄바꿈 문자는 작성하자마자 시스템에서 사용되는 기본 줄끝 문자로 다시 변환된다. 이 동작 방식을 파이썬 문서에서는 '범용 줄바꿈 모드(universal newline mode)'라고 한다.

다음 예와 같이 open()에 newline 인수를 제공하여 줄바꿈 동작 방식을 변경할 수 있다.

```
# '\r\n'이 필요하며 그대로 둔다.
file = open('somefile.txt', 'rt', newline='\r\n')
```

newline=None을 지정하면 줄바꿈이 표준 '\n' 문자로 모두 변환되는 기본 줄 처리 동작이 활성화된다. newline=''으로 지정하면, 파이썬이 줄끝을 모두 인식하지만 변환 단계는 활성화되지 않는다. 즉, 줄이 '\r\n'으로 종료되면, '\r\n' 그대로 입력에 남아 있게 된다. '\n', '\r', 또는 '\r\n'을 지정하면, 지정한 대로 줄바꿈이 활성화된다.

9.7 I/O 추상화 계층

open() 함수는 다른 I/O 클래스의 인스턴스를 생성하기 위한 고수준(high-level) 팩토리(factory) 함수를 제공한다. 이 클래스들은 파일 모드, 인코딩, 버퍼링 동작 방식을 구현한다. 이들은 또한 계층(layers)으로 함께 구성된다. 다음은 io 모듈에 있는 클래스이다.

```
FileIO(filename, mode='r', closefd=True, opener=None)
```

버퍼링 없이 원시 이진 I/O 파일을 연다. filename은 open() 함수에서 받아들일 수 있는 유효한 파일 이름이다. 다른 인수들은 open()과 의미가 같다.

```
BufferedReader(file [, buffer_size])
BufferedWriter(file [, buffer_size])
BufferedRandom(file [, buffer_size])
```

파일에 대해 버퍼링이 적용된 이진 I/O 계층을 구현한다. file은 FileIO의 인스턴스다. 생략 가능한 buffer_size는 사용할 내부 버퍼 크기를 나타낸다. 클래스 선택은 파일 데이터의 읽기, 쓰기 또는 업데이트 여부에 따라 달라진다.

```
TextIOWrapper(buffered, [encoding, [errors [, newline [, line_buffering [,
write_through]]]]])
```

텍스트 모드 I/O를 구현한다. buffered는 BufferedReader 또는 BufferedWriter와 같이 버퍼링된 이진 모드 파일이다. encoding, errors, newline 인수는 open()과 의미가 같다. line_buffering은 I/O가 줄바꿈 문자를 만나면 버퍼를 강제로 비우도록 설정하는 이진 불리언 플래그이다(기본값: False). write_through는 모든 쓰기(write())를 강제로 비우도록(버퍼링이 되지 않도록) 설정하는 불리언 플래그다(기본값: False).

다음은 텍스트 모드 파일이 계층별로 어떻게 구성되는지 보여주는 예제이다.

```
>>> raw = io.FileIO('filename.txt', 'r')                    # 원시 이진 모드
>>> buffer = io.BufferedReader(raw)                         # 버퍼 이진 읽기
>>> file = io.TextIOWrapper(buffer, encoding='utf-8')       # 텍스트 모드
>>>
```

일반적으로 이 예와 같이 계층을 수동으로 구성할 필요가 없다. 내부 open() 함수가 모든 것을 처리하기 때문이다. 하지만 이미 기존 파일 객체를 가지고 있고, 어떤 방식으로든 파일 객체의 처리 방식을 변경하려는 경우에는 이 예와 같이 계층을 조작할 수 있다.

계층을 제거하려면 파일의 detach() 메서드를 사용한다. 다음은 텍스트 모드 파일을 이진 모드 파일로 변환하는 코드이다.

```
f = open('something.txt', 'rt')      # 텍스트 모드 파일
fb = f.detach()                      # 이진 모드 파일로 분리
data = fb.read()                     # 바이트를 반환
```

9.7.1 파일 메서드

open()으로 반환하는 객체의 정확한 타입은 주어진 파일 모드와 버퍼링 옵션의 조합에 따라 다르다. 하지만 결과 파일 객체에는 표 9.4의 메서드를 제공한다.

표 9.4 파일 메서드

메서드	설명
f.readable()	파일을 읽을 수 있으면 True를 반환
f.read([n])	최대 n바이트 읽기
f.readline([n])	최대 n개의 문자까지 한 줄 입력 읽기. n을 생략하면 이 메서드는 전체 줄을 읽음
f.readlines([size])	줄을 모두 읽어 리스트로 반환. size는 읽기를 중단하기 전까지 파일에서 읽을 대략적인 문자 개수(추가 지정 가능)
f.readinto(buffer)	데이터를 메모리 버퍼로 읽기
f.writable()	파일을 쓸 수 있으면 True를 반환
f.write(s)	문자열 s 쓰기
f.writelines(lines)	반복 가능한 lines의 문자열을 모두 쓰기
f.close()	파일 닫기
f.seekable()	파일이 임의 접근 탐색(random-access seeking)을 지원하면 True를 반환
f.tell()	현재 파일 포인터 반환
f.seek(offset [, where])	새 파일의 위치 탐색
f.isatty()	f가 대화형 터미널일 경우 True를 반환
f.flush()	출력 버퍼 비우기
f.truncate([size])	파일을 size 바이트 크기로 자르기
f.fileno()	정수 파일 디스크립터 반환

readable(), writeable(), seekable() 메서드는 지원되는 파일 기능과 모드를 테스트한다. read() 메서드는 생략 가능한 길이 매개변수가 최대 문자수를 지정하지 않으면, 전체 파일을 문자열로 반환한다. readline() 메서드는 종료 줄바꿈 문자를 포함하여 입력의 다음 줄을 반환한다. readlines() 메서드는 입력 파일의 내용을 모두 문자열 리스트로 반환한다. readline() 메서드는 추가로 최대 n 길이만큼 줄을 입력으로 허용하는데, n보다 긴 줄을 읽을 경우 먼저 읽은 n개의 문자만을 반환한다. 나머지 줄 데이터는 사라지지 않으며, 후속 읽기 작업에서 반환된다. readlines() 메서드는 멈추기 전까지 읽을 대략적인 문자수를 지정하는 size 매개변수를 입력으로 받을 수 있다. 실제 읽은 문자수는 이미 버퍼링된 데이터의 양이 얼마인지에 따라 지정한 수보다 클 수 있다. readinto() 메서드는 메모리 복사를 방지하기 위해 사용되며 다음에 설명하도록 한다.

read()와 readline()은 빈 문자열을 반환할 때 파일 끝(EOF)을 표시한다. 따라서
다음 코드는 EOF 조건을 검사하는 방법을 보여준다.

```
while True:
    line = file.readline()
    if not line:            # EOF
        break
    문장들
    ...
```

이 코드를 다음과 같이 작성할 수도 있다.

```
while (line:=file.readline()):
    문장들
    ...
```

파일의 줄을 모두 읽는 편리한 방법은 for 루프를 사용하여 반복하는 것이다.

```
for line in file:          # file의 줄을 모두 반복
                           # line과 함께 다음 ...를 수행하기
    ...
```

write() 메서드는 파일에 데이터를 쓰고, writelines() 메서드는 파일에 반복 가능
한 문자열을 쓴다. write()와 writelines()는 출력할 때 줄바꿈 문자를 추가하지
않으므로, 사용자가 생성하는 출력에는 필요한 포맷이 모두 미리 지정되어 있어
야 한다.

　내부적으로, 열린 파일 객체는 각각 다음의 읽기 또는 쓰기 작업을 수행할 바
이트 오프셋을 저장하는 파일 포인터를 유지한다. tell() 메서드는 파일 포인터
의 현잿값을 반환한다. seek(offset [,whence]) 메서드는 기준점(whence)에 대한
배치 규칙과 주어진 정수 오프셋으로, 지정된 파일의 일부에 무작위로 접근할
때 사용된다. whence가 os.SEEK_SET이면(기본값), seek()는 오프셋이 파일의 시작
임을 가정한다. whence가 os.SEEK_CUR이면 현재 위치를 기준으로 오프셋 위치가
이동한다. whence가 os.SEEK_END이면 오프셋은 파일의 끝이 된다.

　fileno() 메서드는 파일에 대한 정수 파일 디스크립터를 반환하며, 때론 특정
라이브러리 모듈에서 저수준 I/O 작업에 사용되기도 한다. 예를 들어, fcntl 모
듈은 파일 디스크립터를 사용하여 유닉스 시스템에서 저수준 파일을 제어할 때
이용된다.

readinto() 메서드는 연속 메모리 버퍼에 제로 복사 I/O[41]를 수행할 때 사용된다. 주로 numpy와 같은 특수한 라이브러리와 함께 사용되는데, 예컨대 숫자 배열에 할당된 메모리로 데이터를 직접 읽어 들이는 경우가 그렇다.

파일 객체는 표 9.5와 같이 읽기 전용 데이터 속성을 가진다.

표 9.5 파일 속성

속성	설명
f.closed	파일 상태를 나타내는 불리언 값. 파일이 열려 있는 경우 False, 닫혀 있는 경우 True
f.mode	파일 I/O 모드
f.name	open()을 사용하여 생성된 파일 이름. 그렇지 않으면 파일 소스를 가리키는 문자열
f.newlines	파일에서 실제 줄바꿈 문자를 표현. 값으로 줄바꿈이 발견되지 않으면 None, '\n', '\r', 또는 '\r\n'을 포함하는 문자열이다. 그렇지 않으면 줄바꿈 인코딩을 모두 담고 있는 튜플
f.encoding	파일 인코딩을 나타내는 문자열(예를 들어, 'latin-1' 또는 'utf-8'). 사용된 인코딩이 없으면 None
f.errors	에러 처리 정책
f.write_through	텍스트 파일 쓰기가 버퍼링 없이 기본 이진 레벨 파일에 직접 데이터를 전달하는지 여부를 가리키는 불리언 값

9.8 표준 입력, 표준 출력, 표준 에러

인터프리터는 표준 입력, 표준 출력, 표준 에러라고 부르는 세 가지 표준 파일 객체를 제공하며, 각각 sys.stdin, sys.stdout, sys.stderr로 접근할 수 있다. stdin은 인터프리터에 제공되는 입력 문자 스트림(stream)에 해당하는 파일 객체이다. stdout은 print()가 생성하는 출력을 받아들이는 파일 객체이다. stderr는 에러 메시지를 수신하는 객체이다. 대체로 stdin은 사용자의 키보드에 대응하고, stdout과 stderr은 화면에 텍스트를 출력한다.

사용자와 관련한 I/O를 수행하기 위해서 앞 절에서 설명한 메서드를 사용할 수 있다. 예를 들어 다음 코드는 표준 출력 방식으로 쓰고, 표준 입력 방식으로 입력 줄을 읽는다.

---

41 (옮긴이) 제로 복사 I/O는 커널 레벨에서 복사를 수행하는 방법으로, 기존 복사 대비 컨텍스트 전환이 줄어들어 빠른 복사가 이루어진다.

```
import sys
sys.stdout.write("Enter your name: ")
name = sys.stdin.readline()
```

또는 내장 함수 input(prompt)가 stdin으로 텍스트 한 줄을 읽고, 추가로 프롬프트를 출력하는 방식으로 할 수 있다.

```
name = imput("Enter your name: ")
```

input()에서 읽은 줄은 줄끝에 줄바꿈 문자를 포함하지 않는다. 이는 줄바꿈 문자가 입력 텍스트에 포함된 sys.stdin으로 직접 읽는 것과는 다르다.

필요에 따라 sys.stdout, sys.stdin, sys.stderr의 값을 다른 파일 객체로 변경할 수 있다. 이 경우 print()와 input() 함수는 새 값을 사용한다. sys.stdout의 원래 값을 복원할 필요가 있을 때는 기존 값을 먼저 저장해야 한다. 인터프리터를 시작할 때, sys.stdout, sys.stdin, sys.stderr의 원래 값은 각각 sys.__stdout__, sys.__stdin__, sys.__stderr__에서 사용할 수 있다.

9.9 디렉터리

os.listdir(pathname) 함수를 사용해 디렉터리 목록을 얻을 수 있다. 다음 코드는 디렉터리에서 파일 이름 리스트를 출력하는 방법을 보여준다.

```
import os

names = os.listdir('dirname')
for name in names:
    print(name)
```

listdir() 함수에서 반환된 이름들은 일반적으로 sys.getfilesystemencoding()에서 반환되는 인코딩에 따라 디코딩된다. 초기 경로를 바이트로 지정하면, 파일 이름은 디코딩되지 않은 바이트 문자열로 반환된다. 다음 예를 보자.

```
import os

# 디코딩되지 않은 원시 이름 반환
names = os.listdir(b'dirname')
```

디렉터리 목록과 관련하여 유용하게 쓰이는 작업은 글로빙(globbing)으로 알려진 패턴에 맞게 파일 이름을 매칭하는 일이다. pathlib 모듈은 이러한 목적으로 사용될 수 있다. 다음 코드는 특정 디렉터리에 있는 *.txt 파일을 모두 매칭하는 코드이다.

```python
import pathlib

for filename in path.Path('dirname').glob('*.txt'):
    print(filename)
```

glob() 대신 rglob()을 사용하면 하위 디렉터리를 재귀적으로 모두 방문하면서 패턴과 일치하는 파일 이름을 찾는다. glob()과 rglob() 함수는 반복을 통해 파일 이름을 얻는 제너레이터를 반환한다.

9.10 print() 함수

공백문자로 구분된 일련의 값을 출력하려면, 다음과 같이 단순히 print()에 값을 넘겨주면 된다.

```python
print('The values are', x, y, z)
```

줄바꿈 문자를 생략하거나 변경하려면, 다음 예와 같이 end 키워드 인수를 사용하면 된다.

```python
# 줄바꿈 문자를 생략
print('The values are', x, y, z, end='')
```

파일에 출력하려면, 다음 예와 같이 file 키워드 인수를 사용하면 된다.

```python
# 파일 객체 f로 리디렉션
print('The values are', x, y, z, file=f)
```

항목을 구분하는 구분 기호를 변경하려면, 다음 예와 같이 sep 키워드 인수를 사용하면 된다.

```python
# 값 사이에 콤마 넣기
print('The values are', x, y, z, sep=',')
```

9.11 출력 생성

파일을 직접 다루는 것은 프로그래머에게 가장 익숙한 일이다. 그렇지만 제너레이터 함수도 연속된 소량의 데이터를 I/O 스트림으로 내보낼 때 사용할 수 있다. 이를 위해서는 write() 또는 print() 함수를 사용하는 것처럼 yield 문을 사용하면 된다. 다음 예를 살펴보자.

```
def countdown(n):
    while n > 0:
        yield f'T-minus {n}\n'
        n -= 1
    yield 'Kaboom!\n'
```

이런 식으로 출력 스트림을 생성하면, 출력 스트림 생성 부분을 실제로 스트림을 전달하는 코드와 분리할 수 있기 때문에 유연성이 커진다. 이 코드에서 출력을 파일 f로 보내고자 할 경우 다음과 같이 하면 된다.

```
lines = countdown(5)
f.writelines(lines)
```

또는 출력을 소켓 s에 보내고 싶으면 다음과 같이 하면 된다.

```
for chunk in lines:
    s.sendall(chunk.encode('utf-8'))
```

단순히 결과를 하나의 문자열에 모두 담고 싶으면 다음과 같이 하면 된다.

```
out = ''.join(lines)
```

고급 응용 프로그램에서는 이 방법을 사용하여 자신만의 I/O 버퍼링 기능을 구현할 수 있다. 예를 들어, 다음에서 보듯이 제너레이터는 작은 텍스트 데이터를 내보낼 수 있지만, 다른 함수는 더 효율적인 I/O 연산을 위해 데이터 조각을 더 큰 버퍼에 모으는 것을 생각해볼 수 있다.

```
chunks = []
buffered_size = 0
for chunk in count:
    chunks.append(chunk)
    buffered_size += len(chunk)
    if buffered_size >= MAXBUFFERSIZE:
        outf.write(''.join(chunks))
        chunks.clear()
```

```
        buffered_size = 0
outf.write(''.join(chunks))
```

출력을 파일이나 네트워크 연결로 보내는 프로그램에서 제너레이터를 사용하는 방법을 사용하면, 전체 출력 스트림을 하나의 큰 출력 문자열이나 문자열 리스트에 수집하는 것과는 달리, 작은 데이터 단위로 생성해 처리하기 때문에 메모리 사용량을 크게 줄일 수 있다.

9.12 입력의 소비

조각조각 나뉘어 들어오는 입력을 다루는 프로그램의 경우, I/O의 프로토콜 및 그 외 다른 측면을 디코딩하는 데는 향상된 제너레이터가 유용하다. 다음은 바이트 조각을 수집하여 이들을 줄로 조합하는 향상된 제너레이터의 예를 보여준다.

```
def line_receiver():
    data = bytearray()
    line = None
    linecount = 0
    while True:
        part = yield line
        linecount += part.count(b'\n')
        data.extend(part)
        if linecount > 0:
            index = data.index(b'\n')
            line = bytes(data[:index+1])
            data = data[index+1:]
            linecount -= 1
        else:
            line = None
```

이 예에서 제너레이터는 바이트 배열에 모인 바이트 조각을 받도록 프로그래밍되어 있다. 바이트 배열이 줄바꿈을 포함하고 있으면 줄이 추출되어 반환된다. 그렇지 않으면 None이 반환된다. 다음 코드는 예제가 어떻게 동작하는지 보여준다.

```
>>> r = line_receiver()
>>> r.send(None)            # 첫 단계가 필요함
>>> r.send(b'hello')
>>> r.send(b'world\nit ')
b'hello world\n'
>>> r.send(b'works!')
>>> r.send(b'\n')
```

```
b'it works!\n''
>>>
```

이 접근 방식의 흥미로운 부작용(side effect)은 입력 데이터를 가져오기 위해 수행해야 하는 실제 I/O 작업을 외부화(externalize)한다는 것이다. 특히, `line_receiver()` 구현에는 I/O 작업이 전혀 포함되어 있지 않다. 이는 다른 상황에서도 사용될 수 있다는 것을 의미한다. 예를 들어 소켓과 함께 사용하면 다음과 같다.

```python
r = line_receiver()
data = None
while True:
    while not (line:=r.send(data)):
        data = sock.recv(8192)

    # line을 처리
    ...
```

또는 파일과 함께 사용하면 다음과 같다.

```python
r = line_receiver()
data = None
while True:
    while not (line:=r.send(data)):
        data = file.read(10000)

    # line을 처리
    ...
```

또는 비동기 코드에서는 다음과 같다.

```python
async def reader(ch):
    r = line_receiver()
    data = None
    while True:
        while not (line:=r.send(data)):
            data = await ch.receive(8192)

        # line을 처리
        ...
```

9.13 객체 직렬화

네트워크를 거쳐 전송하거나 파일에 저장하거나 데이터베이스에 저장할 수 있도록 객체를 직렬화[42]할 필요가 있다. 이를 위한 한 가지 방법은 JSON 또는 XML과 같은 표준 인코딩을 사용하여 데이터를 변환하는 것이다. 또는 피클링 (pickle)이라는 파이썬에 특화된 데이터 직렬화 형식도 있다.

pickle 모듈은 객체를 바이트의 스트림으로 직렬화하여 파일에 썼다가 나중에 복원할 때 사용한다. pickle 인터페이스는 dump()와 load() 두 개의 연산으로 간단히 구성되어 있다. 예를 들어, 다음 코드는 파일에 객체를 쓴다.

```python
import pickle
obj = SomeObject()
with open(filename, 'wb') as file:
    pickle.dump(obj, file)        # 객체를 f에 저장
```

객체를 복원하려면 다음 코드처럼 하면 된다.

```python
with open(filename, 'rb') as file:
    obj = pickle.load(file)        # 객체 복원
```

pickle에서 사용하는 데이터 포맷에는 자체 레코드 프레임이 있다. 따라서 dump() 작업을 차례로 실행하여 객체를 저장할 수 있다. 이러한 객체를 복원하기 위해서는 load() 작업을 순서대로 호출하면 된다.

네트워크 프로그래밍의 경우, 피클링을 사용하여 바이트로 인코딩된 메시지를 만드는 것이 일반적이다. 이를 위해 dumps()와 loads()를 사용한다. 파일에서 데이터를 읽거나 쓰는 대신 이 함수들은 바이트 문자열로 동작한다.

```python
obj = SomeObject()

# 객체를 바이트로 변환
data = pickle.dumps(obj)
...
# 바이트를 객체로 복원
obj = pickle.loads(data)
```

보통 사용자 정의 객체에서 pickle을 사용하기 위해 특별히 추가로 해야 할 일은 없다. 하지만 특정 종류의 객체들은 피클링이 되지 않는다. 이들은 파일 열기,

---

[42] (옮긴이) 객체를 바이트 스트림으로 바꾸는 것을 직렬화(serialization)라고 한다.

스레드, 클로저, 제너레이터 등과 같은 런타임 상태를 포함한 객체이다. 이러한 까다로운 경우를 처리하기 위해 클래스는 스페셜 메서드 __getstate__()와 __ setstate__()를 정의할 수 있다.

__getstate__() 메서드가 정의되어 있다면 객체 상태를 표현하는 값을 생성하기 위해 호출된다. __getstate__()가 반환하는 값은 보통 문자열, 튜플, 리스트, 사전이다. __setstate__() 메서드는 언피클링(unpickling)하는 동안 값을 받아 객체의 상태를 복원할 수 있어야 한다.

객체를 인코딩할 때, pickle은 기본 소스 코드 자체를 포함하지 않는다. 그 대신 정의한 클래스의 이름 참조를 인코딩한다. 언피클링할 때 이름은 시스템에서 소스 코드를 조회할 때 사용된다. 언피클링하려면 피클을 받은 사람이 적절한 소스 코드를 미리 설치하여야 한다. 또한 pickle은 본질적으로 안전하지 않다는 것을 강조할 필요가 있다. 신뢰할 수 없는 데이터를 언피클링하는 것은 원격 코드를 실행하는 매개 요인이 된다는 사실은 잘 알려져 있다. 따라서 런타임 환경이 완전히 보호될 때만 pickle을 사용해야 한다.

9.14 블로킹 작업과 동시성

블로킹 개념은 I/O의 근본적인 측면이다. 그 특성상 I/O는 실세계와 연결되어 있다. 실세계에서는 입력이나 장치가 준비될 때까지 기다리는 경우가 많다. 예를 들어, 네트워크에서 데이터를 읽는 코드는 다음과 같이 소켓에서 수신 작업을 수행할 수 있다.

```
data = sock.recv(8192)
```

이 문장이 실행될 때, 데이터가 사용 가능한 경우라면 즉시 반환될 수 있다. 하지만 그렇지 않으면 데이터가 도착하기를 기다리면서 중지된다. 이것이 블로킹 (blocking)이다. 프로그램이 블로킹되는 동안에는 아무 일도 일어나지 않는다.

데이터 분석 스크립트 또는 간단한 프로그램에서는 블로킹이 걱정거리가 아니다. 하지만 작업이 블로킹되어 있는 동안 프로그램이 다른 작업을 수행하려 할 때는 다른 방식을 취할 필요가 있다. 이는 프로그램이 동시에 둘 이상의 작업을 수행할 때 나타나는 동시성(concurrency)의 근본 문제이다. 흔하게 일어나는 문제 하나는, 두 개 이상의 다른 네트워크 소켓에서 동시에 프로그램을 읽으려는 경우다.

```python
def reader1(sock):
    while (data := sock.recv(8192)):
        print('reader1 got:', data)

def reader2(sock):
    while (data := sock.recv(8192)):
        print('reader2 got:', data)

# 문제: reader1()과 reader2()를 동시에 실행하는 방법은 무엇일까?
```

이 절 마지막에서 이 문제를 해결하기 위한 방법을 설명한다. 하지만 그게 동시성에 대한 전체 튜토리얼은 아니다. 자세한 정보를 얻기 위해서는 다른 자료를 참조하기 바란다.

9.14.1 논블로킹 I/O

블로킹을 피하는 한 가지 방법은 논블로킹(nonblocking) I/O를 사용하는 것이다. 이는 특수 모드로 활성화되어야 한다. 예를 들어 소켓에서는 다음과 같다.

```python
sock.setblocking(False)
```

활성화되면 작업이 블로킹되었을 때 예외가 발생한다. 다음은 한 예이다.

```python
try:
    data = sock.recv(8192)
except BlockingIOError as e:
    # 사용할 수 있는 데이터가 없음
    ...
```

BlockingIOError 응답으로 프로그램은 다른 작업을 선택할 수 있다. 데이터가 도착했는지 확인하기 위해 다음에 I/O 작업을 다시 시도할 수 있다. 예를 들어, 한 번에 두 개의 소켓을 읽는 방법은 다음과 같다.

```python
def reader1(sock):
    try:
        data = sock.recv(8192)
        print('reader1 got:', data)
    except BlockingIOError:
        pass

def reader2(sock):
    try:
        data = sock.recv(8192)
        print('reader2 got:', data)
```

```
        except BlockingIOError:
            pass

def run(sock1, sock2):
    sock1.setblocking(False)
    sock2.setblocking(False)
    while True:
        reader1(sock1)
        reader2(sock2)
```

실제로 논블로킹 I/O에만 의존하는 것은 어설프고 비효율적이다. 예를 들어, 이 프로그램의 핵심은 마지막에 있는 run() 함수이다. 지속해서 소켓에서 읽기를 시도하므로, 루프가 비효율적으로 바쁘게 동작할 것이다. 코드는 동작하겠지만, 좋은 프로그래밍 설계는 아니다.

9.14.2 I/O 폴링

예외와 스피닝(spinning, 루프 반복)에 의존하는 대신, I/O 채널을 폴링(polling)하여 데이터를 사용할 수 있는지 확인할 수 있다. 이를 위해 select 또는 selectors 모듈을 사용한다. 다음은 약간 수정된 run() 함수 버전을 보여준다.

```
from selectors import DefaultSelector, EVENT_READ, EVENT_WRITE

def run(sock1, sock2):
    selector = DefaultSelector()
    selector.register(sock1, EVENT_READ, data=reader1)
    selector.register(sock2, EVENT_READ, data=reader2)
    # 어떤 일이 일어날 때까지 기다림
    while True:
        for key, evt in selector.select():
            func = key.data
            func(key.fileobj)
```

이 코드에서 루프는 소켓에서 I/O가 감지될 때마다 reader1() 또는 reader2() 함수를 콜백으로 전달한다. selector.select() 작업 자체가 블록되어 I/O가 발생하기를 기다린다. 따라서 9.14.1의 예제 코드와 달리 이 코드는 CPU를 바쁘게 만들지 않는다.

   I/O에 대한 이러한 접근 방식은, 일반적으로 이벤트 루프의 내부 동작은 볼 수 없지만, asyncio와 같은 '비동기' 프레임워크의 기초가 되고 있다.

9.14.3 스레드

이전의 두 예제 코드에서 동시성을 구동하기 위해 특별한 run() 함수를 사용해야
했다. 이 방법 대신 스레드(thread) 프로그래밍과 threading 모듈을 사용할 수 있
다. 스레드는 프로그램 내부에서 실행되는 독립적인 작업이라고 생각하자. 다음
은 두 개의 소켓에서 한 번에 데이터를 읽는 코드 예제이다.

```python
import threading

def reader1(sock):
    while (data := sock.recv(8192)):
        print('reader1 got:', data)

def reader2(sock):
    while (data := sock.recv(8192)):
        print('reader2 got:', data)

t1 = threading.Thread(target=reader1, args=[sock1])
t2 = threading.Thread(target=reader2, args=[sock2])

# 스레드 시작
t1.start()
t2.start()

# 스레드가 종료될 때까지 기다림
t1.join()
t2.join()
```

이 프로그램에서 reader1()과 reader2() 함수는 동시에 실행된다. 이는 호스트 운
영 체제가 관리하므로 동작 방식에 대해 많이 알 필요는 없다. 하나의 스레드에
서 블로킹 작업이 발생할지라도 다른 스레드에는 영향이 미치지 않는다.

스레드 프로그래밍에 대한 전반적인 내용은 이 책의 범위를 벗어난다. 하지만
이 장 뒷부분에 나오는 threading 모듈에서 몇 가지 추가 예제를 살펴본다.

9.14.4 asyncio를 사용한 동시 실행

asyncio 모듈은 스레드 대신 동시성 구현을 제공한다. 내부적으로 I/O 폴링을 사
용하는 이벤트 루프를 기반으로 한다. 하지만 고급 프로그래밍 모델은 특별한
async 함수를 사용하기에 스레드와 매우 유사하게 보일 수 있다. 다음 예를 살펴
보자.

```
import asyncio

async def reader1(sock):
    loop = asyncio.get_event_loop()
    while (data := await loop.sock_recv(sock, 8192)):
        print('reader1 got:', data)

async def reader2(sock):
    loop = asyncio.get_event_loop()
    while (data := await loop.sock_recv(sock, 8192)):
        print('reader2 got:', data)

async def main(sock1, sock2):
    loop = asyncio.get_event_loop()
    t1 = loop.create_task(reader1(sock1))
    t2 = loop.create_task(reader2(sock2))

    # 작업이 완료될 때까지 기다림
    await t1
    await t2

...
# 실행
asyncio.run(main(sock1, sock2))
```

asyncio 사용과 관련해 자세히 알려면, asyncio를 전문으로 다루는 책이 따로 필요할 것이다. 여기서 알아야 할 것은 많은 라이브러리와 프레임워크가 비동기 작업을 지원한다고 광고하고 있다는 점이다. 이는 asyncio 또는 이와 유사한 모듈이 동시 실행을 지원한다는 의미다. 대부분의 코드에는 비동기 함수와 관련된 기능들이 포함되어 있다.

9.15 표준 라이브러리 모듈

많은 표준 라이브러리 모듈이 다양한 I/O 관련 작업에서 사용된다. 이 절에서는 주로 사용되는 모듈에 대한 간략한 개요와 몇 가지 예를 소개한다. 자세한 참고 자료는 온라인 또는 IDE에서 찾을 수 있으며 여기서는 그 내용을 반복해 쓰지 않겠다. 이 절의 주요 목적은 각 모듈과 관련된 몇 가지 일반 프로그래밍 예시와 함께 사용할 모듈 이름을 소개하는 것이며, 사용자를 올바른 방향으로 안내하는 것이다.

이 절의 많은 예제는 대화형 파이썬 세션(sessions)에서 동작하므로 직접 실험해볼 것을 권장한다.

9.15.1 asyncio 모듈

asyncio 모듈은 I/O 폴링 및 기본 이벤트 루프를 사용하여 동시성 I/O 연산을 지원한다. 주로 네트워크 및 분산 시스템에 관한 코드를 작성할 때 사용된다. 다음 예제는 저수준 소켓을 사용하는 TCP 에코 서버와 관련된 코드 예시이다.

```python
import asyncio
from socket import *

async def echo_server(address):
    loop = asyncio.get_event_loop()
    sock = socket(AF_INET, SOCK_STREAM)
    sock.setsockopt(SOL_SOCKET, SO_REUSEADDR, 1)
    sock.bind(address)
    sock.listen(5)
    sock.setblocking(False)
    print('Server listening at', address)
    with sock:
        while True:
            client, addr = await loop.sock_accept(sock)
            print('Connection from', addr)
            loop.create_task(echo_client(loop, client))

async def echo_client(loop, client):
    with client:
        while True:
            data = await loop.sock_recv(client, 10000)
            if not data:
                break
            await loop.sock_sendall(client, b'Got:' + data)
    print('Connection closed')

if __name__ == '__main__':
    loop = asyncio.get_event_loop()
    loop.create_task(echo_server(('', 25000)))
    loop.run_forever()
```

nc 또는 telnet 같은 프로그램으로 컴퓨터의 포트 25000에 연결하여 이 코드를 테스트할 수 있다. 코드는 입력한 텍스트를 다시 반환한다. 여러 터미널 창을 사용하여 두 번 이상 연결하더라도, 이 예제 코드는 동시에 모든 연결을 처리하는 것을 볼 수 있다.

asyncio를 사용하는 대부분의 응용 프로그램은 소켓보다 높은 수준에서 동작한다. 하지만 이러한 응용 프로그램에서는 여전히 특수한 async 함수를 사용해야 하며, 어떤 방식이든 이벤트 루프와 상호작용해야 한다.

9.15.2 binascii 모듈

binascii 모듈에는 이진 데이터를 16진수와 base64 같은 텍스트 기반 표현법으로
변환하기 위한 함수들이 있다. 다음 예를 보자.

```
>>> binascii.b2a_hex(b'hello')
b'68656c6c6f'
>>> binascii.a2b_hex(_)
b'hello'
>>> binascii.b2a_base64(b'hello')
b'aGVsbG8=\n'
>>> binascii.a2b_base64(_)
b'hello'
>>>
```

base64 모듈과 바이트의 hex()나 fromhex() 메서드에서도 유사한 함수를 발견할
수 있다. 다음은 그 예이다.

```
>>> a = b'hello'
>>> a.hex()
'68656c6c6f'
>>> bytes.fromhex(_)
b'hello'
>>> import base64
>>> base64.b64encode(a)
b'aGVsbG8='
>>>
```

9.15.3 cgi 모듈

웹 사이트에 가입하는 기본 폼(form) 양식을 추가한다고 생각해보자. 주간 '고양
이와 카테고리' 뉴스레터에 가입하는 폼 양식이라고 가정해보자. 이 폼 양식을
추가하기 위해 최신 웹 프레임워크를 설치하고, 이를 조작하는 데 시간을 쏟을
것이다. 또는 예전 방식이지만 기본 CGI(Common Gateway Interface) 스크립
트로 작성할 수도 있다. cgi 모듈은 바로 그런 일을 하기 위한 것이다.

웹 페이지에 다음과 같은 폼 양식이 있다고 하자.

```
<form method="POST" action="cgi-bin/register.py">
  <p>
    To register, please provide a contact name and email address.
  </p>
  <div>
    <input name="name" type="text">Your name:</input>
  </div>
  <div>
```

```
        <input name="email" type="email">Your email:</input>
    </div>
    <div class="modal-footer justify-content-center">
        <input type="submit" name="submit" value="Register"></input>
    </div>
</form>
```

다음은 웹 페이지에서 폼 데이터를 수신하는 CGI 스크립트다.

```
#!/usr/bin/env python
import cgi
try:
    form = cgi.FieldStorage()
    name = form.getvalue('name')
    email = form.getvalue('email')
    # 응답을 확인하고 작업한다.
    ...
    # HTML 결과를 생성(또는 리디렉션)
    print("Status: 302 Moved\r")
    print("Location: https://www.mywebsite.com/thanks.html\r")
    print("\r")
except Exception as e:
    print("Status: 501 Error\r")
    print("Content-type: text/plain\r")
    print("\r")
    print("Some kind of error occurred.\r")
```

이런 CGI 스크립트를 쓰면 인터넷 스타트업에 취직할 수 있을까? 아마 아닐 것
이다. 그렇다면, 풀고자 했던 문제는 해결되었을까? 그럴 것이다.

9.15.4 configparser 모듈

INI 파일은 사람이 읽을 수 있는 형식으로 프로그램 구성 정보를 인코딩하는 일
반적인 포맷이다. 다음은 한 예이다.

```
# config.ini

; 주석
[section1]
name1 = value1
name2 = value2

[section2]
; 대체 문법
name1: value1
name2: value2
```

.ini 파일을 읽고 값을 추출할 때, configparser 모듈을 사용한다. 다음 예제를 살펴보자.

```
import configparser

# 구성 요소 분석기를 생성하고 파일을 읽음
cfg = configparser.ConfigParser()
cfg.read('config.ini')

# 값을 추출
a = cfg.get('section1', 'name1')
b = cfg.get('section2', 'name2')
...
```

문자열 보간 기능, 다중 .ini 파일 병합, 기본값 제공과 같은 많은 고급 기능도 제공한다. 공식 문서에서 더 많은 예제를 살펴볼 수 있다.

9.15.5 csv 모듈

csv 모듈은 마이크로소프트 엑셀과 같은 프로그램에서 생성되거나 데이터베이스로부터 추출된 콤마로 구분된 값(CSV, Comma-Seperated Values)으로 표현되는 파일을 읽거나 쓰기 위해 사용한다. 이를 사용하기 위해서는 파일을 연 다음, CSV 인코딩/디코딩의 추가 레이어로 그 파일을 감싼다. 다음 코드는 csv 사용 예이다.

```
import csv

# 튜플 목록으로 CSV 파일 읽기
def read_csv_data(filename):
    with open(filename, newline='') as file:
        rows = csv.reader(file)
        # 첫 번째 줄은 일반적으로 헤더다. 이를 읽음
        headers = next(rows)
        # 나머지 데이터를 읽음
        for row in rows:
            # row로 무언가를 수행
            ...

# CSV 파일에 파이썬 데이터를 쓰기
def write_csv_data(filename, headers, rows):
    with open(filename, 'w', newline='') as file:
        out = csv.writer(file)
        out.writerow(headers)
        out.writerows(rows)
```

DictReader()를 사용하면 편리할 때가 있다. 이는 CSV 파일의 첫 번째 줄을 헤더로 해석하고, 각각의 행을 튜플 대신 사전으로 반환한다.

```python
import csv

def find_nearby(filename):
    with open(filename, newline='') as file:
        rows = csv.DictReader(file)
        for row in rows:
            lat = float(rows['latitude'])
            lon = float(rows['longitude'])
            if close_enough(lat, lon):
                print(row)
```

csv 모듈은 CSV 데이터를 읽거나 쓰는 것 외에는 별다른 작업을 하지 않는다. 이 모듈은 데이터를 적절히 인코딩/디코딩하는 방법을 알고 있고, 인용 부호, 특수 문자 및 기타 세부 사항을 포함하여 많은 특이 사례를 처리할 때 유용하다. 이 모듈은 다른 프로그램과 함께 데이터를 정리 또는 준비하는 스크립트를 작성할 때 사용할 수 있다. CSV 데이터로 데이터 분석 작업을 수행하려면, 잘 알려진 pandas 라이브러리와 같은 서드파티 패키지를 사용하기 바란다.

9.15.6 errno 모듈

시스템 수준의 에러가 발생할 때마다, 파이썬은 OSError의 하위 클래스 예외와 함께 에러를 알린다. 흔한 시스템 에러 중 일부는 PermissionError 또는 FileNotFoundError와 같은 OSError의 별도 하위 클래스로 표현된다. 하지만 이 에러 외에도 실제 발생할 수 있는 많은 에러가 있다. 이를 위해 어느 OSError 예외나 에러를 검사할 수 있는 숫자 errno 속성을 전달한다. errno 모듈은 오류 코드에 해당하는 기호 상수를 제공한다. 이 모듈은 특수한 예외 처리기(exception handler)를 작성할 때 종종 사용된다. 예를 들어 다음 코드는 장치에 남아 있는 공간이 있는지 확인하는 예외 처리기다.

```python
import errno

def write_data(file, data):
    try:
        file.write(data)
    except OSError as e:
        if e.errno == errno.ENOSPC:
            print("You're out of disk space!")
```

```
            else:
                raise        # 다른 에러. 전파된다
```

9.15.7 fcntl 모듈

fcntl 모듈은 fcntl()과 ioctl() 시스템 콜을 사용하여, 유닉스에서 저수준 I/O 제어 연산을 수행할 때 사용된다. 이 모듈은 동시성과 분산 시스템에서 종종 발생하는 문제인 어떤 종류의 파일 락(잠금, locking)을 수행할 때 사용하는 모듈이기도 하다. 다음은 fcntl.flock()을 사용하여 모든 프로세스에서 상호 배제 락과 함께 파일을 여는 예제 코드이다.

```
import fcntl

with open("somefile", "r") as file:
    try:
        fcntl.flock(file.fileno(), fcntl.LOCK_EX)
         # 파일을 사용
        ...
    finally:
        fcntl.flock(file.fileno(), fcntl.LOCK_UN)
```

9.15.8 hashlib 모듈

hashlib 모듈은 MD5나 SHA-1[43]과 같은 암호화 해시값을 계산하는 함수들을 제공한다. 다음 예제는 이 함수를 사용하는 방법을 보여준다.

```
>>> h = hashlib.new('sha256')
>>> h.update(b'Hello')     # 데이터 투입
>>> h.update(b'World')
>>> h.digest()
b'\xa5\x91\xa6\xd4\x0b\xf4 @J\x01\x173\xcf\xb7\xb1\x90\xd6,e\xbf\x0b\xcd
\xa3+W\xb2w\xd9\xad\x9f\x14n'
>>> h.hexdigest()
'a591a6d40bf420404a011733cfb7b190d62c65bf0bcda32b57b277d9ad9f146e'
>>> h.digest_size
32
>>>
```

---

43 (옮긴이) MD5는 128bit 길이의 해시값을, SHA-1은 160bit 길이의 해시값을 출력하는 알고리즘이다.

9.15.9 http 패키지

http 패키지는 HTTP 인터넷 프로토콜의 저수준 구현과 관련해 많은 양의 코드를 포함하고 있다. 서버와 클라이언트 둘 다 이 패키지로 구현할 수 있다. 하지만 이 패키지는 대부분 과거의 유산으로, 일상적인 작업에 사용하기에는 너무 저수준이다. HTTP를 다루는 프로그래머는 request, https, Django, flask와 같은 서드파티 라이브러리를 사용한다.

그렇긴 하지만 http 패키지의 유용한 숨은 기능(easter egg) 가운데 하나는 파이썬이 독립실행형 웹 서버를 실행할 수 있다는 것이다. 파일이 있는 디렉터리로 가서 다음 코드를 입력해보자.

```
bash $ python -m http.server
Serving HTTP on 0.0.0.0 port 8000 (http://0.0.0.0:8000/) ...
```

이제 올바른 포트로 접속하면 파이썬이 브라우저를 통해 파일을 제공한다. 웹사이트를 운영할 때 사용되지는 않지만, 웹과 관련된 프로그램을 테스트하고 디버깅할 때 유용하다. 예를 들어 필자는 HTML, 자바스크립트, 웹어셈블리가 섞인 프로그램을 로컬에서 테스트할 때 이 모듈을 사용한다.

9.15.10 io 모듈

io 모듈은 주로 open() 함수에서 반환되는 파일 객체를 구현할 때 사용되는 클래스의 정의를 포함한다. 이러한 클래스에 직접 접근하는 것은 일반적이지 않다. 다만 이 모듈은 문자열 및 바이트 형식의 '가공(faking)'의 파일을 만들 때 유용한 클래스 쌍을 포함하고 있다. 이는 '파일'을 제공해야 하지만, 다른 방법으로 데이터를 얻을 필요가 있는 테스트 및 응용 프로그램에서 유용하게 사용될 수 있다.

StringIO() 클래스는 문자열에 파일과 같은 인터페이스를 제공한다. 다음 예제는 문자열 출력을 작성하는 법을 보여준다.

```python
# 파일을 기대하는 함수
def greeting(file):
    file.write('Hello\n')
    file.write('World\n')

# 실제 파일을 사용하여 이 함수를 호출
with open('out.txt', 'w') as file:
    greeting(file)
```

```
# '가공의' 파일을 사용하여 이 함수를 호출
import io
file = io.StringIO()
greeting(file)

# 결과 출력을 얻음
output = file.getvalue()
```

마찬가지로 StringIO 객체를 생성하고 이를 읽는 데 사용할 수 있다.

```
file = io.StringIO('hello\nworld\n')
while (line := file.readline()):
    print(line, end='')
```

BytesIO() 클래스도 비슷한 목적으로 사용된다. 단, 이 클래스는 바이트로 이진 I/O를 흉내 내는 데 사용된다.

9.15.11 json 모듈

json 모듈은 JSON 형식의 데이터를 인코딩하고 디코딩할 때 사용한다. 이 JSON 형식의 데이터는 주로 마이크로서비스와 웹 응용 프로그램 API에서 사용된다. 데이터를 변환하기 위한 두 개의 기본 함수, dumps()와 loads()가 있다. dumps()는 파이썬 사전을 가져와 이를 JSON 유니코드 문자열로 인코딩한다.

```
>>> import json
>>> data = { 'name': 'Mary A. Python', 'email': 'mary123@python.org' }
>>> s = json.dumps(data)
>>> s
'{"name": "Mary A. Python", "email": "mary123@python.org"}'
>>>
```

loads() 함수는 반대로 디코딩한다.

```
>>> d = json.loads(s)
>>> d == data
True
>>>
```

dumps()와 loads() 함수 둘 다 변환이라는 측면을 제어할 뿐만 아니라 파이썬 클래스 인스턴스와 인터페이스하기 위한 많은 옵션을 갖고 있다. 자세한 것은 이 책에서 모두 다루기 힘들며 공식 문서에서 방대한 양의 정보를 확인할 수 있다.

9.15.12 logging 모듈

logging 모듈은 출력 형식의 디버깅을 수행하거나 프로그램 진단을 알리기 위해 사용되는 사실상의 표준 모듈이다. 이 모듈은 출력을 로그 파일로 보낼 때 사용하는데, 수많은 구성 옵션을 제공한다. 일반적인 사용 방법은 Logger 인스턴스를 생성하고 다음과 같이 메시지를 출력하는 코드를 작성하는 것이다.

```python
import logging
log = logging.getLogger(__name__)

# logging을 사용하는 함수
def func(args):
    log.debug("A debugging message")
    log.info("An informational message")
    log.warning("A warning message")
    log.error("An error message")
    log.critical("A critical message")

# logging의 구성 요소(프로그램을 시작할 때, 한 번만 발생)
if __name__ == '__main__':
    logging.basicConfig(
        level=logging.WARNING,
        filename="output.log"
    )
```

에러의 심각도에 따라 정렬된 5가지 내장 로깅 레벨이 있다. 로깅 시스템을 구성할 때, 필터 역할을 하는 레벨을 지정한다. 그렇게 되면 지정된 수준 이상의 에러 심각도를 가진 메시지만 출력된다. 로깅은 대부분 로그 메시지의 백엔드 처리와 관련된 많은 옵션을 제공한다. 일반적으로 응용 프로그램 코드를 작성할 때는 알 필요가 없다. 주어진 Logger 인스턴스에서 debug(), info(), warning() 및 이와 유사한 메서드를 사용하면 된다. 로깅 구성은 프로그램을 시작하는 동안, main() 함수 또는 주 코드 블록과 같은 특정 위치에서 이루어진다.

9.15.13 os 모듈

os 모듈은 프로세스 환경, 파일, 디렉터리, 권한 등 운영체제 기능과 관련하여 이식 가능한(portable) 인터페이스를 제공한다. 이 프로그래밍 인터페이스는 C 프로그래밍과 POSIX(이식 가능 운영체제 인터페이스, Portable Operating System Interface) 같은 표준을 따른다.

사실을 말하면 이 모듈의 대부분은 일반 응용 프로그램에서 직접 사용하기에는 너무 저수준이다. 하지만 TTY 열기[44]와 같은 저수준 시스템 작업을 실행하는 문제에 직면해 있다면, 이 모듈에서 필요한 기능을 찾을 수 있을 것이다.

9.15.14 os.path 모듈

os.path 모듈은 경로 이름을 다루고, 파일 시스템의 일반적인 작업을 수행하기 위한 오래된 모듈이다. 이 모듈에서 제공하는 대부분의 기능은 새로운 `pathlib` 모듈로 대체되었다. 하지만 이 모듈은 여전히 널리 쓰이고 있기 때문에 앞으로도 많은 코드에서 보게 될 것이다.

이 모듈로 해결된 근본적인 문제 하나는 유닉스(/), 윈도우(\)에서 경로 구분 기호를 이식 가능하도록 만들었다는 것이다. os.path.join() 및 os.path.split()과 같은 함수는 종종 파일 경로를 분리하고 다시 결합할 때 사용한다.

```
>>> filename = '/Users/beazley/Desktop/old/data.csv'
>>> os.path.split(filename)
('/Users/beazley/Desktop/old', 'data.csv')
>>> os.path.join('/Users/beazley/Desktop', 'out.txt')
'/Users/beazley/Desktop/out.txt'
>>>
```

다음은 이 기능을 사용하여 작성한 코드이다.

```python
import os.path
def clean_line(line):
    # line을 준비한다(무엇이든지).
    return line.strip().upper() + '\n'

def clean_data(filename):
    dirname, basename = os.path.split()
    newname = os.path.join(dirname, basename+'.clean')
    with open(newname, 'w') as out_f:
        with open(filename, 'r') as in_f:
            for line in in_f:
                out_f.write(clean_line(line))
```

os.path 모듈에는 isfile(), isdir(), getsize() 등 파일 시스템을 테스트하고 파일의 메타 데이터를 가져오는 많은 함수가 있다. 예를 들어 다음 코드는 하나의 파일 또는 디렉터리에서 파일의 전체 크기를 바이트 단위로 반환하는 함수이다.

---

44 (옮긴이) Teletypewriter의 줄임말로 유닉스 또는 리눅스 시스템의 장치 드라이버 중 콘솔을 의미 한다.

```
import os.path

def compute_usage(filename):
    if os.path.isfile(filename):
        return os.path.getsize(filename)
    elif os.path.isdir(filename):
        return sum(compute_usage(os.path.join(filename, name))
                    for name in os.listdir(filename))
    else:
        raise RuntimeError('Unsupported file kind')
```

9.15.15 pathlib 모듈

pathlib 모듈에서는 이식 가능하면서도 쉬운 방법으로 경로 이름을 다루는 최신 방법을 제공한다. 파일과 관련된 수많은 기능을 한곳에 결합하고, 객체지향 인터페이스를 사용한다. 핵심 객체는 Path 클래스이다. 다음 예를 보자.

```
from pathlib import Path

filename = Path('/Users/beazley/old/data.csv')
```

Path의 인스턴스 filename이 있으면, filename을 조작하는 다양한 작업을 수행할 수 있다. 다음은 그 예이다.

```
>>> filename.name
'data.csv'
>>> filename.parent
Path('/Users/beazley/old')
>>> filename.parent / 'newfile.csv'
Path('/Users/beazley/old/newfile.csv')
>>> filename.parts
('/', 'Users', 'beazley', 'old', 'data.csv')
>>> filename.with_suffix('.csv.clean')
Path('/Users/beazley/old/data.csv.clean')
>>>
```

Path 인스턴스에는 파일의 메타 데이터 가져오기, 디렉터리 목록 가져오기 그리고 기타 유사한 기능을 제공하는 함수가 있다. 다음은 os.path 모듈에서 구현한 compute_usage() 함수를 pathlib로 다시 구현한 코드다.

```
import pathlib

def compute_usage(filename):
    pathname = pathlib.Path(filename)
    if pathname.is_file():
```

```
            return pathname.stat().st_size
    elif pathname.is_dir():
        return sum(path.stat().st_size
                    for path in pathname.rglob('*')
                    if path.is_file())
        return pathname.stat().st_size
    else:
        raise RuntimeError('Unsupported file kind')
```

9.15.16 re 모듈

re 모듈은 정규식(regular expression)을 사용해 텍스트 매칭, 검색, 교체 작업을 수행할 때 사용된다. 다음은 간단한 예이다.

```
>>> text = 'Today is 3/27/2018. Tomorrow is 3/28/2018.'
>>> # 나타난 날짜 모두 찾기
>>> import re
>>> re.findall(r'\d+/\d+/\d+', text)
['3/27/2018', '3/28/2018']
>>> # 나타난 날짜를 대체 텍스트로 모두 바꾸기
>>> re.sub(r'(\d+)/(\d+)/(\d+)', r'\3-\1-\2', text)
'Today is 2018-3-27. Tomorrow is 2018-3-28.'
>>>
```

정규식은 종종 이해할 수 없는 구문으로 악명이 높다. 이 예에서 \d+는 '하나 이상의 문자'를 의미한다. 패턴 구문에 대한 자세한 내용은 re 모듈의 공식 문서에서 살펴볼 수 있다.

9.15.17 shutil 모듈

shutil 모듈은 셸에서 수행할 수 있는 몇 가지 일반 작업을 수행할 때 사용된다. 여기에는 파일 복사 및 삭제, 아카이브 작업 등이 있다. 예를 들어 파일을 복사하려면 다음과 같이 한다.

```
import shutil

shutil.copy(srcfile, dstfile)
```

파일을 이동하는 건 다음과 같다.

```
shutil.move(srcfile, dstfile)
```

디렉터리 트리를 복사하는 것은 다음과 같다.

```
shutil.copytree(srcdir, dstdir)
```

디렉터리 트리를 삭제하려면 다음과 같이 한다.

```
shutil.rmtree(pathname)
```

shutil 모듈은 os.system() 함수로 셸 명령을 직접 실행하는 것보다 더 안전하고
이식성이 뛰어난 대안이라 여겨 자주 사용된다.

9.15.18 select 모듈

select 모듈은 다중 I/O 스트림의 단순 폴링에 사용된다. 즉, 이 모듈은 들어오는
데이터 또는 나가는 데이터의 수신 능력을 위해 파일 디스크립터의 모음을 살펴
볼 때 사용된다. 다음 예는 간단한 사용법을 보여준다.

```python
import select

# 파일 디스크립터를 나타내는 객체 모음
# 정수이거나 fileno() 메서드가 있는 객체여야 한다.
want_to_read = [ ... ]
want_to_write = [ ... ]
check_exceptions = [ ... ]

# 시간 제한(또는 None)
timeout = None

# I/O 폴링
can_read, can_write, have_exceptions = \
    select.select(want_to_read, want_to_write, check_exceptions, timeout)

# I/O 연산을 수행
for file in can_read:
    do_read(file)
for file in can_write:
    do_write(file)

# 예외 처리
for file in have_exceptions:
    handle_exception(file)
```

이 코드에서 세 집합의 파일 디스크립터가 구성된다. 이 집합은 각각 읽기, 쓰기,
예외에 해당한다. 이는 선택할 수 있는 시간 제한(timeout) 인수와 함께 select()
에 전달된다. select()는 전달된 인수의 세 하위 집합을 반환한다. 이 하위 집합은
요청된 작업이 수행될 수 있는 파일을 표현한다. 예를 들어 can_read()에 반환된

파일은 보류 중인 수신 데이터를 포함한다.

select() 함수는 일반적으로 시스템 이벤트를 감시하면서 내장 asyncio 모듈과 같은 비동기 I/O 프레임워크를 구현할 때 사용되는 표준 저수준 시스템 호출(system call)이다.

select 모듈은 select() 외에도 poll(), epoll(), kqueue() 및 유사 기능을 제공하는 변형 함수를 제공한다. 이 기능의 가용성은 운영체제에 따라 다르다.

selectors 모듈은 특정 컨텍스트에서 유용할 수 있는 고수준 인터페이스를 select 모듈에 제공한다. 9.14.2에서 예제를 살펴본 적이 있다.

9.15.19 smtplib 모듈

smtplib 모듈은 이메일 메시지를 보낼 때 사용되는 SMTP(Simple Mail Transfer Protocol) 클라이언트를 구현한다. 이 모듈의 용도는 다음 스크립트처럼 누군가에게 이메일을 보내는 것이다.

```
import smtplib

fromaddr = "someone@some.com"
toaddrs = ["recipient@other.com" ]
amount = 123.45
msg = f"""From: {fromaddr}
Pay {amount} bitcoin or else. We're watching.
"""

server = smtplib.SMTP('localhost')
server.sendmail(fromaddr, toaddrs, msg)
server.quit()
```

이 모듈에는 추가로 비밀번호, 인증 및 기타 사항을 처리하는 기능이 있다. 하지만 시스템에서 스크립트를 실행하고 있다면, 해당 시스템이 이메일을 지원하도록 구성되어 있어야 이 예제가 동작할 것이다.

9.15.20 socket 모듈

socket 모듈은 네트워크 프로그래밍 함수에 대한 저수준 접근 기능을 제공한다. 인터페이스는 C의 시스템 프로그래밍과 관련된 표준 BSD(Berkeley Software Distribution) 소켓 인터페이스를 본떠 만들어졌다.

다음 코드는 발신 연결을 만들고, 응답을 수신하는 방법을 보여주는 예이다.

```python
from socket import socket, AF_INET, SOCK_STREAM

sock = socket(AF_INET, SOCK_STREAM)
sock.connect(('python.org', 80))
sock.send(b'GET /index.html HTTP/1.0\r\n\r\n')
parts = []
while True:
    part = sock.recv(10000)
    if not part:
        break
    parts.append(part)
parts = b''.join(parts)
print(parts)
```

다음 코드는 클라이언트 연결을 수락하고, 수신된 데이터를 출력하는 기본 에코 서버를 보여준다. 이 서버를 테스트하려면 서버를 실행한 다음, 별도의 터미널 세션에서 telnet localhost 25000 또는 nc localhost 25000과 같은 명령으로 연결하면 된다.

```python
from socket import socket, AF_INET, SOCK_STREAM

def echo_server(address):
    sock = socket(AF_INET, SOCK_STREAM)
    sock.bind(address)
    sock.listen(1)
    while True:
        client, addr = sock.accept()
        echo_handler(client, addr)

def echo_handler(client, addr):
    print('Connection from:', addr)
    with client:
        while True:
            data = client.recv(10000)
            if not data:
                break
            client.sendall(data)
    print('Connection closed')

if __name__ == '__main__':
    echo_server(('', 25000))
```

UDP(User Datagram Protocol) 서버의 경우는 연결 프로세스가 없다. 그러나 서버는 여전히 소켓을 알려진 주소에 바인딩해야 한다. 다음은 UDP 서버와 클라이언트가 어떻게 동작하는지 보여주는 예이다.

```
# udp.py

from socket import socket, AF_INET, SOCK_DGRAM

def run_server(address):
    sock = socket(AF_INET, SOCK_DGRAM)      # 1. UDP 소켓 생성
    sock.bind(address)                      # 2. 주소/포트 바인딩
    while True:
        msg, addr = sock.recvfrom(2000)     # 3. 메시지 수신
        # ... 무언가를 한다.
        response = b'world'
        sock.sendto(response, addr)         # 4. 응답을 다시 전달

def run_client(address):
    sock = socket(AF_INET, SOCK_DGRAM)      # 1. UDP 소켓 생성
    sock.sendto(b'hello', address)          # 2. 메시지 전달
    response, addr = sock.recvfrom(2000)    # 3. 응답 수신
    print("Received:", response)
    sock.close()

if __name__ == '__main__':
    import sys
    if len(sys.argv) != 4:
        raise SystemExit('Usage: udp.py [-client|-server] hostname port')
    address = (sys.argv[2], int(sys.argv[3]))
    if sys.argv[1] == '-server':
        run_server(address)
    elif sys.argv[1] == '-client':
        run_client(address)
```

9.15.21 struct 모듈

struct 모듈은 파이썬과 파이썬 바이트 문자열로 표현되는 이진 자료구조 사이에서 데이터를 변환할 때 사용된다. 이 자료구조는 C로 작성된 함수, 이진 파일 포맷, 네트워크 프로토콜 또는 직렬 포트상에서 이진 통신으로 작성된 함수와 상호작용할 때 이용된다.

예를 들어, C 자료구조에서 설명하는 포맷으로 이진 메시지를 구성할 필요가 있다고 가정해보자.

```
# 메시지 포맷: 값은 모두 '빅 엔디안(big endian)'45이다.
struct Message {
    unsigned short msgid;          // 16bit 부호 없는 정수
    unsigned int sequence;         // 32bit 시퀀스 숫자
```

---

45 (옮긴이) 엔디안은 바이트 배열 순서를 의미하며 큰 단위 바이트가 앞에 오는 방법을 빅 엔디안, 작은 단위 바이트가 앞에 오는 방법을 리틀 엔디안이라 한다.

```
    float x;      // 32bit 부동 소수점
    float y;      // 32bit 부동 소수점
}
```

struct 모듈을 사용하여 이를 실행하는 방법은 다음과 같다.

```
>>> import struct
>>> data = struct.pack('>HIff', 123, 456, 1.23, 4.56)
>>> data
b'\x00{\x00\x00\x00-?\x9dp\xa4@\x91\xeb\x85'
>>>
```

struct.unpack을 사용하여 이진 데이터를 디코딩한다.

```
>>> struct.unpack('>HIff', data)
(123, 456, 1.2300000190734863, 4.559999942779541)
>>>
```

부동 소수점 값의 차이는 32bit 값으로 변환하여 발생하는 정확도 손실 때문이다. 파이썬은 부동 소수점 수를 64bit 배정밀도 값으로 표현한다.

9.15.22 subprocess 모듈

subprocess 모듈은 별도 프로그램을 하위 프로세스로 실행하는 데 사용되지만, I/O 처리, 종료 등을 포함한 실행 환경 통제에도 이용된다. 모듈은 보통 이 두 가지 방법으로 사용한다.

별도 프로그램을 실행한 후 출력을 한번에 모두 얻고자 한다면, check_output() 을 사용하자. 다음은 한 예이다.

```
import subprocess

# 'netstat -a' 명령어를 실행하고 출력된 결과를 가져옴
try:
    out = subprocess.check_output(['netstat', '-a'])
except subprocess.CalledProcessError as e:
    print("It failed:", e)
```

check_output()으로 반환되는 데이터는 바이트로 표현된다. 이를 텍스트로 변환하려면 다음과 같이 적절히 디코딩해야 한다.

```
text = out.decode('utf-8')
```

파이프를 설정하고 더 세부적인 방법으로 하위 프로세스와 상호작용하는 것도 가능하다. 다음과 같이 Popen 클래스를 사용하면 상호작용할 수 있다.

```
import subprocess

# wc는 줄, 단어 및 바이트 수를 반환하는 프로그램이다.
p = subprocess.Popen(['wc'],
                        stdin=subprocess.PIPE,
                        stdout=subprocess.PIPE)

# 데이터를 하위 프로세스로 전달
p.stdin.write(b'hello world\nthis is a test\n')
p.stdin.close()

# 결과 데이터를 읽음
out = p.stdout.read()
print(out)
```

Popen 인스턴스 p에는 하위 프로세스와의 통신에 사용하는 stdin과 stdout 속성이 있다.

9.15.23 tempfile 모듈

tempfile 모듈은 임시 파일과 디렉터리를 생성한다. 다음은 tempfile 모듈을 사용하여 임시 파일을 생성하는 코드이다.

```
import tempfile

with tempfile.TemporaryFile() as f:
    f.write(b'Hello World')
    f.seek(0)
    data = f.read()
    print('Got:', data)
```

기본적으로 임시 파일은 이진 모드로 열려 있고, 읽기와 쓰기 모두 가능하다. with 문은 파일이 사용될 범위를 정의할 때 일반적으로 사용된다. 파일은 with 블록 끝에서 삭제된다.

다음과 같이 임시 디렉터리를 생성할 수 있다.

```
with tempfile.TemporaryDirectory() as dirname:
    # dirname 디렉터리 사용
    ...
```

파일과 마찬가지로 디렉터리와 내부 파일들은 with 블록이 끝나면 삭제된다.

9.15.24 textwrap 모듈

textwrap 모듈은 특정 터미널 너비에 맞도록 텍스트 포맷을 지정할 때 사용한다. 보고서 작성과 같은 특수한 목적에 사용하려고 출력 텍스트를 정리할 때 유용하다. 다음 두 함수는 관심을 갖고 살펴볼 만하다.

wrap()은 텍스트를 입력으로 받아 지정된 열 너비에 맞게 줄바꿈한다. 이 함수는 문자열 리스트를 반환한다. 다음은 한 예이다.

```python
import textwrap

text = """look into my eyes
look into my eyes
the eyes the eyes the eyes
not around the eyes
don't look around the eyes
look into my eyes you're under
"""

wrapped = textwrap.wrap(text, width=81)
print('\n'.join(wrapped))
# Produces:
# look into my eyes look into my eyes the
# eyes the eyes the eyes not around the
# eyes don't look around the eyes look
# into my eyes you're under
```

indent() 함수는 다음 예제처럼 텍스트 블록을 들여 쓸 수 있다.

```python
print(textwrap.indent(text, '    '))
# Produces:
#     look into my eyes
#     look into my eyes
#     the eyes the eyes the eyes
#     not around the eyes
#     don't look around the eyes
#     look into my eyes you're under
```

9.15.25 threading 모듈

threading 모듈은 코드를 동시에 실행할 때 사용된다. 네트워크 프로그램에서 I/O를 처리할 때 자주 볼 수 있다. 스레드 프로그래밍은 큰 주제이므로 내용을 모두 다루기는 적절하지 않다. 하지만 다음 코드는 스레드를 사용하는 일반적인 방법을 보여준다.

다음은 스레드를 실행하고 대기하는 예제이다.

```
import threading
import time

def countdown(n):
    while n > 0:
        print('T-minus', n)
        n -= 1
        time.sleep(1)

t = threading.Thread(target=countdown, args=[10])
t.start()
t.join()        # 스레드가 끝날 때까지 대기
```

스레드가 끝날 때까지 대기하지 않으려면, 다음과 같이 daemon 플래그를 인수로 제공하여 스레드를 데몬[46]으로 만든다.

```
t = threading.Thread(target=countdown, args=[10], daemon=True)
```

스레드를 종료하려면 플래그 또는 해당 목적을 위한 전용 변수를 사용해 명시적으로 종료해야 한다. 이를 확인하려면 스레드로 프로그래밍해야 한다.

```
import threading
import time

must_stop = False

def countdown(n):
    while n > 0 and not must_stop:
        print('T-minus', n)
        n -= 1
        time.sleep(1)
```

스레드가 공유 데이터를 변경하려 한다면, 락으로 이를 보호해야 한다.

```
import threading

class Counter:
    def __init__(self):
        self.value = 0
        self.lock = threading.Lock()

    def increment(self):
        with self.lock:
            self.value += 1
```

---

46 (옮긴이) 멀티태스킹 운영체제에서 사용자가 직접 제어하지 않고 백그라운드에서 동작하면서 수행하는 프로그램을 말한다.

```
    def decrement(self):
        with self.lock:
            self.value -= 1
```

하나의 스레드가 다른 스레드가 무언가를 할 때까지 기다려야 한다면, Event를
사용하자.

```
import threading
import time

def step1(evt):
    print('Step 1')
    time.sleep(5)
    evt.set()

def step2(evt):
    evt.wait()
    print('Step 2')

evt = threading.Event()
threading.Thread(target=step1, args=[evt]).start()
threading.Thread(target=step2, args=[evt]).start()
```

스레드끼리 통신하려면 Queue를 사용한다.

```
import threading
import queue
import time

def producer(q):
    for i in range(10):
        print('Producing:', i)
        q.put(i)
    print('Done')
    q.put(None)

def consumer(q):
    while True:
        item = q.get()
        if item is None:
            break
        print('Consuming:', item)
    print('Goodbye')

q = queue.Queue()
threading.Thread(target=producer, args=[q]).start()
threading.Thread(target=consumer, args=[q]).start()
```

9.15.26 time 모듈

time 모듈은 시스템의 시간 관련 함수에 접근하려고 할 때 사용된다. 다음 선택 된 함수들이 유용하게 사용된다.

sleep(seconds)

부동 소수점으로 주어진 시간(초) 동안 파이썬을 대기 상태로 만든다.

time()

부동 소수점 수로 UTC(Universal Time Coordinated, 세계 협정 시간)의 현재 시스템 시간을 반환한다. 이는 (UNIX 시스템의 경우 1970년 1월 1일부터) 특 정 시점 이후부터 경과된 초로 환산된 숫자이다. localtime()을 사용하여 유용 한 정보를 추출하기에 편리한 자료구조로 변환한다.

localtime([secs])

시스템의 현지(local) 시각을 나타내거나 인수로 전달된 초 단위 부동 소수점 값을 시간으로 나타내는 struct_time 객체를 반환한다. 결과 구조체에는 tm_ year, tm_mon, tm_mday, tm_hour, tm_min, tm_sec, tm_wday, tm_yday, tm_isdst 속성 이 있다.

gmtime([secs])

결과 구조체가 UTC(또는 그리니치 표준시) 단위로 시간을 표현하는 것을 제 외하면 localtime()과 같다.

ctime([secs])

초로 표현된 시간을 출력에 적합한 문자열로 변환한다. 디버깅 및 로깅에 유 용하다.

asctime(tm)

localtime()이 표현하는 시간 구조체를 출력에 적합한 텍스트 문자열로 변환 한다.

datetime 모듈은 일반적으로 날짜 관련 계산과 시간대 처리를 목적으로 날짜와 시간을 표현할 때 자주 사용된다.

9.15.27 urllib 패키지

urllib 패키지는 클라이언트 측이 HTTP 요청을 만들 때 사용한다. 아마도 가장 유용하게 쓰이는 함수는 간단한 웹 페이지를 가져올 때 사용하는 urllib.request.urlopen()일 것이다. 다음 예를 살펴보자.

```
>>> from urllib.request import urlopen
>>> u = urlopen('http://www.python.org')
>>> data = u.read()
>>>
```

form 매개변수를 인코딩하려면, 다음과 같이 urllib.parse.urlencode()를 사용할 수 있다.

```
from urllib.parse import urlencode
from urllib.request import urlopen
form = {
    'name': 'Mary A. Python',
    'email': 'mary123@python.org'
}

data = urlencode(form)
u = urlopen('http://httpbin.org/post', data.encode('utf-8'))
response = u.read()
```

urlopen() 함수는 HTTP 또는 HTTPS와 관련된 기본 웹 페이지 및 API에서 잘 동작한다. 그러나 쿠키, 고급 인증 스키마, 기타 계층 접근에 사용하려면 상당히 불편하다. 대다수 파이썬 프로그래머는 이런 것을 처리하기 위해 requests 또는 httpx와 같은 서드파티 라이브러리를 사용한다. 여러분도 그렇게 하자.

　urllib.parse 하위 패키지에는 URL 자체를 조작할 수 있는 추가 함수들이 있다. 다음과 같이 urlparse() 함수를 사용하여 URL을 '분리'할 수 있다.

```
>>> url = 'http://httpbin.org/get?name=Dave&n=42'
>>> from urllib.parse import urlparse
>>> urlparse(url)
ParseResult(scheme='http', netloc='httpbin.org', path='/get', params='',
query='name=Dave&n=42', fragment='')
>>>
```

9.15.28 unicodedata 모듈

unicodedata 모듈은 유니코드 텍스트 문자열과 관련된 고급 연산에 사용된다. 같은 유니코드 텍스트라도 여러 표현이 있다. 예를 들어, 유니코드 문자 U+00F1(ñ)

은 단일 문자 U+00F1로 온전히 구성되거나 다중 문자 시퀀스 U+006e U+0303(n, ~)
으로 분해될 수 있다. 이들은 시각적으로 동일한 텍스트 문자열이지만 서로 표
현이 다르다. 그래서 실제로 동일한 표현이라고 예상하고 작성한 프로그램에서
도 이상한 문제가 발생할 수 있다. 사전 키와 관련하여 다음 코드를 살펴보자.

```
>>> d = {}
>>> d['Jalape\xf1o'] = 'spicy'
>>> d['Jalapen\u0303o'] = 'mild'
>>> d
{'jalapeño': 'spicy', 'jalapeño': 'mild' }
>>>
```

언뜻 동작 오류인 것처럼 보인다. 어떻게 사전이 동일하면서도 독립된 두 개의
키를 가질 수 있을까? 이는 키가 서로 다른 유니코드 문자 시퀀스로 구성되어 있
기 때문이다.

동일하게 렌더링(rendering)된 유니코드 문자열을 일관되게 처리하려면 반드
시 정규화해야 한다. unicodedata.normalize() 함수는 일관된 문자를 표현할 때 사
용된다. 예를 들어 unicodedata.normalize('NFC', s)는 s의 문자를 모두 온전히 구
성하고, 결합 문자 시퀀스로 표현하지 않도록 한다. unicodedata.normalize('NFD',
s)를 사용하면, s의 문자가 모두 온전히 분해된다.

unicodedata 모듈에는 대문자, 숫자 및 공백과 같은 문자 속성을 테스트하는 함
수가 있다. 문자 속성을 얻기 위해서는 unicodedata.category(c) 함수를 사용한
다. 예를 들어, unicodedata.category('A')는 문자가 대문자임을 나타내는 'Lu'를 반
환한다. 이 값에 대한 자세한 내용은 공식 유니코드 문자 데이터베이스(*https://
www.unicode.org/ucd*)에서 찾을 수 있다.

9.15.29 xml 패키지

xml 패키지에는 다양한 방법으로 XML 데이터를 처리하기 위한 대규모 모듈 집
합이 있다. XML 문서를 읽고 정보를 추출하는 것이라면, xml.etree 하위 패키지
를 사용하는 것이 가장 쉬운 방법이다. 다음과 같이 recipe.xml에 XML 문서가 있
다고 하자.

```
<?xml version="1.0" encoding="iso-8859-1"?>
<recipe>
    <title>Famous Guacamole</title>
    <description>A southwest favorite!</description>
    <ingredients>
```

```
        <item num="4"> Large avocados, chopped </item>
        <item num="1"> Tomato, chopped </item>
        <item num="1/2" units="C"> White onion, chopped </item>
        <item num="2" units="tbl"> Fresh squeezed lemon juice </item>
        <item num="1"> Jalapeno pepper, diced </item>
        <item num="1" units="tbl"> Fresh cilantro, minced </item>
        <item num="1" units="tbl"> Garlic, minced </item>
        <item num="3" units="tsp"> Salt </item>
        <item num="12" units="bottles"> Ice-cold beer </item>
    </ingredients>
    <directions>
    Combine all ingredients and hand whisk to desired consistency.
    Serve and enjoy with ice-cold beers.
    </directions>
</recipe>
```

여기서 특정 요소를 추출하는 방법은 다음과 같다.

```python
from xml.etree.ElementTree import ElementTree

doc = ElementTree(file="recipe.xml")
title = doc.find('title')
print(title.text)

# 다른 방법(요소 텍스트를 가져옴)
print(doc.findtext('description'))

# 여러 요소를 반복
for item in doc.findall('ingredients/item'):
    num = item.get('num')
    units = item.get('units', '')
    text = item.text.strip()
    print(f'{num} {units} {text}')
```

9.16 파이써닉한 파이썬

I/O는 유용한 프로그램을 작성하는 데 필요한 기본적인 요소이다. 그 인기를 감안할 때, 그야말로 파이썬은 사용하고 있는 어떤 데이터 포맷, 인코딩 또는 문서 구조와도 함께 작업할 수 있다. 표준 라이브러리가 지원하지 않을 수 있지만, 문제를 해결하기 위한 서드파티 모듈을 쉽게 찾을 수 있을 것이다.

큰 그림에서, 응용 프로그램의 예외 경우를 생각하는 것이 유용할 수 있다. 프로그램과 실세계의 경계에서, 흔히 데이터 인코딩 관련 문제와 맞닥뜨린다. 특히 텍스트 데이터와 유니코드가 이에 해당한다. 다양한 인코딩, 에러 처리 정책 등을 지원하는 파이썬 I/O 처리의 복잡성은 이 특정 문제를 겨냥한 것이다. 또한 텍스트 데이터와 이진 데이터가 엄격히 구분된다는 점을 명심해야 한다. 어떤 작업을 하고 있는지 알면 큰 그림을 이해하는 데 도움이 될 것이다.

I/O에서 두 번째로 고려할 사항은 전체 평가 모델이다. 파이썬 코드는 현재 일반 동기화 코드와 asyncio 모듈과 관련된 비동기 코드(async 함수 및 async/await 구문을 사용하는 것이 특징), 두 세계로 분리되어 있다. 비동기 코드는 거의 언제나 해당 환경에서 동작할 수 있는 전용 라이브러리가 필요하다. 이것은 결국 '비동기' 스타일로 응용 프로그램을 작성하도록 강요한다. 솔직히 말해 비동기 코딩이 꼭 필요한 경우가 아니라면, 비동기 코딩을 피하는 게 좋다. 확신이 서지 않는다면 대부분 필요 없을 것이다. 잘 조정된 대부분의 파이썬 세계에서는 추론, 디버그, 테스트가 용이한 일반 동기화 스타일로 코드를 작성한다. 여러분도 이를 선택하는 것이 좋다.

10장

내장 함수와 표준 라이브러리

이 장은 파이썬 내장 함수에 대한 간략한 레퍼런스다. 이 함수들은 import 문 없이 그냥 사용할 수 있다. 이 장의 마지막에서는 유용한 표준 라이브러리 모듈을 간략히 소개한다.

10.1 내장 함수

abs(x)

x의 절댓값을 반환한다.

all(s)

반복 가능한 s의 값이 모두 True로 평가되면 True를 반환한다. s가 비어 있더라도 True를 반환한다.

any(s)

반복 가능한 s의 값 중 하나라도 True로 평가되면 True를 반환한다. s가 비어 있으면 False를 반환한다.

ascii(x)

repr()처럼 객체 x의 출력 표현을 생성하지만, ASCII 문자만 사용한다. ASCII가 아닌 문자는 적절한 이스케이프 시퀀스로 변환된다. 유니코드를 지원하지 않는 터미널이나 셸에서 유니코드 문자열을 출력할 때 사용할 수 있다.

bin(x)

정수 x의 이진 표현을 담은 문자열을 반환한다.

bool([x])

불리언 값 True와 False를 표현하는 타입이다. x를 변환하는 데 사용할 경우, 보통 진릿값 검사의 의미 체계(truth-testing semantics)에 따라 x가 참으로 평가되면 True를 반환한다(0이 아닌 숫자, 비어 있지 않은 리스트 등). 그렇지 않으면 False를 반환한다. bool()을 인수 없이 호출하면 기본값인 False를 반환한다. bool 클래스는 int 클래스에서 상속받기 때문에, 불리언 값 True와 False는 수학 계산에서 값 1과 0을 갖는 정수로 사용될 수 있다.

breakpoint()

수동으로 디버거 중단점(debugger breakpoint)을 설정한다. 중단점에 도달하면, 제어 흐름은 파이썬의 디버거인 pdb로 전달된다.

bytearray([x])

변경 가능한 바이트 배열을 표현하는 타입이다. 인스턴스를 생성할 때, x는 0에서 255까지 범위에서 반복 가능한 정수의 시퀀스, 8bit 문자열 또는 바이트 리터럴, 또는 바이트 배열의 크기를 지정하는 정수(이 경우 항목은 모두 0으로 초기화된다)일 수 있다.

bytearray(s, encoding)

문자열 s의 문자들로 bytearray 인스턴스를 생성하는 대체 호출 방법이다. 여기서 encoding은 변환에 사용할 문자 인코딩 방식을 지정한다.

bytes([x])

변경 불가능한 바이트 배열을 표현하는 타입이다.

bytes(s, encoding)

문자열 s로 바이트를 생성하는 대체 호출 방법이다. encoding은 변환에 사용할 인코딩 방식을 지정한다.

표 10.1은 바이트와 바이트 배열 둘 다 지원되는 연산을 보여준다.

표 10.1 바이트와 바이트 배열에서 지원되는 연산

연산	설명
s + t	t가 바이트면 연결
s * n	n이 정수면 복제
s % x	바이트 포맷. x는 튜플
s[i]	문자열의 i번째 요소를 반환
s[i:j]	슬라이스를 반환
s[i:j:stride]	확장 슬라이스 반환
len(s)	s의 바이트 개수
s.capitalize()	첫 번째 문자를 대문자로 변환
s.center(width [, pad])	width 길이를 갖는 필드에서 문자열을 가운데 정렬. pad는 남는 공간을 채울 문자임
s.count(sub [, start [, end]])	지정된 부분 문자열 sub가 나타나는 횟수
s.decode([encoding [, errors]])	바이트 문자열을 텍스트로 디코딩(bytes 타입만)
s.endswith(suffix [, start [, end]])	문자열이 suffix로 끝나는지 검사
s.expandtabs([tabsize])	탭을 공백문자로 대체
s.find(sub [, start [, end]])	지정된 부분 문자열 sub가 처음으로 나타나는 위치를 찾음
s.hex()	16진수 문자열로 변환
s.index(sub [, start [, end]])	부분 문자열 sub가 처음으로 나타나는 위치를 찾음. 못 찾으면 에러를 반환
s.isalnum()	문자가 알파벳 또는 숫자인지 검사
s.isalpha()	문자가 알파벳인지 검사
s.isascii()	문자가 ASCII 문자인지 검사
s.isdigit()	문자가 숫자인지 검사
s.islower()	문자가 소문자인지 검사
s.isspace()	문자가 공백문자인지 검사
s.istitle()	문자열이 제목(title-cased) 형식(각 단어의 첫 글자가 대문자)인지 검사
s.isupper()	문자가 대문자인지 검사
s.join(t)	s를 구분자로 사용하여 시퀀스 t에 들어 있는 문자열을 결합
s.ljust(width [, fill])	길이가 width인 문자열에서 s를 왼쪽 정렬

(다음 쪽에 이어짐)

s.lower()	소문자로 변경
s.lstrip([chrs])	앞쪽에 있는 공백이나 chrs로 지정한 문자를 제거
s.maketrans(x [, y [, z]])	s.translate()를 위한 변환표(translation table)를 생성
s.partition(sep)	분리 기호 문자열 sep를 기준으로 s를 분할. 튜플 (head, sep, tail)을 반환하거나 sep를 찾을 수 없으면 (s, '', '')를 반환
s.removeprefix(prefix)	s에 prefix로 시작하는 문자열이 있으면, prefix를 제거하고 s를 반환
s.removesuffix(suffix)	s에 suffix로 끝나는 문자열이 있으면, suffix를 제거하고 s를 반환
s.replace(old, new [, maxreplace])	부분 문자열을 대체
s.rfind(sub [, start [, end]])	부분 문자열이 마지막으로 나타난 위치를 찾음
s.rindex(sub [, start [, end]])	부분 문자열이 마지막으로 나타난 위치를 찾음. 못 찾으면 예외를 발생
s.rjust(width [, fill])	길이가 width인 문자열에서 s를 오른쪽으로 정렬
s.rpartition(sep)	분리 기호 문자열 sep를 기준으로 s를 분할하지만, 문자열의 오른쪽 끝에서부터 검색
s.rsplit([sep [, maxsplit]])	분리 기호 sep를 사용해서 문자열을 끝에서부터 분할. maxsplit은 최대 분할 횟수를 지정. maxsplit을 생략하면 split() 메서드와 결과가 동일함
s.rstrip([chrs])	문자열 끝에 있는 공백문자나 chrs로 지정한 문자를 제거
s.split([sep [, maxsplit]])	분리 기호 sep를 사용해서 문자열을 분할. maxsplit은 최대 분할 횟수를 지정함
s.splitlines([keepends])	문자열을 줄 단위 리스트로 분할. keepends가 1이면 끝에 있는 줄바꿈 문자 유지
s.startswith(prefix [, start [, end]])	문자열이 prefix로 시작하는지 검사
s.strip([chrs])	앞 또는 뒤에 나오는 공백문자나 chrs로 지정한 문자를 제거
s.swapcase()	대문자를 소문자로, 소문자를 대문자로 변환
s.title()	제목 형식으로 된 문자열을 반환
s.translate(table [, deletechars])	문자 변환표 table을 사용해서 문자열을 변환. deletechars에 있는 문자들은 삭제됨
s.upper()	대문자로 변경
s.zfill(width)	문자열을 왼쪽에서부터 width만큼 0으로 채움

바이트 배열은 표 10.2의 메서드를 추가로 지원한다.

표 10.2 바이트 배열에서 지원되는 추가 연산

연산	설명
s[i] = v	항목 대입
s[i:j] = t	슬라이스 대입
s[i:j:stride] = t	확장 슬라이스 대입
del s[i]	항목 삭제
del s[i:j]	슬라이스 삭제
del s[i:j:stride]	확장 슬라이스 삭제
s.append(x)	끝에 새로운 바이트 추가
s.clear()	바이트 배열 초기화
s.copy()	복사본 생성
s.extend(t)	바이트 t로 s를 확장
s.insert(n, x)	인덱스 n의 위치에 바이트 x를 삽입
s.pop([n])	인덱스 n번째 바이트를 제거하면서 반환
s.remove(x)	바이트 x를 찾아서 제거
s.reverse()	바이트 배열을 제자리에서 뒤집음

callable(obj)

obj를 함수로 호출할 수 있으면 True를 반환한다.

chr(x)

유니코드 코드 포인트(code-point)를 나타내는 정수 x를 단일 문자로 표현되는 문자열로 변환한다.

classmethod(func)

함수 func에 대한 클래스 메서드를 생성하는 데코레이터다. 보통 클래스 정의 내에서만 사용되는데, 데코레이터 @classmethod를 사용해 암묵적으로 호출된다. 일반적인 메서드와 달리 클래스 메서드는 첫 번째 인수로 인스턴스가 아닌 클래스를 받는다.

compile(string, filename, kind)

exec() 또는 eval()과 함께 사용할 수 있도록 string을 코드 객체로 변환한다. string은 유효한 파이썬 코드를 포함하는 문자열이다. 이 코드가 여러 줄로 구성되어 있으면, 각각의 줄은 플랫폼에 종속적인 문자(예를 들어, 윈도우는 '\r\n')가 아닌 단일 줄바꿈 문자('\n')로 종료되어야 한다. filename은 문자열로 정의된 파일의 이름을 나타내는 문자열이다. kind 값으로 문장 시퀀스는 'exec', 단일 표현식은 'eval', 단일 실행 문장은 'single'을 사용한다. 반환되는 결과 코드 객체는 문자열 대신 exec() 또는 eval()에 직접 전달될 수 있다.

complex([real [, imag]])

실수부와 허수부가 함께 있는 복소수를 나타내는 타입으로, real과 imag는 모든 숫자 타입으로 제공될 수 있다. imag를 생략하면 허수부는 0으로 설정된다. real이 문자열로 전달되면, 문자열이 파싱되어 복소수로 변환된다. 이 경우, imag는 생략되어야 한다. real이 다른 종류의 객체면, real.__complex__()의 값이 반환된다. 아무런 인수도 주어지지 않으면, 0j가 반환된다.

표 10.3은 complex의 속성과 메서드이다.

표 10.3 complex 속성

속성/메서드	설명
z.real	실수부
z.imag	허수부
z.conjugate()	켤레복소수

delattr(object, attr)

객체의 속성을 삭제한다. attr은 문자열이다. del object.attr과 동일하다.

dict([m]) or dict(key1=value1, key2=value2, ...)

사전을 나타내는 타입이다. 전달 인수가 없으면 빈 사전을 반환한다. m이 (또 다른 사전과 같은) 매핑 객체면, m과 동일한 키와 값이 있는 새로운 사전을 반환한다. 예를 들어, m이 사전이면 dict(m)은 얕은 복사본을 생성한다. m이 매핑 객체가 아니면, m은 (key, value) 쌍의 시퀀스를 만드는 반복을 지원해야 한다.

이 쌍이 사전의 내용을 채우는 데 사용된다. dict()는 키워드 인수로 호출될 수 있다. 예를 들어, dict(foo=3, bar=7)은 사전 {'foo': 3, 'bar': 7}을 생성한다.

표 10.4는 사전에서 제공하는 연산이다.

표 10.4 사전의 연산

속성/메서드	설명
m | n	m과 n을 하나의 사전으로 병합
len(m)	m에 있는 항목 개수를 반환
m[k]	키 k로 m의 항목을 반환
m[k] = x	m[k]를 x로 설정
del m[k]	m에서 m[k]를 삭제
k in m	키 k가 m에 있으면 True를 반환
m.clear()	m에서 항목을 모두 제거
m.copy()	m의 얕은 복사본을 생성
m.fromkeys(s [, value])	시퀀스 s에서 키를 가져오고, 값을 value로 설정하는 새로운 사전 생성
m.get(k [, v])	m[k]가 있으면 m[k]를 반환. 없으면 v를 반환
m.items()	(key, value) 쌍 반환
m.keys()	키들을 반환
m.pop(k [, default])	m[k]가 있으면 m[k]를 반환하고 m에서 제거. m[k]가 없으면 기본으로 제공되는 default를 반환하고 아니면 KeyError를 발생함
m.popitem()	m에서 임의의 (key, value) 쌍을 제거한 후, 이를 튜플로 반환
m.setdefault(k [, v])	m[k]가 있으면 m[k]를 반환. 없으면 v를 반환하고 나서 m[k]=v로 설정함
m.update(b)	b에 있는 객체를 모두 m에 추가
m.values()	값들을 반환

dir([object])

속성 이름이 정렬된 목록을 반환한다. object가 모듈이면 모듈에서 정의된 기호 목록이 포함된다. object가 타입이나 클래스 객체면 속성 이름 목록을 반환한다. 보통 객체에 __dict__ 속성이 정의되어 있으면 이 속성에서 이름을 얻을 수 있지만, 다른 소스를 사용할 수도 있다. 전달 인수가 없으면, 현재 지역 기호표(local symbol table) 안의 이름이 반환된다. 이 함수는 주로 정보를 제공할 목적으로 사용된다는 점에 주목하자(예를 들어, 대화식 명령줄에서 사용된다). 이 함수가 반환하는 정보는 불완전할 수 있기 때문에 프로그램을 엄밀하게 분석하는 데 사용해서는 안 된다. 사용자 정의 클래스에서는 이 함수의 호출 결과를 변경하기 위해 스페셜 메서드 __dir__()을 정의할 수 있다.

divmod(a, b)

나누기의 몫과 나머지를 튜플로 반환한다. 정수의 경우에는 값 (a // b, a % b)가 반환된다. 실수는 값 (math.floor(a / b), a % b)가 반환된다. 이 함수는 복소수로 호출해서는 안 된다.

enumerate(iter, start=0)

반복 가능한 객체 iter가 주어지면, iter에서 생성된 값과 카운트 값(count)이 포함된 튜플을 만드는 새로운 이터레이터(열거형(enumerate) 타입)를 반환한다. 예를 들어, iter가 a, b, c를 생성한다고 하면, enumerate(iter)는 (0, a), (1, b), (2, c)를 생성한다. start는 추가 인수로서 카운트의 시작값을 변경한다.

eval(expr [, globals [, locals]])

표현식을 평가한다. expr은 문자열 또는 compile()로 생성되는 코드 객체다. globals와 locals는 각각 평가에 쓰일 전역 네임스페이스와 지역 네임스페이스를 정의하는 매핑 객체이다. 생략하면 표현식은 호출자의 환경에서 실행된 globals()와 locals()의 값을 사용하여 평가된다. 보통은 globals와 locals를 사전으로 지정하지만, 고급 응용 프로그램에서는 자신만의 매핑 객체를 사용하기도 한다.

exec(code [, globals [, locals]])

파이썬 문장을 실행한다. code는 문자열, 바이트, 또는 compile()로 생성된 코드 객체이다. globals와 locals는 각각 작업에 대한 전역 네임스페이스와 지역 네임스페이스를 정의한다. 생략하면 코드는 호출자의 환경에서 실행된 globals()와 locals()의 값을 사용해 실행된다.

filter(function, iterable)

function(item)이 True로 평가되는 반복 가능한 항목을 반환하는 이터레이터를 생성한다.

float([x])

부동 소수점 수를 표현하는 타입이다. x가 숫자면 실수로 변환된다. x가 문자열이면 실수로 파싱된다. 그 외 다른 객체는 x.__float__()을 호출한다. 전달인수가 없으면 0.0이 반환된다.

표 10.5는 실수에 관한 속성과 메서드를 보여준다.

표 10.5 실수에 관한 속성과 메서드

속성/메서드	설명
x.real	복소수로 사용될 때 실수부
x.imag	복소수로 사용될 때 허수부
x.conjugate()	켤레복소수
x.as_integer_ratio()	분자/분모의 쌍으로 변환
x.hex()	16진수로 표현
x.is_integer()	정확한 정숫값인지 검사
float.fromhex(s)	16진수 문자열로 표현되는 실수 생성. 클래스 메서드

format(value [, format_spec])

format_spec에서 지정된 포맷 지정 문자열에 따라, value를 포맷이 적용된 문자열로 변환한다. 이 연산은 value.__format__()을 호출하는데, 이 메서드에서는 적절해 보이는 포맷 사양을 원하는 대로 연출할 수 있다. 간단한 타입의 데이터의 경우, 포맷 지정자는 전형적으로 '<', '>', '^' 같은 정렬 문자, 숫자(필드 폭을 가리키는), 그리고 정수, 부동 소수점 수, 문자열 값을 각각 뜻하는 문자 코드 'd', 'f', 's'를 포함한다. 예를 들어, 포맷 사양 'd'는 정수로 포맷하고, '8d'는 여덟 개의 문자 필드에서 정수를 오른쪽으로 정렬하며, '<8d'는 여덟 개의 문자 필드에서 정수를 왼쪽으로 정렬한다. format()과 포맷 지정자는 9장에 자세히 설명되어 있다.

frozenset([items])

반복 가능한 객체 items에서 가져온 값으로 채워진 변경 불가능한 집합 객체를 표현하는 타입이다. 값 또한 변경 불가능해야 한다. 전달 인수가 없으면, 빈 집합이 반환된다. frozenset은 집합이 지원하는 연산 중 집합을 제자리에서 변경하는 연산을 제외하고는 모든 연산을 지원한다.

getattr(object, name [, default])

객체에서 제공하는 명명된 속성값을 반환한다. name은 속성 이름을 담은 문자열이다. 생략 가능한 default는 해당 속성이 없을 때 반환할 값이다. default가 없으면 AttributeError 예외가 발생한다. object.name과 동일하다.

globals()

전역 네임스페이스를 표현하는 현재의 모듈 사전을 반환한다. 다른 함수나 메서드 안에서 호출되면, 해당 함수나 메서드를 정의한 모듈의 전역 네임스페이스를 반환한다.

hasattr(object, name)

name이 object의 속성 이름이면 True를 반환한다. name은 문자열이다.

hash(object)

객체의 정수 해시값을 반환한다(가능하면). 해시값은 주로 사전, 집합, 기타 매핑 객체를 구현할 때 사용된다. 해시값은 동등한 것으로 비교하는 객체에서는 언제나 동일하다. 일반적으로 변경 가능한 객체에서는 해시값이 없지만, 사용자 정의 클래스에서는 이 연산을 지원하기 위해 __hash__() 메서드를 정의할 수 있다.

hex(x)

정수 x의 16진수 문자열을 생성한다.

id(object)

object의 고윳값을 표현하는 정수를 반환한다. 반환값은 어떤 식(예: id를 메모리 위칫값으로 고려)으로든 해석해서는 안 된다.

input([prompt])

표준 출력(standard output)으로 프롬프트를 출력하고, 표준 입력(standard input)으로 한 줄의 입력을 읽는다. 반환된 줄은 어떤 식으로든 수정되지 않는다. '\n'과 같은 줄바꿈 문자는 포함되지 않는다.

int(x [, base])

정수를 표현하는 타입이다. x가 숫자면 0을 향해 자르면서 정수로 변환한다. 문자열이면 정숫값으로 파싱된다. base는 추가로 문자열을 정수로 변환할 때 사용할 진수를 지정한다.

정수에는 일반적인 수학 연산 외에도 표 10.6에 나열된 속성과 메서드가 있다.

표 10.6 정수에 대한 메서드와 속성

연산	설명
x.numerator	유리수로 사용될 때 분자
x.denominator	유리수로 사용될 때 분모
x.real	복소수로 사용될 때 실수부
x.imag	복소수로 사용될 때 허수부
x.conjugate()	켤레복소수
x.bit_length()	값을 이진수로 표현할 때 필요한 비트 수
x.to_bytes(length, byteorder, *, signed=False)	바이트로 변환
int.from_bytes(bytes, byteorder, *, signed=False)	바이트에서 변환. 클래스 메서드

isinstance(object, classobj)

object가 classobj의 인스턴스 또는 classobj의 하위 클래스이면 True를 반환한다. 매개변수 classobj는 타입 또는 클래스의 튜플일 수 있다. 예를 들어, isinstance(s, (list, tuple))은 s가 튜플이거나 리스트면 True를 반환한다.

issubclass(class1, class2)

class1이 class2의 하위 클래스(class2에서 파생된)면 True를 반환한다. class2는 클래스의 튜플일 수 있다. 이 경우 각각의 클래스를 검사하게 된다. issubclass(A, A)는 True를 반환한다.

iter(object [, sentinel])

object에서 항목을 생성하기 위한 이터레이터를 반환한다. 매개변수 sentinel을 생략하면, object는 이터레이터를 생성하는 __iter__() 메서드를 제공하든지, 0부터 시작하는 정수 인수를 받아들이는 __gettiem__()을 구현하든지 둘 중 하나는 반드시 해야 한다. sentinel을 지정하면 object는 다르게 해석된다. 이 경우 object는 매개변수를 받지 않는 호출 가능한 객체여야 한다. 반환된 이터레이터 객체는 이 함수를 반복적으로 호출하는데, 반환값이 sentinel과 같아지는 지점에서 반복을 멈춘다. object가 반복을 지원하지 않으면 TypeError 예외가 발생한다.

len(s)

s에 들어있는 항목 개수를 반환한다. s는 리스트, 튜플, 문자열, 집합, 사전과 같은 컨테이너이어야 한다.

list([items])

리스트를 표현하는 타입이다. items는 리스트를 채울 때 사용되는 어떤 반복 가능한 객체나 값이 될 수 있다. items가 이미 리스트면, 얕은 복사본이 만들어 진다. 전달할 인수가 없으면 빈 리스트가 반환된다.

표 10.7은 리스트에 정의된 연산을 보여준다.

표 10.7 리스트 연산과 메서드

연산	설명
s + t	t가 리스트면 연결
s * n	n이 정수면 복제
s[i]	s의 i번째 항목을 반환
s[i:j]	슬라이스를 반환
s[i:j:stride]	확장 슬라이스를 반환
s[i] = v	항목 대입
s[i:j] = t	슬라이스에 대입
s[i:j:stride] = t	확장 슬라이스에 대입
del s[i]	항목 삭제
del s[i:j]	슬라이스 삭제
del s[i:j:stride]	확장 슬라이스 삭제
len(s)	s에 있는 요소의 개수
s.append(x)	s의 끝에 새로운 요소 x를 추가
s.extend(t)	s의 끝에 새로운 리스트 t를 추가
s.count(x)	s에서 x가 출현한 횟수
s.index(x [, start [, stop]])	s[i] == x인 가장 작은 i를 반환. start와 stop은 추가로 검색의 시작 및 종료 지점 인덱스를 지정
s.insert(i, x)	인덱스 i의 위치에 x를 삽입
s.pop([i])	리스트에서 요소 i를 반환하고 제거. i를 생략하면 마지막 요소가 제거되면서 반환

s.remove(x)	x를 찾아서 s에서 제거
s.reverse()	s의 항목들을 제자리에서 뒤집음
s.sort([key [, reverse]])	s의 항목들을 제자리에서 정렬. key는 키 함수. reverse는 리스트를 거꾸로 정렬하는 플래그. key와 reverse는 항상 키워드 인수로 지정됨

locals()

호출자의 지역 네임스페이스에 해당하는 사전을 반환한다. 이 사전은 실행 환경을 살펴보는 데만 사용해야 한다. 이 사전을 변경할지라도 해당 지역 변수에 아무런 영향을 끼치지 않는다.

map(function, items, ...)

items의 각 항목에 function을 적용한 후, 그 결과를 돌려주는 이터레이터를 생성한다. 여러 개의 입력 시퀀스가 제공되면, function은 그 수만큼 인수를 받는다고 가정하며, 각각의 인수를 다른 시퀀스로부터 가져온다. 이 경우, 결과는 가장 짧은 시퀀스의 길이에 맞춰진다.

max(s [, args, ...], *, default=obj, key=func)

단일 인수 s가 주어지면, 이 함수는 s의 항목 중 가장 큰 값을 반환한다. s는 어떤 반복 가능한 객체도 될 수 있다. 여러 인수가 주어지면, 인수 중 가장 큰 값을 반환한다. 키워드 전용 인수 default를 지정하면, s가 빈 값을 반환할 때 default 값이 제공된다. 키워드 전용 인수 key를 지정하면, key(v)에서 최댓값을 반환하는 값 v를 반환한다.

min(s [, args, ...], *, default=obj, key=func)

max(s)와 유사하나 가장 작은 값을 반환한다.

next(s [, default])

이터레이터 s에서 다음 항목을 반환한다. 이터레이터에 항목이 더 이상 없으면, default 인수에서 값을 제공하지 않는 이상 StopIteration 예외가 발생한다. defalut를 지정했다면 default가 대신 반환된다.

object()

파이썬에서 모든 객체의 기본 클래스이다. 인스턴스를 생성할 때, 이 함수를 호출할 수 있지만 특별히 흥미로운 일이 일어나지는 않는다.

oct(x)

정수 x를 8진수 문자열로 변환한다.

open(filename [, mode [, bufsize [, encoding [, errors [, newline [, closefd]]]]]])

filename 파일을 열고 파일 객체를 반환한다. 인수에 대한 자세한 내용은 9장을 참고하자.

ord(c)

단일 문자 c의 정수 서열값을 반환한다. 이 값은 주로 문자의 유니코드 코드 포인트이다.

pow(x, y [, z])

x ** y를 반환한다. z가 주어지면 (x ** y) % z를 반환한다. 세 개의 인수가 모두 제공되면 이들은 전부 정수여야 하고, y는 음수가 아니어야 한다.

print(value, ... , *, sep=separator, end=ending, file=outfile)

여러 값을 출력한다. 입력으로 임의 개수의 값을 제공할 수 있으며, 모두 동일한 줄에 출력된다. sep 키워드 인수는 분리 기호 문자를 지정한다(기본은 공백 문자다). end 키워드 인수는 줄의 종료 문자를 지정한다(기본은 '\n'이다). file 키워드 인수는 출력을 파일 객체로 리디렉션한다.

property([fget [, fset [, fdel [, doc]]]])

클래스의 프로퍼티 속성을 생성한다. fget은 속성값을 반환하는 함수이고, fset은 속성값을 설정하는 함수이며, fdel은 속성을 삭제하는 함수이다. doc는 문서화 문자열이다. 프로퍼티는 보통 데코레이터로 지정된다.

```
class SomeClass:
    x = property(doc='This is property x')
    @x.getter
    def x(self):
        print('getting x')

    @x.setter
    def x(self, value):
        print('setting x to', value)

    @x.deleter
    def x(self):
        print('deleting x')
```

range([start,] stop [, step])

start부터 stop까지 정숫값을 표현하는 range 객체를 생성한다. step은 간격을 의미하며, 생략할 경우 1이 된다. start를 생략하면(range()가 인수 하나로 호출될 때), start는 0으로 기본 설정된다. 음의 step 값은 내림차순으로 숫자 목록을 생성한다.

repr(object)

object의 문자열 표현을 반환한다. 대개 반환된 문자열은 eval()에 전달되어 객체로 다시 생성될 수 있는 표현식이다.

reversed(s)

시퀀스 s의 역순 이터레이터를 생성한다. 이 함수는 s가 __reversed__() 메서드를 정의하거나 시퀀스 메서드인 __len__()과 __getitem__()을 구현할 때 동작한다. 제너레이터에서는 동작하지 않는다.

round(x [, n])

부동 소수점 수 x를 10의 -n 제곱의 가장 가까운 배수로 반올림한다. n을 입력하지 않으면 n은 0으로 설정된다. x의 두 배수가 동일하게 가까운 경우, 앞의 숫자가 짝수면 0쪽으로 반올림되고 그렇지 않으면 0에서 멀어지는 쪽으로 반올림된다(예를 들어, 0.5는 0.0으로 반올림되고, 1.5는 2.0으로 반올림된다).

set([items])

반복 가능한 객체 items에서 가져온 항목으로 채워진 집합을 생성한다. 항목은 변경이 불가능해야 한다. items에 다른 집합이 들어있으면 그 집합은 frozenset 타입이어야 한다. items가 생략되면, 빈 집합이 반환된다.

표 10.8은 집합 연산을 보여준다.

표 10.8 집합 연산과 메서드

연산	설명
s | t	합집합
s & t	교집합
s - t	차집합
s ^ t	대칭 차집합

(다음 쪽에 이어짐)

len(s)	s의 항목 개수를 반환
s.add(item)	item을 s에 추가. item이 이미 s에 있으면 효과 없음
s.clear()	s에서 항목을 모두 제거
s.copy()	s의 복사본 생성
s.difference(t)	차집합. s에는 있지만, t에는 없는 항목을 모두 반환
s.difference_update(t)	s에서 t에도 있는 항목을 모두 제거
s.discard(item)	s에서 item을 제거. s에 item이 없으면 아무 일도 일어나지 않음
s.intersection(t)	교집합. s와 t에서 둘 다 있는 항목을 모두 반환
s.intersection_update(t)	s와 t의 교집합 결과를 s에 보존
s.isdisjoint(t)	s와 t에 공통 항목이 없으면 True를 반환
s.issubset(t)	s가 t의 부분집합이면 True를 반환
s.issuperset(t)	s가 t의 상위 집합이면 True를 반환
s.pop()	s에서 임의의 집합 요소를 반환하고 s에서 제거
s.remove(item)	s에서 item을 제거. item이 없으면 KeyError 발생
s.symmetric_difference(t)	대칭 차집합. s 또는 t에 있지만 둘 다에는 들어 있지 않은 항목을 모두 반환
s.symmetric_difference_update(t)	s와 t의 대칭 차집합 결과를 s에 보존
s.union(t)	합집합. s나 t에 있는 항목을 모두 반환
s.update(t)	t의 항목을 s에 모두 추가. t는 다른 집합, 시퀀스 또는 반복을 지원하는 어떤 객체

setattr(object, name, value)

객체의 속성을 설정한다. name은 문자열이다. object.name = value와 동일하다.

slice([start,] stop [, step])

지정한 범위에 있는 정수들을 표현하는 슬라이스 객체를 반환한다. 슬라이스 객체는 확장 슬라이스 문법 a[i:j:k]으로도 생성된다.

sorted(iterable, *, key=keyfunc, reverse=reverseflag)

반복 가능 항목으로부터 정렬된 리스트를 생성한다. 키워드 인수 key는 비교되기 전에 값을 변환하는 하나의 인수만을 갖는 함수이다. 키워드 인수 reverse는 불리언 플래그(flag)로서 리스트를 역순으로 정렬할지 여부를 지정한다. key와 reverse 인수는 반드시 키워드 인수로 지정해야 한다(예: sorted(a, key=get_name)).

staticmethod(func)

클래스에서 사용할 정적 메서드를 생성한다. 이 함수는 일반적으로 @static method 데코레이터로 사용된다.

str([object])

문자열을 나타내는 타입이다. object가 제공되면 object의 __str__() 메서드를 호출해서 문자열 표현을 생성한다. 이 문자열은 해당 객체를 출력했을 때 볼 수 있는 문자열과 같다. 인수를 제공하지 않으면 빈 문자열이 생성된다.

표 10.9는 문자열에 정의된 메서드를 보여준다.

표 10.9 문자열 연산과 메서드

연산	설명
s + t	t가 문자열이면 문자열 연결
s * n	n이 정수면 문자열 복제
s % x	문자열 포맷. x는 튜플
s[i]	문자열의 i번째 항목 반환
s[i:j]	슬라이스 반환
s[i:j:stride]	확장 슬라이스 반환
len(s)	s의 요소 개수
s.capitalize()	첫 번째 문자를 대문자로 변환
s.casefold()	대소문자 무시 매칭이 가능한 문자열로 변환
s.center(width [, pad])	width 길이를 가지는 필드에 문자열을 가운데 정렬. pad는 남는 공간을 채울 문자
s.count(sub [, start [, end]])	지정된 부분 문자열 sub가 나타나는 횟수
s.decode([encoding [, errors]])	바이트 문자열을 텍스트로 디코딩(bytes 타입만)
s.encode([encoding [, errors]])	인코딩된 문자열을 반환(str 타입만)
s.endswith(suffix [, start [, end]])	문자열의 끝이 suffix로 끝나는지 검사
s.expandtabs([tabsize])	탭을 공백문자로 대체
s.find(sub [, start [, end]])	부분 문자열 sub가 처음으로 나타나는 위치를 찾음

(다음 쪽에 이어짐)

s.format(*args, **kwargs)	s에 문자열 포맷 연산 수행(str 타입만)
s.format_map(m)	매핑 객체 m에서 가져온 대체물로 s에 문자열 포맷 연산 수행(str 타입만)
s.index(sub [, start [, end]])	부분 문자열 sub가 처음으로 나타나는 위치를 찾음. 못 찾으면 에러 반환
s.isalnum()	문자가 모두 알파벳이나 숫자인지 검사
s.isalpha()	문자가 모두 알파벳인지 검사
s.isascii()	문자가 모두 ASCII 문자인지 검사
s.isdecimal()	문자가 모두 10진수인지 검사
s.isdigit()	문자가 모두 숫자인지 검사
s.isidentifier()	s가 유효한 파이썬 식별자인지 검사
s.islower()	문자가 모두 소문자인지 검사
s.isnumeric()	문자가 모두 숫자인지 확인. 분수, 로마 숫자 등과 같은 모든 형태의 숫자와 일치하는지 확인
s.isprintable()	문자가 모두 출력 가능한지 검사
s.isspace()	문자가 모두 공백문자인지 검사
s.istitle()	문자열이 제목 형태(각 단어의 첫 글자가 대문자)인지 검사
s.isupper()	문자가 모두 대문자인지 검사
s.join(t)	s를 구분자로 사용하여 시퀀스 t에 들어 있는 문자열과 결합
s.ljust(width [, fill])	길이가 width인 문자열에서 s를 좌측 정렬
s.lower()	소문자로 변경
s.lstrip([chrs])	앞쪽에 있는 공백문자나 chrs로 지정된 문자를 제거
s.maketrans(x [, y [, z]])	s.translate()를 위한 변환표(translation table) 생성
s.partition(sep)	분리 기호 문자열 sep를 기준으로 문자열을 분할. 튜플 (head, sep, tail)을 반환하거나 sep를 찾을 수 없으면 (s, '', '')를 반환
s.removeprefix(prefix)	prefix로 시작하면 prefix를 제거한 s를 반환
s.removesuffix(suffix)	suffix로 끝나면 suffix를 제거한 s를 반환
s.replace(old, new [, maxreplace])	부분 문자열로 대체
s.rfind(sub [, start [, end]])	부분 문자열이 마지막으로 나타난 위치를 찾음

s.rindex(sub [, start [, end]])	부분 문자열이 마지막으로 나타난 위치를 찾고, 없으면 예외 발생
s.rjust(width [, fill])	길이가 width인 문자열에서 s를 우측 정렬
s.rpartition(sep)	s를 분리 기호 sep로 분할하지만, 문자열의 오른쪽 끝부터 검색
s.rsplit([sep [, maxsplit]])	sep를 구분자로 사용해서 문자열을 끝에서부터 분할. maxsplit은 최대 분할 횟수를 지정. maxsplit이 생략되면 split() 메서드와 동일한 결과
s.rstrip([chrs])	끝에 나오는 공백문자나 chrs로 지정된 문자를 제거
s.split([sep [, maxsplit]])	sep를 분리 기호로 사용해서 문자열 분할. maxsplit은 최대 분할 횟수
s.splitlines([keepends])	문자열을 줄 단위 리스트로 분할. keepends가 1이면 끝에 있는 줄바꿈 문자 유지
s.startswith(prefix [, start [, end]])	문자열이 prefix로 시작하는지 검사
s.strip([chrs])	앞뒤에 나오는 공백문자나 chrs로 지정된 문자 제거
s.swapcase()	대문자를 소문자로, 소문자를 대문자로 대체
s.title()	제목 형태로 된 문자열 반환
s.translate(table [, deletechars])	문자 변환표를 사용하여 문자열 대체. deletechars에 있는 문자들은 삭제
s.upper()	대문자로 변경
s.zfill(width)	문자열을 왼쪽에서부터 width만큼 0으로 채움

sum(items [, initial])

반복 가능한 객체 items로부터 얻어지는 항목의 합을 계산한다. initial은 시작값을 나타내며 기본값은 0이다. 이 함수는 숫자에서만 제대로 동작한다.

super()

사용된 클래스의 집합 성격을 띤 상위 클래스(superclass)를 나타내는 객체를 반환한다. 이 객체의 주된 목적은 기본 클래스에 있는 메서드를 호출하는 것이다. 다음은 그 예이다.

```
class B(A):
    def foo(self):
        super().foo()    # 상위 클래스에 정의된 foo() 호출
```

tuple([items])

튜플을 표현하는 타입이다. items는 튜플을 채울 때 사용할 반복 가능한 객체이다. items가 이미 튜플이면, 수정 없이 그대로 반환된다. 아무런 인수도 제공하지 않으면 빈 튜플이 반환된다.

표 10.10은 튜플에서 정의된 메서드를 보여준다.

표 10.10 튜플 연산과 메서드

연산	설명
s + t	t가 튜플이면 연결
s * n	n이 정수면 복제
s[i]	s의 i번째 항목을 반환
s[i:j]	슬라이스 반환
s[i:j:stride]	확장 슬라이스 반환
len(s)	s의 요소 개수
s.append(x)	s의 끝에 새로운 요소 x를 추가
s.count(x)	s에서 x가 출현한 횟수
s.index(x [, start [, stop]])	s[i] == x인 가장 작은 i를 반환. start와 end는 추가로 검색의 시작 및 종료 지점의 인덱스를 지정

type(object)

파이썬에 있는 모든 타입의 기본 클래스이다. 함수처럼 호출되면 object의 타입을 반환한다. 이렇게 반환되는 타입은 object의 클래스와 동일하다. 정수, 부동 소수점 수, 리스트 같은 공통 타입의 경우, 타입은 int, float, list 등과 같은 다른 내장 클래스 중 하나를 참조한다. 사용자 정의 객체의 경우, 연관된 클래스를 참조한다. 파이썬의 내부 동작과 관련 있는 객체의 경우, 보통 types 모듈에 정의된 클래스 중 하나를 참조한다.

vars([object])

object의 기호표(symbol table)를 반환한다(보통 __dict__ 속성에 저장되어 있다). 인수를 제공하지 않으면, 지역 네임스페이스와 일치하는 사전을 반환한다. 이 함수로 반환되는 사전은 읽기 전용으로 취급되어야 한다. 내용을 변경하는 것은 안전하지 못하다.

zip([s1 [, s2 [, ...]]])

시퀀스 s1, s2 등에서 각각 하나의 항목만을 포함하는 복수의 튜플을 만드는 이터레이터를 생성한다. n번째 튜플은 (s1[n], s2[n], ···)이다. 가장 짧은 시퀀스의 입력이 끝나면 결과 이터레이터는 멈춘다. 인수를 제공하지 않으면, 이터레이터는 아무런 값도 생성하지 않는다.

10.2 내장 예외

이 절에서는 다양한 종류의 에러를 보고하기 위해 사용되는 내장 예외를 살펴본다.

10.2.1 예외 기본 클래스

다음 예외들은 다른 모든 예외의 기본 클래스 역할을 수행한다.

BaseException

모든 예외의 조상 클래스이다. 내장 클래스는 모두 이 클래스에서 파생된다.

Exception

모든 프로그램 관련 예외를 위한 기본 클래스이다. Exception은 SystemExit, GeneratorExit, KeyboardInterrupt를 제외한 내장 예외를 모두 포괄한다. 사용자 정의 예외는 Exception으로부터 상속해 정의해야 한다.

ArithmeticError

OverflowError, ZeroDivisionError, FloatingPointError 등을 포함해 산술적인 예외를 위한 기본 클래스이다.

LookupError

IndexError와 KeyError를 포함해 인덱스와 키 에러를 위한 기본 클래스이다.

EnvironmentError

파이썬 외부에서 발생하는 에러를 위한 클래스이다. OSError와 같다.

앞에서 나온 예외는 명시적으로 발생하지 않지만, 특정 종류의 에러를 잡는 용도로도 사용할 수 있다. 예를 들어, 다음 코드는 수와 관련된 에러를 잡아낸다.

```
try:
    # 몇몇 연산
    ...
except ArithmeticError as e:
    # 산술 에러
```

10.2.2 예외 속성

예외 e의 인스턴스에는 특정 응용 프로그램에서 예외의 내용을 살펴보고 수정할 때 유용한 몇 가지 표준 속성이 있다.

e.args

예외가 발생할 때 전달된 인수의 튜플이다. 대부분 에러를 설명하는 문자열을 담은 항목 한 개짜리 튜플이다. EnvironmentError 예외는 값이 2개 또는 3개짜리 튜플인데, 정수 에러 숫자, 문자열 에러 메시지와 생략 가능한 파일 이름을 포함한다. 튜플의 내용은 다른 컨텍스트에서 예외를 다시 생성하고자 할 때 유용하게 쓰인다. 예를 들면, 다른 파이썬 인터프리터 프로세스에서 예외를 다시 일으키는 경우를 생각해볼 수 있다.

e.__cause__

명시적 연쇄 예외를 사용할 때 이전 예외이다.

e.__context__

암묵적 연쇄 예외를 사용할 때 이전 예외이다.

e.__traceback__

예외와 관련된 역추적 객체이다.

10.2.3 미리 정의된 예외 클래스

프로그램에서는 다음 예외가 발생한다.

AssertionError

assert 문이 실패하면 발생하는 에러이다.

AttributeError

속성 참조 또는 할당에 실패하면 발생하는 에러이다.

BufferError

메모리 버퍼 관련 연산이 불가능한 경우 발생하는 에러이다.

EOFError

파일의 끝을 나타낸다. 내장 함수 input()과 raw_input()으로 생성된다. 파일의 read()와 readline() 메서드와 같은 대부분의 I/O 연산은 예외를 일으키는 대신 EOF 시그널을 나타내는 빈 문자열을 반환한다는 사실에 주의하자.

FloatingPointError

부동 소수점 연산에 실패하면 발생하는 에러이다. 부동 소수점 예외 처리는 쉽지 않은 문제이며, 이 예외는 파이썬이 예외가 가능하도록 구성하고 빌드한 경우에만 발생한다는 점에 유의해야 한다. 부동 소수점 관련 에러는 조용히 float('nan') 또는 float('inf') 같은 결과를 생성하는 경우가 더 흔하다. ArithmeticError의 하위 클래스다.

GeneratorExit

종료를 표시하기 위해 제너레이터 함수 안에서 발생한다. 제너레이터가 조기에 파괴(제너레이터의 값이 모두 소모되기 전)되거나 제너레이터의 close() 메서드가 호출되는 경우에 발생한다. 제너레이터가 이 예외를 무시하면, 제너레이터는 종료되고 예외는 조용히 무시된다.

IOError

I/O 연산 실패 에러이다. 값은 속성 errno, strerror, filename을 가진 IOError 인스턴스이다. errno는 정수 에러 숫자, strerror는 문자열 에러 메시지, filename은 생략 가능한 파일 이름을 나타낸다. EnvironmentError의 하위 클래스다.

ImportError

import 문이 모듈을 찾지 못하거나 from 문이 모듈에서 이름을 찾지 못할 경우 발생한다.

IndentationError

들여쓰기 에러다. SyntaxError의 하위 클래스다.

IndexError

시퀀스 인덱스가 범위를 벗어날 때 발생하는 에러이다. LookupError의 하위 클래스다.

KeyError

매핑 객체에서 키가 발견되지 않을 때 발생하는 에러이다. LookupError의 하위 클래스다.

KeyboardInterrupt

사용자가 인터럽트 키(보통 Ctrl +C)를 입력했을 때 발생한다.

MemoryError

회복이 가능한 메모리 부족 에러이다.

ModuleNotFoundError

import 문으로 모듈을 발견할 수 없을 때 발생하는 에러이다.

NameError

지역 네임스페이스나 전역 네임스페이스에서 이름을 찾을 수 없을 때 발생한다.

NotImplementedError

구현이 안 된 기능이다. 파생 클래스에서 필요한 메서드를 구현하지 않았을 경우, 기본 클래스에 의해 발생할 수 있다. RuntimeError의 하위 클래스다.

OSError

운영체제 에러이다. os 모듈에 있는 함수 때문에 주로 발생한다. 다음 예외들이 OSError의 하위클래스다. BlockingIOError, BrokenPipeError, ChildProcessError, ConnectionAbortedError, ConnectionError, ConnectionRefusedError, ConnectionResetError, FileExistsError, FileNotFoundError, InterruptedError, IsADirectoryError, NotADirectoryError, PermissionError, ProcessLookupError, TimeoutError.

OverflowError

산술 연산의 결과가 표현하기에는 너무 클 때 발생하는 에러이다. 현재 정수에서는 발생하지 않지만(대신 MemoryError가 발생), 역사적 이유로 정수에서도 요구하는 범위를 벗어나는 일부 경우에서 발생할 수 있다. 또한 구현상 이슈로 일부 정수에서도 발생할 수 있다. ArithmeticError의 하위 클래스다.

RecursionError

재귀 제한 초과 에러이다.

ReferenceError

내부 객체가 파괴된 후 약한 참조로 접근하려 할 때 발생한다. 7.24 절 weakref 모듈을 참고하자.

RuntimeError

다른 카테고리에 속하지 않는 일반적인 에러이다.

StopIteration

반복의 끝을 알리기 위해 발생한다. 보통 객체의 next() 메서드나 제너레이터 함수에서 발생한다.

StopAsyncIteration

비동기 반복의 끝을 알리기 위해 발생한다. 비동기 함수 및 제너레이터 컨텍스트에서만 적용할 수 있다.

SyntaxError

파서 문법 에러이다. SyntaxError 인스턴스에는 추가 정보를 제공하는 filename, lineno, offset과 text 속성이 있다.

SystemError

인터프리터의 내부 에러이다. 문제를 알리는 문자열 값을 담는다.

SystemExit

sys.exit() 함수로 발생한다. 값은 반환 코드를 나타내는 정숫값이다. 즉시 종료해야 할 경우, os._exit()를 사용할 수 있다.

TabError

일관성 없는 탭 사용으로 발생하는 에러이다. -tt 옵션으로 파이썬이 실행되었을 때 생성된다. SyntaxError의 하위 클래스다.

TypeError

연산이나 함수가 적절치 않은 타입 객체에 적용되었을 때 발생한다.

UnboundLocalError

묶이지 않은 지역 변수를 참조했을 때 발생한다. 이 에러는 함수 안에서 정의되기 전에 변수가 참조되면 발생한다. `NameError`의 하위 클래스다.

UnicodeError

유니코드 인코딩 또는 디코딩 에러이다. `ValueError`의 하위 클래스다. 다음 예외들은 `UnicodeError`의 하위클래스다. `UnicodeEncodeError`, `UnicodeDecodeError`, `UnicodeTranslateError`

ValueError

함수나 연산 인수가 올바른 타입이지만 값이 부적절할 때 생성된다.

WindowsError

윈도우에서 시스템 호출이 실패했을 때 발생한다. `OSError`의 하위 클래스다.

ZeroDivisionError

숫자를 영으로 나눌 때 발생하는 에러이다. `ArithmeticError`의 하위 클래스다.

10.3 표준 라이브러리

파이썬에는 상당한 수의 표준 라이브러리가 있다. 이러한 모듈 대부분은 앞에서 설명하였다. *https://docs.python.org/library*에서 참고 자료를 찾아볼 수 있다. 이 책에서는 모듈 내용을 반복해서 다루지 않는다.

다음에 나열된 모듈은 일반적으로 다양한 응용 프로그램과 파이썬 프로그래밍에 유용하기 때문에 주목할 필요가 있다.

10.3.1 collections 모듈

`collections` 모듈에는 양쪽 끝을 모두 사용할 수 있는 큐(deque), 누락된 항목을 자동으로 초기화하는 사전(defaultdict), 테이블을 위한 카운터(Counter)와 같이 데이터 작업에 유용한 다양한 추가 컨테이너 객체가 있으며 파이썬을 보완한다.

10.3.2 datetime 모듈

datetime 모듈은 날짜, 시간 및 이들을 사용하는 연산 관련 함수를 포함한다.

10.3.3 itertools 모듈

itertools 모듈은 다 같이 연쇄로 반복하거나 곱집합, 순열, 그룹화 및 유사한 연산 등으로 반복하는 다양하고 유용한 반복 패턴을 제공한다.

10.3.4 inspect 모듈

inspect 모듈은 함수, 클래스, 제너레이터 그리고 코루틴과 같은 코드 관련 (code-related) 요소의 내부를 검사하는 함수를 제공한다. 데코레이터와 그와 유사한 기능을 정의하는 함수를 이용해 메타 프로그래밍에서 주로 사용된다.

10.3.5 math 모듈

math 모듈은 sqrt(), cos(), sin()과 같은 일반적인 수학 함수를 제공한다.

10.3.6 os 모듈

os 모듈은 호스트 운영체제와 관련된 저수준 함수, 즉 프로세스, 파일, 파이프, 권한 및 이와 유사한 기능과 관련된 저수준 함수를 제공한다.

10.3.7 random 모듈

random 모듈은 무작위 수(random number) 생성과 관련하여 다양한 함수를 제공한다.

10.3.8 re 모듈

re 모듈은 정규식 패턴 매칭으로 텍스트 작업을 지원한다.

10.3.9 shutil 모듈

shutil 모듈은 파일 및 디렉터리 복사와 같이 셸과 관련한 일반적인 작업을 수행하는 함수를 제공한다.

10.3.10 statistics 모듈

statistics 모듈은 평균, 중앙값, 표준편차와 같은 일반적인 통곗값을 계산하는 함수를 제공한다.

10.3.11 sys 모듈

sys 모듈은 파이썬 자체의 실행 환경과 관련된 다양한 속성과 메서드를 제공한다. 이 모듈에는 명령줄 옵션, 표준 I/O 스트림, import 경로 및 유사한 기능이 있다.

10.3.12 time 모듈

time 모듈은 시스템 클록값(clock), 절전 모드, 경과된 CPU 시간 등 시스템 시간과 관련한 다양한 함수를 제공한다.

10.3.13 turtle 모듈

터틀(Turtle) 그래픽이다. 아이들에게 프로그래밍을 소개하기 위해 사용하는 모듈이다.

10.3.14 unittest 모듈

unittest 모듈은 단위 테스트 작성과 관련한 내장 도구 모음을 제공한다. 파이썬 자체도 unittest를 사용해 테스트된다. 하지만 많은 프로그래머는 테스트를 위해 pytest와 같은 서드파티 라이브러리를 선호한다. 필자 또한 pytest를 선호한다.

10.4 파이써닉한 파이썬: 내장 함수 및 데이터 타입을 사용하라

수십만 개 이상의 파이썬 패키지가 있는 지금, 프로그래머는 작은 문제의 경우에는 서드파티 패키지를 사용해서 쉽게 해결할 수 있다. 그러나 파이썬은 매우 유용한 내장 함수 및 데이터 타입을 오랫동안 가지고 있었다. 표준 라이브러리 모듈과 결합하면 다른 것을 사용하지 않고 파이썬이 이미 제공하는 것만으로도 일반적인 프로그래밍 문제를 해결할 수 있다. 선택할 수 있는 상황이라면, 내장 함수 및 데이터 타입을 사용하라.

찾아보기

기호

- 마이너스 부호
  바이트 포맷에서 292
  연산자 6, 22, 48, 61, 69, 357
  텍스트 문자열로 변환된 숫자에서 290
주석 3
% 퍼센트 부호
  바이트 포맷에서 292~293
  연산자 6, 11, 48, 69, 345, 359
  텍스트 문자열로 변환된 숫자에서 290
%=, &=, ^= 연산자 8, 50
&, ^ 연산자 7, 22, 49, 61, 69, 357
( ) 괄호
  튜플 19
  함수 27, 68, 123
* 별표
  모듈 불러오기에서 264~265, 277~278
  변수 이름에서 56~57
  연산자 6, 47~48, 58, 69, 345, 354, 359,
    362
  함수 인수에서 125~127, 132
** 별표 두 개
  연산자 6, 48, 68~69
  함수 인수에서 126~127, 132
*=, **= 연산자 8, 49~50
, 콤마
  값을 구분하기 위해 319
  텍스트 문자열로 변환된 숫자에서 290
. 속성 연산자 68, 95, 182
.. 상대 경로 import 문에서 274
/ 슬래시
  경로 구분 기호 325
  연산자 6, 48, 69
  함수 서명에서 128
// 연산자 6, 48, 69
/=, //= 연산자 8, 50
: 콜론
  사전 22

슬라이스 연산자 12, 58~60
:= 연산자 9~10, 15, 47~48, 65~66, 69
[] (대괄호) 16
_ 언더스코어
  내부 변수의 이름에서 33
  변수 2, 20, 56, 73
  비공개 속성과 메서드 이름에서 207~208
  숫자 리터럴에서 46
  함수 이름에서 129
__ 더블 언더스코어
  메서드 이름에서 3, 106
  속성 이름에서 208~210
{} 중괄호 22
  사전 22
  f-문자열에서 291
| 연산자 7, 22, 49, 61, 69, 349, 357
|= 연산자 8, 50
~ 연산자 7, 49, 69
\ 백슬래시 325
+ 플러스 부호
  연산자 6, 13, 17, 47~49, 58, 69, 110, 345
  텍스트 문자열로 변환된 숫자에서 290
  파일 모드에서 298
+= 연산자 8, 49, 110, 135
= 연산자 4, 62
-= 연산자 8, 49, 110
== 연산자 8, 51, 69, 111
  None을 테스트 105
〉, 〈 연산자 8, 52, 69, 112
〉=, 〈= 연산자 8, 52, 69, 112
〉〉, 〈〈 연산자 7, 49, 69
〉〉=, 〈〈= 연산자 8, 52
〉〉〉 프롬프트 1
… 확장 슬라이스에서 줄임표 116
1급 객체 102~104, 139, 279

ㄱ

가비지 컬렉션 31, 98~100, 107, 168,

236~237
가상 환경 43
값 4, 95
　　제자리에서 수정 49~50
　　최소/최대 355
　　출력 306, 356
　　타입 검사 97, 353
　　표현 102
　　reduce 154
객체 32~36, 95~120, 181~182
　　1급 객체 102~104, 139
　　가능한 메서드 나열 32
　　값 95, 10
　　고윳값 96, 352
　　관리 107~108
　　구현 연산자 96
　　깊은 복사와 얕은 복사와의 차이 100~101
　　내장 257~258
　　내장 타입 113~114
　　반복가능한 55
　　변경 가능 50, 100~101, 130~131
　　변경 불가능 124
　　비교 51, 96, 111~113
　　상태 183
　　속성 68
　　언패킹 55~56, 73
　　위치 47~48
　　정렬 113
　　제공하는 메서드 32
　　직렬화 310~311
　　참조 100~101
　　참조 횟수 98~100
　　초기화 33
　　코루틴 161
　　클래스 맴버 자격 검사 215
　　타입 확인 95, 183
　　표현 102, 343, 357
　　함수처럼 호출 119
　　해시값 111, 113, 3522
검사
　　작은 작업으로 분할 172
　　파일 객체를 사용하여 322
게으른 평가 140, 248
경로 구분 기호 325

고윳값 확인 111
고차 함수 139~142
곱하기 6
교집합 연산 21~22, 61, 357
교착상태 30, 237
글로빙 306
기본 클래스 189
　　기본 클래스와 연결 241
　　메서드 호출 361
　　추상 기본 클래스 217~218
　　타입 힌트에서 사용 217
　　튜플 257
　　__slots__ 변수와 함께 244
기본 타입 4
깊은 복사 100~101
끝수를 버리는 나누기 6

ㄴ~ㄷ
나눗셈 6, 350
나머지 6
네임스페이스 37, 187, 260, 279
　　전역 135~137
　　지역 135
　　클래스의 249, 253~254
　　패키지의 275~276
네트워크 관련 프로그램 329, 331, 334
논리 연산자 8, 53, 69, 110
느슨한 결합 197
늦은 바인딩 139
단축 평가 53
단항 마이너스/플러스 연산자 6
대입 47~48, 49~50, 100
　　확장 8, 49~50, 60, 110, 135
대입 표현 연산자는 := 연산자 참조
대칭 차집합 연산 22, 61, 357
덕 타이핑 197
덧셈 6
데이터 은닉 209
데이터 캡슐화 207
데코레이터 127, 149~153, 227~230, 255
동시성 175, 311, 316, 334~336
동적 바인딩 197
들여쓰기 5, 365
디렉터리 305~306

임시 333
현재 작업 269
디버깅
　로깅 324
　모듈별로 271
　사전을 사용할 때 25
　스택 프레임 159
　에러 메시지 79, 149~150
　예외 처리 89
　작은 작업으로 분할 171~172
　중단점 344
　출력을 만드는 것 191
　코드 추가 92~93
　파이썬 개발 환경에서 3
　__dict__ 속성 245
　repr() 14
　__repr__() 33, 229
디스크립터 245~249, 255, 328
디자인 패턴 207
디자인 패턴 책 207

ㄹ

라이브러리 271
락 31
래퍼 127, 242
레지스트리 227, 231, 257
루프 5, 9~10, 26~27, 72~76
　남은 루프 부분 넘어가기 10, 75
　다른 시퀀스에서 항목 가져오기 74~75
　숫자 인덱스 74
　중단 166~167
　플래그 변수 76
리스트 16~19
　깊은 복사와 얕은 복사와의 차이 100, 354
　데이터를 변환, 데이터로 변환 17
　리터럴 46
　변경 60~61
　비교 51
　빈 리스트 17, 53, 354
　생성 16
　순회 16, 26
　슬라이스 17
　시퀀스 57
　연결 17

자식 타입 정의 97~98
정렬 354, 358
중첩 리스트 17, 171~172
처리 63~64, 354
할당 100
함수 매개변수로 전달 130
항목 개수 354
항목 삭제 354
항목 추가 16, 354
리스트 컴프리헨션 20, 63~64, 66~67
　필터링 153
리터럴 45~46

ㅁ

마이크로소프트 엑셀 319
매개변수는 함수와 인수 참조
매핑 22~23, 153, 355
　연산 62~63
메모리
　메모리 사용 줄이기 67, 244~245
　할당 99
메서드 96, 182
　객체가 제공하는 32
　공개 207
　구현 245~246
　내부 구현 207
　내부 변수 33
　데코레이터 자동 수행 257
　바운드 186~187, 214~215
　사용자 정의 211
　스페셜(매직) 183, 244
　완전히 한정된 187
　이름 202~203, 207
　재작성 228
　재정의 34, 189
　정의 249~250
　정적 203~206, 359
　추상화 217, 257
　호출 182
메서드 분석 순서(MRO) 222~224, 257
메타 클래스 252~257
명령줄 옵션 18, 39~40, 293~295
모듈 36~38, 259~271
　1급 객체 279~280

캐싱 262, 266~269
컴파일 268~269
디버깅 271
불러오기 37, 259~262, 267~268
명시적으로 정의 263~265
순환 265~267
모듈 내용 보기 37
위치 찾기 260
이름 257, 260~261, 270, 279
네임스페이스 279, 352
조직화 40
리로딩과 언로딩 267~268
이름 변경 261
표준 라이브러리 38, 315~340, 368~370
서드파티 38
문서화 문자열 129, 155, 183, 257, 279
문자
서열값 356
줄바꿈 문자 참조
파일 끝(EOF) 2, 82, 365
문자열 4, 10~14
공백 361
대문자/소문자로 변환 359~361
리터럴 46
메서드 12~13
문자 확인 359~361
반복 26~27
변환
객체로부터 113
문자열이 아닌 값에서 13, 352
숫자로 13
부분 문자열 12, 359~361
비교 52
비어 있지 않은 문자열 53
삼중 따옴표 11, 46
생성 13, 359
시퀀스 57
연결 13, 359
인코딩/디코딩 359
처리 359~361
포매팅 11, 14, 289~293, 360
표현 107
항목 개수 12, 354, 359
문장 71

실행 350

ㅂ
바다코끼리 연산자, := 연산자 참조 9~10
바운드 메서드 186~187, 214~215
바이트 285~286
객체 직렬화 310
비교 52
연산 345~347
텍스트로 변환 317
포맷 292~293
바이트 배열 285, 308, 345~347
반복 26~27, 55~57, 72~75, 117~118, 353
값 생성 165
여러 번 반복 168~169
역순 357
종료 83
중첩 170
처리 355, 369
반복자 객체
구현 117~118, 179
내부 스택 173
비동기 163~164
생성 27, 73
역순 117
범용 줄바꿈 모드 300
변수 4
관련 타입 4, 197
묶이지 않은 368
별표 변수 56
이름 4
자유 139
재할당 131
타입 힌트 130
global 134~137
local 29, 134~137, 160, 177~179
복리 계산 4
부모 클래스는 기본 클래스 참조
부작용 131
불리언 값 8, 46, 52~54, 344
불리언 타입 344
블로킹 311~315
비교 7~8, 51, 111
바이트와 텍스트간 비교 286

비트 연산자 7, 49, 69
비트 조작 7
빠르게 조회 23
빼기 6

ㅅ
사전 22~26
  값 26
  객체 수정 23
  객체 추가 23
  검사 23
  깊은 복사와 얕은 복사와의 차이 100~101
  누락된 항목을 자동으로 초기화 368
  디스패치 225~226
  리스트 변환 25
  리터럴 46
  빈 사전 24~25, 53
  생성 22, 24~25, 65
  순서 비교 정의가 되지 않음 52
  순회 26
  연산 62, 348~349
  요소 개수 354
  요소 삭제 23, 127
  요소 접근 22
  튜플 사용 23
  할당 100
  함수 매개변수로 전달 130
  흔히 볼 수 없는 항목을 추가 103
  keys 25, 339
사전 조회 207
사전 컴프리헨션 24, 65
산술 연산자 6, 48~49
상속 34~36, 189~193
  감독 230~232
  구현을 통한 193~194
  내장 타입으로부터 198~199
  다중 상속 193, 219~225, 245
  메타 클래스 전파 255
  상속으로 코드가 잘못되는 경우 191~192
  컴포지션을 통한 193~196
  함수를 통한 196~197
  협력 223~225
  __slots__ 변수 244
상위 클래스는 기본 클래스 참조

상태 기계 206
성능 67
  예외 처리 134
  지역 변수 177
  최적화 모드 245, 256
  타입 확인 97~98
셸 1, 327~328, 369
속성 95, 118~119
  객체 185~187, 352, 358
  공개 207
  내부 구현 207~210
  바인딩 197, 240~242
  속성 삭제 348
  완전히 한정 187
  지연 평가 248
  클래스의 프로퍼티 356
  타입에 대한 제약이 없음 210
  함수 154~156
수학 연산 6, 48~49, 108~110
순환 의존성 99
순환 참조 237
숫자
  변환
    객체로부터 113~114
    문자열로부터 13
    텍스트로 289
  복소수 348, 351, 353
  부동 소수점 수 6, 46, 289, 332, 351
  비교 51
  영이 아닌 수 53
  정밀도 289
  합 361
  random 369
숫자에서 e, E 46
스레드 314
스크립트 38~40
스택 역추적 객체 78, 87~88
스택 프레임 158~159
스플래팅 57
슬라이스 연산자 12, 59, 345, 354, 359, 362
  구현 115~116
  리스트에서 17
  튜플에서 19
시간 다루기 337, 369~370

시퀀스
　변경 가능한 60~61
　비교 52
　연산 57~60
시퀀스 복사 58
식별자 47
실수(부동 소수점 수) 4, 6, 46, 351, 365
　반올림 7, 357
　정밀도 332
　텍스트로 변환 289~290
싱글톤 105, 207, 234

ㅇ
아카이브 작업 327
암호화 해시값 321
약한 참조 238~240, 367
얕은 복사 100
양쪽 끝 모두 사용할 수 있는 큐(deque) 368
에러
　로깅 79
　처리 133~134
에코 서버 330
연결 58
　튜플 19
연산자 48~49
　구현 96
　논리 8, 53, 69, 110
　비교 8, 51~52, 111~112
　비트 7, 49, 69
　산술 6, 48~49
　우선순위 규칙 68~70
　확장 8, 49~50, 57~58, 110, 135
예외 29~31, 76~90
　계층 80~82, 85
　내장 80~82, 90, 363~368
　무시 79
　미리 정의된 364~368
　발생 76, 83~84, 134, 174, 364
　비동기 83
　사용자 정의 83, 363
　새로운 정의 83~85, 89
　역추적 메시지 84, 87
　연쇄 85~87, 364
　예상되는 예외와 예기치 않는 예외 차이
　　86~87
　예욋값 추출 167
　잡기 77, 79, 85, 88~89
　전파 77
　제어 흐름 변경 81~83
　처리 29~31, 88~90, 133~134, 147
　표준 속성 77~78
　함수에서 예외문을 감싼 65
왼쪽 접기 연산 154
운영체제 관련 함수들 324~325, 366, 369
원격 서버 242
웹 사이트 317, 338
웹 서버 322
위임 242~244
윈도우
　경로 구분 기호 325
　시스템 호출 실패 368
　줄바꿈 문자 300
　파일 실행 3
　EOF 문자 2
유니코드 인코딩
　소스 코드 3
　코드 포인트 286, 347, 356
　텍스트 문자열에서 연산 338~339
유닉스
　경로 구분 기호 325
　저수준 I/O 제어 연산 321
　줄바꿈 문자 300
　파일 실행 3
　EOF 문자 2
은행원식 반올림 7
의존성 주입 195, 207
이름 변형 208~209
이름 있는 필드 23
이메일 보내기 329
이진 자료구조 331
이진수 7
인덱스 연산자 16
　사전에서 22
　튜플에서 20
인수는 함수의 인수로 찾자
인스턴스 95, 184~185
　가져오기 185
　데이터 저장 244~245

생성 107, 233
설정 185
속성 삭제 185
속성 추가 191, 240
연결된 상태 240, 258
인스턴스 생성자 대신 200~203
초기화 107
캐싱 234~235, 238~239
클래스와 연결 240, 258
파괴 107, 235~237
인코딩 287~288, 304
인터페이스 216~220
인터프리터 1, 3
읽기-평가-출력 루프 1
입력/출력 (I/O) 285~341
　논블로킹 312~313
　버퍼링 298~299, 300~301
　에러 처리 287~288, 295, 299, 365
　이진 모드 297~299
　입력 소비 308~309
　채널 폴링 313, 316, 328
　처리 332, 334
　출력 생성 307~308
　텍스트 모드 298~300

ㅈ
자식 클래스, 하위 클래스 참조
자식 타입은 하위 클래스 참조
자원 제어 120
재귀 137~138
　호출 깊이 제한 138, 170, 367
적용 평가 순서 123
전략 패턴 207
정규 표현식 327, 369
정리 작업 80, 167
정수 4, 352
　리터럴 45
　문자열로부터 생성
　　2진수 45, 344
　　8진수 45, 356
　　16진수 45, 345, 351
　변환
　　바이트로/바이트에서 353
　　텍스트로 289

순회 26
이진수 7
정밀도 366~367
정숫값인지 검사 351
진수 45
range 26, 357
제너레이터 117~118, 165~179
　반복할 수 있는 생성기 168~169
　비동기 367
　생성 66
　위임 169~170
　조사 369
　종료 365
　향상된 173~178, 308
　I/O 스트림으로 출력 307~308
제너레이터 표현식 66~67, 153
제어 흐름
　반복 72~76
　예외 76~83
　조건부 9~10, 72
조건부(조건식) 5, 9~10, 54, 72
주석 3
　주석 추출 67
줄 종료, 줄바꿈 문자 참조
줄바꿈 문자 300, 304, 348, 352
　입력에서 308
　출력에서 제어 306
집합 21~22
　리터럴 46, 56
　변경 불가능 351
　빈집합 21
　생성 21, 357
　처리 61~62, 65, 357
　항목 개수 61, 354, 358
　항목 순서 21
　항목 추가 및 항목 삭제 61, 358
집합 컴프리헨션 21, 65
차집합 연산 22, 61, 357
참조 횟수 세기 98~100, 235

ㅊ~ㅋ
출력은 입력/출력(I/O) 참조
컨테이너 114~115
컨텍스트 관리자 90~92, 119~120

비동기 163~164
정리 작업 167~168
코드 검사 도구 105, 130
코드는 프로그램 참조
가독성 126, 258
생성 257, 268
테스트 258
파이써닉 120~121, 189, 207
코루틴 161
제너레이터 기반 173
조사 369
콜백 함수 138, 140
결과 반환 146~149
인수로 전달 142~146
콤마로 구분된 값(CSV) 319
클래스 97, 181~258
검사 369
균일 214
내부 변수에서 33
내장 362
네임스페이스 249, 253
단일 메서드와 함께 196
메서드 추가 34
멤버 자격을 검사 215
본문 249~250
사용자 정의 210~211
생성 189, 249~253
이름 257
인스턴스와 연결 240, 258
정적 메서드에서 203
중복 정의 256
타입 검사 192
확장 189~190
클래스 메서드 107, 200~203, 257, 347
클래스 변수 199~203
클로저 140~141, 155

E
타입 95
내장 198~199
타입간 변환 113
타입값 검사 97~98, 353
타입 기반 디스패치 225~227
타입 힌트 129~130, 155, 184, 210~211, 258

기본 클래스 216~217
메서드 생성 230
모듈 수준 279~280
텍스트 285~286
바이너리 데이터로부터 변환 317
인코딩/디코딩 15~16, 287~288, 295
줄 다루기 300, 304
터미널 너비에 맞도록 334
텍스트 속성 367
튜플 19~20
리터럴 46
반복 20, 26
비교 51
빈 튜플 53, 362
사전에서 사용 23
생성 19
슬라이스 19
시퀀스 57
언패킹 19
연결 19
이름이 있는 튜플 132~133
인덱싱 19
키 63
함수 반환값으로 사용 28, 132
항목 개수 354, 362

ㅍ
파이썬
내부 변수 없음 33
대화식 모드 2
들여쓰기 5, 365
디자인 패턴 적용 207
실행 환경 293~294, 370
유연한 104
최적화 모드 92
패키지 인덱스 280
파이썬 셸 1
파일
경로 325~327
덮어쓰기 298
락 321
메타 데이터 325
복사 327, 369
삭제 327, 369

상태 304
쓰기 303, 310
열기 14, 296~298
이름 296~298, 304
이진과 텍스트 간 변환 301
인코딩 15~16, 304
읽기 14~16, 302~303
임시 333
줄바꿈 문자 300, 304
파싱 127~128
파일 객체 297, 304, 356
　구현 322
　속성 304
　제공 메서드 302
　조작 301
　표준 304
파일 디스크립터 297, 303~304
파일 모드 298, 304
파일 포인터 303
패키지 40~41, 271~279
　내보내기 277~278
　네임스페이스 275~276
　데이터 파일 278~279
　배포 280~282
　불러오기 273
　서드파티 61
　설치 42~43, 282
　위치 43
　이름 280
　파일 불러오기 41
　하위 모듈을 스크립트로 실행 274~275
표(테이블) 24, 360, 368
표준 에러 304
표준 입력/출력 304, 352
표현식 4, 45~48
　평가 53, 350
프로그램은 코드 참조
　구조화 41~42, 71, 271
　로딩 263, 268
　부작용 131
　실행 환경 1, 3, 270~271
　인터프리터 지정 3
　작성 3
　종료 31, 83

패키지에서 실행 282
프로토콜 105~120
프로퍼티 211~215
　구현 245~246
　연관된 함수 241, 245~246
프록시 127, 242
플라이웨이트 패턴 207
필터링 153~154

ㅎ

하위 클래스 97, 189
　인터페이스 구현 216
　하위 클래스 자격 검사 215~216, 353
함수 27~29, 123~157, 164
　고차 139~142
　내장 343~363
　디버깅 메시지에서 149~150
　래퍼 149
　메타 데이터 150, 156
　문서화 129, 155, 183
　반복 가능한 객체를 받아들이는 57
　반환값 28, 132~133
　부작용 131
　비교 157
　비동기 161~164, 314~315, 367
　서명 156~157
　속성 155~156
　속성 접근 241
　이름 129, 155
　인수
　　개수 123
　　기본 인수 29, 124, 139
　　기본값 104, 186
　　순서 123
　　왼쪽에서 오른쪽으로 평가 123
　　위치 128
　　키워드 125~127
　재귀 137~138
　정의 27, 123
　조사 157~159, 369
　중첩 136, 140~141, 155
　지역 변수 29, 130, 134~137, 177~178
　지연 평가 173
　콜백 138, 140, 142~149

타입 힌트 129~130, 155, 183~184
평가 140
호출 27, 123
흉내, 함수 프로토콜 119
helper 129
함수 호출 연산자 68
합집합 연산 22, 61, 357
혼합 클래스 220~225, 255
환경 변수 295
기본 구현 189
상태 변경 136
함수 내에서 263

A

@abstractmethod 데코레이터 156, 217
__abs__() 메서드 109
__abstractmethods__ 속성 258
ABC 기본 클래스 217
abc 모듈 217
abs() 함수 6, 49, 343
__add__() 메서드 32, 96, 108, 110
add() 메서드 22, 61, 358
__aenter__(), __aexit__() 메서드 163
__aiter__(), __anext__() 메서드 163
__all__ 변수 264, 277~278
all() 함수 57, 343
__and__() 메서드 108
__annotations__ 속성 130, 155, 258, 279
and 연산자 8, 52~53, 69, 110
annotation 28
any() 함수 57, 343
append() 메서드 16, 32, 347, 354, 362
argparse 모듈 40, 294
args 속성 78, 84, 364
ArithmeticError 예외 81~82
as 한정어 37, 77, 91, 119, 261
as_integer_ratio() 메서드 351
ascii() 함수 293, 343
asctime() 함수 337
assert 문 92~93
AssertionError 예외 81~82, 92, 364
async for, async with 문 163~164
async 키워드 161
asyncio 모듈 161~162, 164, 178~179,

313~316, 329
atexit 모듈 31
AttributeError 예외 82, 118, 241, 352, 364
await 문 161~164, 178~179
awaitable 161

B

__bases__ 속성 241, 257
base64 모듈 317
BaseException 예외 81~82
bash 셸 1
bin() 함수 45, 344
binascii 모듈 317
bit_length() 메서드 353
BlockingIOError 예외 312, 366
__bool__() 메서드 111~114
bool 클래스 344
break 문 10, 15, 75~76, 167
breakpoint() 함수 344
BrokenPipeError 예외 366
BSD 소켓 인터페이스 329
BufferedXXX 클래스 301
BufferError 예외 365
__bytes__() 메서드 113~114
bytearray 타입 285, 298
bytes 모듈 317
bytes 타입 285~286, 344
BytesIO 클래스 323

C

C 프로그래밍 언어 324, 329, 331
__call__() 메서드 119, 254
callable() 함수 347
capitalize() 메서드 345, 359
casefold() 메서드 359
__cause__ 속성 78, 85~87, 364
category() 함수 339
__ceil__() 메서드 110
center() 메서드 345, 359
cgi 모듈 317~318
check_output() 함수 332~333
ChildProcessError 예외 366
chr() 함수 347
@classmethod 데코레이터 151

__class__ 속성 240~241, 258

class 문 32, 182~184, 249~253

　기본 클래스 이름에서 189

classmethod 객체

classobj 타입 353

clear() 메서드 347, 349, 358

click 모듈 294

__closure__ 속성 155

close() 메서드 14, 174, 236, 298, 302, 365

closed 속성 304

cls 객체 151, 201, 255, 257~258

__code__ 속성 155~156

collect() 함수 99

collections 모듈 24, 98, 198, 276, 368

__complex__() 메서드 113~114, 348

compile() 함수 348

complex() 함수 348

compute_usage() 함수 326~327

configparser 모듈 318~319

conjugate() 메서드 351, 353

ConnectionXXXError 예외 366

@contextmanager 데코레이터 175

__contains__() 메서드 114~115

__context__ 속성 78, 87, 364

contextlib 모듈 92, 175

continue 문 10, 75~76

copy() 메서드 347, 349, 358

cos() 함수 369

count() 메서드 345, 354, 359, 362

Counter 클래스 368

csv 모듈 38, 319

ctime() 함수 337

currentframe() 함수 158

D

daemon 플래그 335

@dataclass 데코레이터 161

dataclasses 229~230, 269

datetime 모듈 337, 369

debug 변수 250

debug() 함수 159, 324

decode() 메서드 287, 299, 345, 359

deepcopy() 함수 101

def 문 27, 33, 123

DEFAULT_BUFFER_SIZE 값 299

defaultdict 클래스 368

del 문 23, 61~62, 98~100, 107, 235, 241

__del__() 메서드 107, 235~240

__delattr__() 메서드 118, 241

delattr() 함수 186, 210, 348

__delete__() 메서드 246

__delitem__() 메서드 115~116

deque 클래스 98, 368

detach() 메서드 301

__dict__ 속성 240~242, 245, 249, 257~258

dict 타입 97, 348~349

dict() 함수 25, 62, 198

DictReader 클래스 320

difference() 메서드 358

difference_update() 메서드 358

dir() 함수 32, 37~38, 349~350

__dir__() 메서드 350

discard() 메서드 22, 61, 358

disutils 모듈 281

__divmod__() 메서드 108

divmod() 함수 6, 48, 350

Django(장고) 라이브러리 322

__doc__ 속성 129, 155, 257, 279

docopt 모듈 294

dump() 함수 310

dumps() 함수 323

E

.egg 확장자 270

elif 문 9, 72, 225~226

Ellipsis 객체 116

else 문 9, 54, 69, 71~72, 75~76, 79

__enter__() 메서드 90~91, 119, 176

encode() 메서드 287, 299, 359

encoding 속성 15~16, 299~300, 304

end 키워드 306, 356

endswith() 메서드 12, 345, 359

enumerate() 함수 74, 350

env 명령 295

EnvironmentError 예외 363~365

EOF(파일 끝) 문자 2, 82, 365

EOFError 예외 82, 365

epoll() 함수 329

__eq__() 메서드 111~112
errno 모듈 320~321
errno 속성 365
errors 속성 299, 304
eval() 함수 108, 348, 350, 357
Event 클래스 336
__exit__() 메서드 90, 119, 176
exce() 함수 160~161, 269, 348, 350
except 문 29~30, 76~80, 85, 134
　　좁은 범위 89
Exception 예외 79~83, 363
expandtabs() 메서드 345, 359
extend() 메서드 347, 354
Extensible Markup Language (XML)
　　339~340

F
False 값 8, 46, 52~54, 344
fcntl 모듈 303, 321
fcntl() 함수 321
__file__ 변수 278
__file__ 속성 43, 279
file 키워드 306, 356
FileExistsError 예외 298, 366
FileIO 클래스 300
filename 속성 365, 367
fileno() 메서드 303
FileNotFoundError 예외 320, 366
filter() 함수 154, 350
finally 문 30, 80, 167~168
find() 메서드 12, 345, 359
__float__() 메서드 113~114, 351
flag 변수 76
flask 라이브러리 322
__floor__() 메서드 110
__floordiv__() 메서드 108
float() 함수 13, 351, 365
FloatingPointError 예외 82, 363
flock() 함수 321
flush() 메서드 299, 302
for 문 15, 26~27, 55, 72~76, 166, 207
　　구현 117
　　리스트에서 63
　　중첩 170~173

파일에서 줄 읽기 303
__format__() 메서드 113, 351
format() 메서드 11, 291~292, 360
format() 함수 13, 113~114, 289, 351
format_map() 메서드 360
from 문 37, 263~265, 273~274, 365
from_bytes() 메서드 353
from_과 같은 접두사를 사용한 메서드 이름
　　규약 202
fromhex() 메서드 317, 351
fromkeys() 메서드 349
frozenset() 함수 351, 357
__fspath__() 메서드 297
functools 모듈 113
futures 149
f-문자열 5, 11, 14, 289~293

G~H
gc 모듈 99
__ge__() 메서드 111~112
__get__() 메서드 245~249
GeneratorExit 예외 174, 363, 365
get() 메서드 23, 349
__getattr__() 메서드 118, 241~245
__getattribute__() 메서드 118, 241, 245
__getitem__() 메서드 115, 188, 357
__getstate__() 메서드 311
get_data() 함수 279
getattr() 함수 186, 210, 226~227, 352
getsize() 함수 325
__globals__ 속성 155, 157
glob() 함수 306
global 문 136~137
globals() 함수 157, 350, 352
gmtime() 함수 337
__gt__() 메서드 111~112
__hash__() 메서드 111, 113
hasattr() 함수 186, 210, 352
hash() 함수 352
hashlib 모듈 321
help() 명령 27
hex() 메서드 317, 345, 351
hex() 함수 45, 114, 352
http 패키지 322

http(x) 라이브러리 322,
HyperText Markup Language(HTML) 322
Hypertext Transfer Protocol(HTTP) 322

I

__iadd__(), __iand__() 메서드 109~110
id() 함수 96, 352
if 문 9~10, 48, 54, 63, 69, 72, 225~226
__ilshift__(), __irshift__() 메서드 109
__imul__() 메서드 109
import 문 18, 36~42, 71, 259~274, 278
ImportError 예외 37, 81~82, 260, 273, 365
importlib 라이브러리 267
in 연산자 23, 55, 61~62, 115, 349
__index__() 메서드 113~114
indent() 함수 334
IndentationError 예외 365
index() 메서드 345, 354, 360, 362
IndexError 예외 59, 60, 81, 363, 366
info() 함수 324
INI 파일 318
__init__() 메서드 33, 84, 107, 160~161,
    182~183
__init__.py 파일 40~41, 271~273, 275~276
__init_subclass__() 메서드 230~232,
    255~257
input() 함수 16, 39, 352, 365
insert() 메서드 16, 32, 347, 354
inspect 모듈 369
int 클래스 97
int() 함수 13, 114, 352
__int__() 메서드 113~114
InterruptedError 예외 366
intersection() 메서드 357
__invert__() 메서드 109
io 모듈 300~301, 322~323
ioctl() 함수 321
IOError 예외 365
__ior__(), __ipow__() 메서드 109
ipython 셸 2
is not 연산자 51, 69, 96
is 연산자 51, 69, 96, 111
"is a" 관계 192
is_integer() 메서드 351

IsADirectoryError 예외 366
isalnum(), isalpha() 메서드 345, 360
isascii() 메서드 360
isatty() 메서드 302
isdecimal() 메서드 360
isdigit() 메서드 345, 360
isdir() 함수 325
isdisjoint() 메서드 358
isfile() 함수 325
isidentifier() 메서드 360
isinstance() 함수 77, 98, 215, 353
islower() 메서드 345, 360
isnumeric(), isprintable() 메서드 360
isspace() 메서드 345, 360
issubclass() 함수 215, 353
issubset(), issuperset() 메서드 358
istitle() 메서드 345, 360
__isub__() 메서드 110
isupper() 메서드 345, 360
__iter__() 메서드 117~118, 168~169, 179,
    189, 353
items() 메서드 26, 62, 349
iter() 함수 353
itertools 모듈 369
__itruediv__() 메서드 109
__ixor__() 메서드 109

J~L

join() 메서드 345, 360
join() 함수 325
json 모듈 323
JSON 포맷 323
KeyboardInterrupt 예외 81, 83, 363, 366
KeyError 예외 81, 363, 366
keys() 메서드 25, 62, 349
kqueue() 함수 329
lambda 표현식 138~139, 141~142
__le__() 메서드 111~112
len() 함수 12, 58, 61, 62, 188, 345, 349, 354
__len__() 메서드 33, 112, 115, 188~189, 357
lineno 속성 367
list 클래스 17, 97
list() 함수 25, 57, 67, 97, 198, 354
listdir() 함수 305

ljust() 메서드 345, 360
load() 함수 310
loads() 함수 323
locals() 함수 157~158, 350, 355
localtime() 함수 337
Lock 클래스 335
Logger 인스턴스 324
logging 모듈 293, 324
LookupError 예외 81~82, 363, 366
lower() 메서드 12, 346, 360
__lshift__() 메서드 108
lstrip() 메서드 346, 360
__lt__() 메서드 111~112

M~N

__main__ 모듈 270~271
__main__.py 파일 271, 275, 283
main() 함수 39, 324
maketrans() 메서드 346, 360
map() 함수 153, 355
__matmul__() 메서드 108
math 모듈 369
math에서 거듭제곱 6, 356
max() 함수 57, 113, 154, 355
MD5 알고리즘 321
MemoryError 예외 82, 366
metaclass 키워드
min() 함수 57, 113, 154, 355
__mod__() 메서드 108
__module__ 변수 250
__module__ 속성 155, 257
mode 속성 304
module 객체 262
ModuleNotFoundError 예외 366
__mro__ 속성 222, 241, 257
__mul__() 메서드 106, 108
__name__ 변수 39, 270
__name__ 속성 129, 155, 257, 279
name 속성 304
namedtuple() 함수 161
NameError 예외 82, 135, 366, 368
namespace 패키지 273
nc 프로그램 316, 330
__ne__() 메서드 111~112

__neg__() 메서드 109
__new__() 메서드 107, 233~235, 254
new_class() 함수 250~252
newline 속성 300
newlines 속성 304
__next__() 메서드 117, 166, 179
next() 메서드 367
next() 함수 165~166, 355
None 값 8, 53, 104~105, 124, 133~134
normalize() 함수 339
not in 연산자 55, 69
not 연산자 7~8, 52~53, 69, 110
NotADirectoryError 예외 366
NotImplemented 객체 110, 112
NotImplementedError 예외 82, 110, 366
numpy 패키지 61, 106, 116, 304

O~P

object 클래스 223, 355
　상속 189, 223
oct() 함수 45, 114, 356
offset 속성 367
open() 함수 14, 18, 278, 296~301, 322, 256
or 연산자 8, 52~53, 69, 110
__or__() 메서드 108
ord() 함수 356
os 모듈 297, 324~325, 369
os._exit() 메서드 367
os.chdir(), os.getcwd() 메서드 296
os.environ 변수 295
os.path 모듈 325~326
os.system() 함수 328
OSError 예외 76~78, 81~82, 320, 366
OverflowError 예외 82, 363, 366~367
__package__ 속성 279~280
pandas 라이브러리 320
partial() 함수 119
partition() 메서드 346, 360
pass 문 9, 72, 79
__path__ 속성 279~280
Path 클래스 326
pathlib 모듈 297, 306, 326~327
PermissionError 예외 320, 366
pickle 모듈 310~311

pip 명령어 43, 282
poll() 함수 329
pop() 메서드 32, 127, 347, 349, 354, 358
Popen 클래스 333
popitem() 메서드 349
__pos__() 메서드 109
POSIX 표준 324
pow() 함수 6, 49, 356
__pow__() 메서드 108
__prepare__() 메서드 254
print() 함수 5, 13, 102, 306, 356
@property 데코레이터 212~214, 356
ProcessLookupError 예외 366
push() 메서드 32
.py 확장자 3, 36, 260,
__pycache__ 디렉터리 268
pytest 라이브러리 370
PYTHONPATH 환경 변수 269

Q~R
__qualname__ 변수 250
__qualname__ 속성 155, 257
Queue 클래스 336
__radd__() 메서드 109
__rand__() 메서드 109
raise 문 30, 77, 83~84
random 모듈 369
range() 함수 26, 357
raw_input() 함수 365
__rdivmod__() 메서드 109
re 모듈 327, 369
read() 메서드 15, 302~303, 365
readable() 메서드 302
readinto() 메서드 302~303
readline() 메서드 302~303, 365
readlines() 메서드 302~303
RecursionError 예외 367
reduce() 함수 154
ReferenceError 예외 367
reload() 함수 267
remove() 메서드 22, 61, 347, 355, 358
removeprefix() 메서드 346, 360
removesuffix() 메서드 346, 360
__repr__() 메서드 33, 107~108, 183

replace() 메서드 13, 346, 360
REPL에서 quit() 2
repr() 함수 13, 102, 107, 291, 357
requests 라이브러리 322, 338
return 문 71, 132, 162, 166
__reversed__() 메서드 117, 357
reverse() 메서드 347, 355
reversed() 함수 117, 357
__rfloordiv__() 메서드 109
rfind() 메서드 346, 360
rglob() 함수 306
rindex(), rjust() 메서드 346, 361
__rlshift__() 메서드 109
__rmatmul__(), __rmod__(), __rmul__() 메서드 109
__ror__(), __round__() 메서드 109~110
round() 함수 6~7, 49, 357
__rpow__() 메서드 109
rpartition(), rsplit() 메서드 346, 361
__rrshift__() 메서드 109
__rshift__() 메서드 108
rstrip() 메서드 346, 361
__rsub__(), __rtruediv__() 메서드 109
run() 함수 162, 313
RuntimeError 예외 82, 138, 367
__rxor__() 메서드 109

S
seek(), seekable() 메서드 302~303
select 모듈 313, 328~329
select() 함수 328
selectors 모듈 313, 329
self 객체 33, 183, 187, 199, 255
send() 메서드 179
sep 키워드 306, 356
set() 함수 21, 25, 57, 357
__set__() 메서드 246
__set_name__() 메서드 247
__setattr__() 메서드 118, 241, 245
setattr() 함수 186, 210, 358
setdefault() 메서드 349
__setitem__() 메서드 115~116, 198
__setstate__() 메서드 311
setup() 함수 281

setup.py 파일 281

setuptools 모듈 270, 281~282

SHA-1 알고리즘 321

shutil 모듈 327, 369

__signature__ 속성 157

SIGINT 시그널 83

signal 모듈 83

signature() 함수 156~157

Simple Mail Transfer Protocol (STMP) 329

sin() 함수 369

site-packages 디렉토리 43, 282

__slots__ 변수 244~245, 255~256, 258

sleep() 함수 337

slice 인스턴스 115

slice() 함수 358

smtplib 모듈 329

socket 모듈 329~331

sort() 메서드 131, 355

sorted() 함수 57, 138, 358

split() 메서드 13, 346, 361

split() 함수 325

splitlines() 메서드 346, 361

sprintf() 함수(C언어) 292

sqrt() 함수 47, 369

start 키워드 74

startswith() 메서드 13, 346, 361

@staticmethod 데코레이터 150, 203, 215,
        248, 359

statistics 모듈 57, 370

stdin, stdout 속성 333

StopAsyncIteration 예외 367

StopIteration 예외 81, 83, 117, 166~167,
        174, 355, 367

str() 함수 13, 102, 113, 290, 359

__str__() 메서드 113, 202, 359
    기본 구현 189

strerror 속성 365

stride 인수 58~59, 116

StringIO 클래스 323

strip() 메서드 13, 346, 361

struct 모듈 331~332

struct_time 객체 337

__sub__() 메서드 108

subprocess 모듈 295, 332~333

sum() 함수 19, 57, 154, 361

super() 함수 190, 221~225, 232, 242, 361

swapcase() 메서드 361

symmetric_difference() 메서드 358

symmetric_difference_update() 메서드 358

SyntaxError 예외 367

sys 모듈 18, 370

sys._getframe() 함수 158~159

sys.argv 리스트 39, 293~294

sys.exit() 함수 367

sys.getdefaultencoding() 메서드 300

sys.getfilesystemencoding() 함수 297

sys.getrecursionlimit() 함수 138

sys.getrefcount() 함수 98

sys.modules 변수 262

sys.path 변수 37, 43, 260, 269, 282

sys.setrecursionlimit() 함수 138

sys.stderr 객체 83, 304~305

sys.stdin, sys.stdout 객체 304~305

SystemError 예외 367

SystemExit 예외 18, 31, 81, 83, 363

T

TabError 예외 367

tell() 메서드 302~303

telnet 프로그램 316, 330

tempfile 모듈 333

TextIOWrapper 클래스 301

textwrap 모듈 334

threading 모듈 314, 334~336

throw() 메서드 174, 179

time 모듈 337, 370

time() 함수 337

TimeoutError 예외 366

title() 메서드 346, 361

to_bytes() 메서드 353

@trace 데코레이터 151

__traceback__ 속성 78, 87, 364

traceback 메시지 29, 364

traceback 모듈 87

translate() 메서드 346, 361

__truediv__() 메서드 108

__trunc__() 메서드 110

True 값 8, 46, 53, 343~344

truncate() 메서드 302

try 문 29~30, 77, 79, 134, 167

TTY 325

tuple 타입 362

tuple() 함수 57

turtle 모듈 370

type 클래스 252~254

type() 함수 85, 96, 182, 252, 362

TypeError 예외 52, 82, 114, 123, 125, 147

types 모듈 362

U

UDP 서버 330

UnboundLocalError 예외 82, 135, 368

unicodedata 모듈 338~339

UnicodeError 예외 81~82, 287, 368

UnicodeXXX Error 예외 368

union() 메서드 358

unittest 모듈 370

unpack() 함수 332

update() 메서드 22, 198, 349

upper() 메서드 13, 346, 361

urlencode(), urlopen(), urlparse() 함수 338

urllib 패키지 338

urllib.parse 패키지 338

UserDict, UserList, UserString 클래스 198

UTF-8 인코딩 3, 15, 287~288

V~Z

ValueError 예외 30, 81~82, 368

values() 메서드 26, 62, 349

vars() 함수 362

venv 명령 43

warning() 함수 324

__weakref__ 속성 240

weakref 모듈 238, 367

while 문 5, 9~10, 15, 48, 72~76

WindowsError 예외 368

with 문 14~15, 31, 90~92, 119~120, 236, 296

@wraps 데코레이터 150

wrap() 함수 334

writable() 메서드 302

write() 메서드 15, 302

write() 함수 307

write_through 속성 304

writelines() 메서드 302

xml 패키지 339~340

xml.etree 패키지 339

__xor__() 메서드 108

yield from 문 169~170

yield 문 117, 165~168, 307

　　표현식 173~175

ZeroDivisionError 예외 82, 363, 368

zfill() 메서드 346, 361

zip() 함수 75, 363